云计算背景下大数据挖掘技术与应用研究

李雪竹 ◎ 著

电子科技大学出版社
University of Electronic Science and Technology of China Press
·成都·

图书在版编目(CIP)数据

云计算背景下大数据挖掘技术与应用研究 / 李雪竹著. 一 成都 : 电子科技大学出版社, 2021.8
ISBN 978-7-5647-9042-4

Ⅰ. ①云… Ⅱ. ①李… Ⅲ. ①数据采集 - 研究 Ⅳ. ①TP274

中国版本图书馆CIP数据核字(2021)第138703号

云计算背景下大数据挖掘技术与应用研究

李雪竹 著

策划编辑 杜 倩 李述娜

责任编辑 李述娜

出版发行 电子科技大学出版社

成都市一环路东一段159号电子信息产业大厦九楼 邮编 610051

主 页 www.uestcp.com.cn

服务电话 028-83203399

邮购电话 028-83201495

印 刷 石家庄汇展印刷有限公司

成品尺寸 170mm × 240mm

印 张 13.25

字 数 243千字

版 次 2021年8月第1版

印 次 2021年8月第1次印刷

书 号 ISBN 978-7-5647-9042-4

定 价 69.00元

前　言

随着互联网、物联网、云计算（Coud Computing）等新技术的快速发展，以及智能终端、网络社会、数字地球的普及和建设，全球数据量爆炸式增长。近几年来，云计算正在成为信息技术产业发展的战略重点，全球的信息技术企业都在纷纷向云计算转型。云计算与大数据相辅相成，一方面，云计算为大数据提供存储和运算平台，并运用人工智能技术从海量的、多样化的数据中发现知识、规律和趋势，为决策提供信息参考；另一方面，大数据利用云计算的强大计算能力，提高数据分析的效率，从而更迅速地从海量数据中挖掘出有价值的信息，其不断增加的业务需求也拓展了云计算的应用领域。

数据挖掘技术突破数据分析技术的种种局限，结合统计学、数据库、机器学习等技术解决从数据中发现的新信息并辅助决策这一难题，是正在飞速发展的前沿学科。近年来，随着“新工科”建设的不断推进，大数据技术受到广泛的关注。数据挖掘作为大数据技术的重要实现手段，能够挖掘数据的关联规则，实现数据的分类、聚类、异常检测和时间序列分析等，解决商务管理、生产控制、市场分析工程设计和科学探索等各行各业中的数据分析与信息挖掘问题。

本书属于大数据挖掘技术方面的著作，由安徽省高校优秀青年骨干人才国内外访学研修项目基金的支持，基金编号：gxgnfx2019050。本书是由云计算和大数据概述、大数据分析与数据挖掘、大数据分类分析方法、云计算背景下大数据的应用等几部分组成。全书以大数据挖掘技术为研究对象，分析云计算背景下大数据挖掘的方法、大数据分类分析方法以及大数据的具体应用，对大数据挖掘技术的未来发展做出构想，对从事计算机行业、云计算、大数据等方面的工作者与研究者具有学习和参考价值。

著者

2021 年 5 月

目 录

第一章　云计算和大数据概述　/　1

第一节　云计算概述　/　1
第二节　大数据概述　/　33
第三节　云计算与大数据的关系　/　52

第二章　大数据分析与数据挖掘　/　58

第一节　传统数据挖掘　/　58
第二节　大数据与数据挖掘　/　71
第三节　大数据挖掘的方法　/　75
第四节　文本挖掘　/　79
第五节　语音大数据挖掘　/　87
第六节　图像识别与分析　/　93
第七节　空间数据挖掘　/　97
第八节　Web 数据挖掘　/　106

第三章　大数据分类分析方法　/　113

第一节　大数据分类分析方法的由来　/　113
第二节　数据分类的方法　/　114
第三节　大数据分析实例　/　141

第四章　云计算背景下大数据的应用　/　151

第一节　大数据应用模式及价值　/　151
第二节　大数据在电子商务中的应用　/　165

第三节　大数据在移动互联网行业的应用　/　169
第四节　大数据在社交网络中的应用　/　180
第五节　大数据在物流行业中的应用　/　184
第六节　大数据在智能建筑中的应用　/　189
第七节　大数据在药品监管领域的应用　/　191

第五章　总　结　/　196

参考文献　/　200

第一章　云计算和大数据概述

第一节　云计算概述

一、云计算的概念

（一）云计算概念的由来

虽然目前大部分公众认为云计算这个概念是由我们熟知的 Google（谷歌）公司提出的，但是，早在 20 世纪 60 年代，云计算最初的模型已经出现了。这个最初的模型，是由美国著名的咨询公司 John McCarthy（麦肯锡）提出的，即把计算能力作为一种像水和电一样的公用事业提供给用户。1999 年 IBM 提出了通过一个网站向企业提供企业级的应用的概念，这在云计算的发展史中具有里程碑的意义。“云计算”这个名称最早来源于 Dell（戴尔）的数据中心解决方案，戴尔在 2007 年 6 月初发布的第一季度财报里面提到“组建新的戴尔数据中心解决方案部门（Dell Data Center Solution Division），提供戴尔的云计算（Cloud Computing）服务和设计模型，使客户能够根据他们的实际需求优化 IT 系统架构”。真正将“云计算”名称叫响的是亚马逊的 EC2 产品和 Google-IBM 分布式计算项目。2006 年美国 Amazon（亚马逊）公司开发了 EC2 产品，是目前为止公认最早的云计算产品，当时将其命名为“Elastic Computing Cloud”即弹性计算云，流传到后来就称为“Cloud Computing”。2007 年 10 月初，IBM 和 Google 联合与美国的 6 所大学签署协议，提供在大型分布式计算系统上开发软件的课程和支持服务，希望通过该项研究使得研究人员和学生获得开发网络级应用软件的经验。这也就是所说的新的并行计算（也叫云计算），从此“云计算”作为 IT 业的一个新的概念被提出。

（二）云计算的定义

随着高速网络和移动网络的衍生，高性能存储、分布式计算、虚拟化等技术的发展，云计算服务正日益演变为新型的信息基础设施，并得到各国政府的高度重视。近年来，各国纷纷制定云计算国家战略和行动计划，云计算在我国也得到了快速发展。2009 年以来，我国云计算开始进入实质性发展阶段。迄今为止，我国云计算始终保持超过 30% 的年均增长力，成为全球增速最快的市场之一。并且在未来的“十四五”规划中，云计算依然是国家重点发展项目和战略性新兴产业。提出云计算概念前，网格计算已有十多年的研究历史，受到广泛关注。网格计算是一种分布式计算模式，将分散在网络中的空闲服务器的存储系统连接在一起，形成一个整合系统，为用户提供功能强大的计算及存储能力来处理特定的任务。对于使用网格的最终用户或应用程序来说，网格就像是一个拥有超强性能的虚拟计算机，其本质在于以高效的方式来管理各种加入了该分布式系统的异构松耦合资源，并通过任务调度来协调这些资源，合作完成一项特定的计算任务。云计算与网格计算的差别在于，网格计算由多台计算机构成网格，服务于一个特定的大型计算；云计算依托网络在互联网上由一个个集约化、专业化的云计算平台形成规模化的服务。云计算的概念是由谷歌前CEO施密特在2006年8月举行的搜索引擎大会上最先提起的。此概念一经提出，即带来极具产业远景的计算模型架构的广泛探讨和热烈追捧，各国政府也纷纷投入了相当大的财力和物力用于云计算的部署，交通运输、电力、电信、石油石化等行业也启动了相应的云计算发展计划，以促进产业信息化。“云计算”目前仍是一个不断发展的词汇，不同领域的专家、学者对云计算研究的出发点各异，云计算的定义也不尽相同。维基百科对云计算的解释是：云计算是一种互联网上的资源利用新方式，可为大众用户依托互联网上异构、自治的服务进行按需即取的计算。由于资源是在互联网上，而在计算机流程图中，互联网常以一个云状图案来表示，因此可以形象地类比为云计算，“云”同时也是对底层基础设施的一种抽象概念。美国国家标准与技术研究院（NIST）对云计算的定义为：云计算是一种按使用量付费的模式，这种模式提供可用的、便捷的、按需的网络访问，进入可配置的计算资源共享池（资源包括网络、服务器、存储、应用软件、服务）。这些资源能够被快速提供，只需投入很少的管理工作，或与服务供应商进行很少的交互。中国网格计算、云计算专家刘鹏定义云计算为：云计算将计算任务发布在大量计算机构成的资源池上，使各种应用系统能够根据需要获取计算力、存储空间和各种软件服务。美国国家实验室资深科学家、Globus 项目的领导人 Tan Foster 认为，云计算是由规模经济拖动，为互联网上的外部用户提供一组抽象的、虚拟化的、动态可扩展的、可管理的计算资源能力、存储能力、平台和服务的一种大规模分布式计算的聚合体。伯克利大学的学者将云计算定义为：云计算包含互联网上的应用服务及在数据中心提供这些服务的软、硬件设施。互联网上的应用服务一直被称作软件即服务（Software-as-a-Service，SaaS），所以我们使用这个术语。而数据中心的软、硬件设施就是我们所谓的"云"。江南计算技术研究所的司品超等则认为：云计算是一种新兴的共享基础架构的方法，它统一管理大量的物理资源，并将这些资源虚拟化，形成一个巨大的虚拟化资源池。① 云是一类并行和分布式的系统，这些系统由一系列互连的虚拟计算机组成。这些虚拟计算机是基于服务级别协议（供应者和消费者之间协商确定）被动态部署的，并且作为一个或多个统一的计算资源存在。与传统单机、网络应用模式相比，云计算具有虚拟化技术、动态可扩展、按需部署、高灵活性、高可靠性、高性价比等六大特点。比较典型的定义如下。Salesforce 认为云计算是一种更友好的业务运行模式。在这种模式中，用户的应用程序运行在共享的数据中心，用户只需要通过登录和个性化定制就可以使用这些数据中心的应用程序，从而免除了软件购买、部署以及维护的困扰和费用，降低了企业管理成本。IBM 认为云计算是一种共享的网络交付信息服务的模式，云服务的使用者看到的只有服务本身，而不用关心相关基础设施的具体实现。云计算是一种革新的 IT 运用模式，这种运用模式的主体是所有连接着互联网的实体，可以是人、设备和程序。这种运用方式的客体就是IT 本身，包括我们现在接触到的，以及会在不远的将来出现的各种信息服务。而这种运用方式的核心原则是：硬件和软件都是资源并被封装为服务，用户可以通过互联网按需进行访问和使用。迄今为止，美国国家标准与技术研究院（NIST）对云计算给出的定义，是目前接受度较高的定义，其具体描述是："云计算是一种模式。计算资源（包括网络、服务器、存储、应用软件及服务等）存储在可配置的资源共享池中，云计算通过便利的、可用的、按需的网络访问计算资源。计算资源能够被快速提供并发布，最大化地减少管理资源的工作量或与服务提供商的交互。"

简而言之，云是由一系列相互联系并且虚拟化的计算机组成的并行和分布式系统模式，这些虚拟化的计算机动态地提供一种或多种统一化的计算和存储资源。这些资源通过服务提供者和服务消费者之间的协商来流通，基于这样云

---

① 牛金玲，宋青育．大数据时代云计算技术的应用 [J]. 网络安全技术与应用，221（1）：55–56.

的计算称为云计算。① 简单来说，云计算就是指基于互联网络的超级计算模式，即把存储于个人电脑、服务器和其他设备上的大量存储器容量和处理器资源集中在一起，统一管理并且协同工作。云计算是继个人电脑、互联网之后信息技术的又一次重大变革，将带来工作方式和商业模式的根本性改变。加快发展云计算产业，将有力地推动传统产业的改造升级和新兴产业的加速培育。也就是说，在云计算模式下，用户所需的应用程序并不运行在用户的个人电脑上，而是运行在互联网上大规模的服务器集群中。用户所处理的数据也并不存储在本地，而是保存在互联网上的数据中心里。提供云计算服务的企业负责管理和维护这些数据中心的正常运转，保证足够强的计算能力和足够大的存储空间可供用户使用。而用户只需要在任何时间、任何地点，用任何可以连接至互联网的终端设备访问这些服务器即可。创新工场的创始人李开复的解释颇为生动：如果你正要打开电脑， 在一个文字处理软件中写下未来一周的旅行计划，那么你不妨试一试这样一种全新的文档编辑方式——打开浏览器，进入 Google Docs 页面，新建文档，编辑内容，然后直接将文档的 URL（网址）分享给你的朋友。没错，整个旅行计划现在被浓缩成了一个 URL，无论你的朋友在哪里，他都可以直接打开浏览器访问 URL 并且与你同时编辑，修订那份旅行计划。关于“云”，实际上，你早已经在享受它的便利了：网盘、在线杀毒、在线视频等。未来它还会更精彩，你能想象的数字生活将与现实生活合二为一。美国 IBM 创始人托马斯·沃森说：我认为，也许 5 台计算机就能满足全世界的需要。然而，在 2008 年第二季度，惠普仅全球个人电脑就出货 1340 万台。但云计算的到来证明了托马斯·沃森的预测并没有错，也许这个世界只需要几台电脑——帮助世界实现这个目标的或许就是云计算。云计算是 Cloud Computing 的直译，这个名词的中文和英文一样让第一次听到的人一头雾水。2009 年一部名为《夏日大作战》的科幻长片，虚拟了一个云生活的乌托邦世界，叫作 OZ 社交平台。全世界几乎所有人都有一个 OZ 账号，人们在这个世界里不但可以购买到现实中的所有商品，还可以在这里办理税收手续，为现实的自己申请贷款，并从这里了解医院的医疗资源，收到现实道路的交通情况……总之，所有公共服务以及所有经济信息都在同一个平台上自由流通，在这里，现实世界与数字世界的生活完全统一了。影片中，OZ 随便拿个智能手机，就能在这个虚拟世界闲逛。玩过游戏的人都知道，越复杂的游戏，包含的数据容量就越大。2020 年，IDC

① 杨晓红. 云计算的定义和体系结构以及应用分析 [J]. 信息与电脑（理论版），2012（22）：46-47.

的数据显示，全球的数据产生量达到了 40ZB。OZ 先进到与现实接轨，每天产生的数据并不会比现实世界低，难怪看过电影的人高呼，如此先进的技术，只能是云计算了。实际上这样的生活在现实中已经部分实现，中国河北在 2018 年推出智慧城市规划，所有市民都能通过手机收到即时的交通信息。这里面不仅有道路拥堵的提前通知，还可以推荐公交线路，就连地铁到站时间、目的地站的衣食住行资讯，也可以提供给民众。

对于云计算的命名，IT 巨头们各有各的定义。Google 说：云计算就是互联网；而微软却提出了“云端计算”的概念，即“云”和终端都会具备很强的计算能力，它更强调了客户端软件的重要性；英特尔强调“云计算”时代，终端的重要性反而会加强；IBM 说：云计算是一个可分享的虚拟池，一个全新的企业级数据中心……巨头们口中的云计算并不一致，但是他们观点的提出都建立在自己的优势上。云计算在 IT 市场上的形成，为供应商提供了全新的机遇并催生了传统 IT 产品的转变。IDC 咨询公司用于 IT 云服务上的支出在 13 年间增长 22 倍，到 2020 年达到 2370 亿美元，占据五大关键市场单元 9% 的份额。更重要的是，在云计算上的支出将进入加速发展阶段。IDC 咨询公司资深副总裁兼首席分析师弗兰克·金表示：IDC 对 IT 管理层、首席信息官和主要业务主管做了一次市场调研，结果显示云服务正在进入人们的视野，并得到普遍的认可和接受。云模式为企业提供了采购和使用 IT 时更加经济实惠的方法，在经济低迷时期，成本优势无疑是最具吸引力的。这个优势对于中小型企业显得尤为重要。阿里巴巴是国内第二家高调宣布进军云计算的。阿里巴巴集团旗下子公司首个电子商务云计算中心于 2009 年落户南京，该中心前期投资超过亿元。而 IBM 在中国无锡建立的世界首个商用云计算中心已经实现商业化，同样打的是中小企业牌。IBM 称，通过网络提供服务和软件，云计算可以帮助客户节省多达 80% 的机房面积和 60% 的能源和冷却费用，同时将资产利用率提升至原有水平的 3 倍。IBM 在云计算业务上投入的收购、研发和整合成本已超过 20 亿美元，其中建设在位于美国北卡罗来纳州的“公司历史上最复杂”的云计算中心就将耗资 3.6 亿美元。信息技术咨询公司 IDC 统计，截至 2020 年云计算服务开支占整个 IT 开支增长幅度的近 1/2。美林公司则预计未来 3 年，全球云计算市场规模将达到 5000 亿美元。从卖书到卖云计算，让亚马逊公司已拥有诸如《纽约时报》和纳斯达克证券交易所等 30 万客户。《纽约时报》开放了 1851—1922 年间的 1000 多万篇文章。《纽约时报》的高级软件架构师 Derek Gotfrid 将这项任务外包给了亚马逊公司，采纳了亚马逊的云计算服务。时间仅过了一年，云计算如同一股强劲的飓风席卷了全球。云计算之火热，让中国企业看到云计算不只是一项新技术，而是这种技术机制引发的整个产业链的一次巨变。随后，阿里云、盛大云、新浪云、百度云等公共云平台的发展；腾讯、淘宝、360 等互联网企业云开放平台的兴起；浪潮、曙光、金蝶等传统 IT 商场的云模式转型；移动、电信、联通三大运营商的云应用部署……对于中国 IT 产业而言，云计算带来的最大机会在于建立以人、数据和服务为中心的社会化网络平台，并推出涵盖搜索、广告、社交与商业的多元化应用。华为在数据中心领域的积累已有超过 10 年的历史，从 2001 年提供传统的数据中心解决方案，到 2011 年云数据中心发布并成功商用，再到今天的 5G，华为一直持续、大规模地投入数据中心研发，积累了丰富的数据中心建设、管理和运维的经验。截至 2018 年第四季度，华为已帮助全球客户建设了 200 多个数据中心（35 个为云数据中心）。2020 年前三季度，华为实现全球销售收入 6713 亿元人民币，同比增长 13.16%；实现净利润 376 亿元人民币（56.9 亿美元），较 2011 年的 116.5 亿元人民币增长 322%。全球领先的信息与通信解决方案供应商华为，自宣布正式发布云时代数据中心新一代基础架构体系——分布式云数据中心起，不断引领和创新发展，已经实现多项以及多次突破。华为是业界第一家提出分布式云数据中心 DC2 技术理念和架构的公司。由此我们也能够看出，越来越多的中国企业开始加入“云计算”的开发和应用中来，同时也将“云计算”的功用发挥至最大。

（三）云计算的本质内涵

云计算实质是基于网络的超级计算模式。云计算基地把大量的电脑和服务器连在一起形成一片“云”，用户无论在何时何地无须通过基地工作人员就可以利用个人电脑、手机等客户端连接到云，在云平台增加和删减所需资源，达到资源的有效利用。它的计算能力达到每秒数亿万次以上。云计算把大量软硬件基础设施整合封装成资源池，用户根据需要从数据中心获得各种服务。云计算是网络转化为服务的计算方式，用户无须了解这些服务提供的原理及物力资源，即使没有设备操作能力，仍可以在界面操作，通过网络连接到数据中心，完成自己的工作。云计算是将海量的计算机连接在一起，组成大规模的资源池，经过虚拟技术，将应用程序网络资源等通过互联网提供给用户的技术模式。系统虚拟化的最高成就就是云计算。它是一种计算模式，由计算单元、存储设施、应用软件等组成共享的数据中心，它能帮助客户访问该数据中心，特点是：随时、随地、按需、便捷、高效。它是一种以互联网为基础的计算模式，通过这种模式，资源可以按需提供给电脑和其他终端设备。这些资源是虚拟的、弹性化的，用户可以按需付费使用。它是基于并行式处理分布式计算发展起来的一种商业服务系统。“云”是由大量的计算机、服务器组成的虚拟资源池。云提供统一的资源，根据服务等级协议，动态提供给用户。综上所述，从技术层面看，云计算是一种动态的、易扩展的，基于互联网，利用虚拟化技术为不同用户提供服务的计算模式，是基于多项计算机技术开发出来的。从需求层面看，用户通过客户界面接口就可以访问硬件存储设备、应用软件等组成的资源池，对于资源池的具体物理位置及所用相关技术不需要去了解，访问端接到请求后自动分配资源。由此可知，云计算开展动态的、易扩展的弹性化业务，用户也可以在云的基础上完成存储、开发、传输等业务。① 此外，云计算之所以发展迅速与它一直以来所遵循的“按需计费”的原则、推行即买即卖的服务模式有关。云计算是在并行计算、分布式计算和网格计算的基础上发展而来的。云计算和网格计算并没有过于明显的区别，两者均可以看成是并行计算和分布式计算技术衍生出来的概念。二者的差异主要表现在对资源的组织、分配和使用上的不同，云计算更强调虚拟化、灵活地使用资源。

1. 并行计算

并行计算（Parallel Computing）是指同时使用多种计算资源解决计算问题的过程，是提高计算机系统计算速度和处理能力的一种有效手段。它的基本思想是用多个处理器来协同求解同一问题，即将被求解的问题分解成若干个部分，各部分均由一个独立的处理机来并行计算。② 并行计算系统既可以是专门设计的、含有多个处理器的超级计算机，也可以是以某种方式互联的若干台的独立计算机构成的集群，通过并行计算集群完成数据的处理，再将处理的结果返回给用户。并行计算可分为时间上的并行和空间上的并行两种存在形式。其中，时间上的并行是指流水线技术，比如说工厂生产食品的时候步骤分为清洗→消毒→切割→包装四个步骤，清洗指将食品冲洗干净；消毒指将食品进行消毒处理；切割指将食品切成小块；包装指将食品装入包装袋。如果不采用流水线，一个食品完成上述四个步骤后，下一个食品才进行处理，耗时且影响效率。但是采用流水线技术，就可以同时处理四个食品。这就是并行算法中的时间并行，在同一时间启动两个或两个以上的操作，大大提高计算性能。空间上的并行则是指多个处理机并发的执行计算，即通过网络将两个以上的处理机连接起来，

① 赵云平，冯玉龙．云计算内涵与外延再认识 [J]. 北方经济，2015（12）：36–39.

② 阳王东，王昊天，张宇峰，林圣乐，蔡沁耘．异构混合并行计算综述 [J]. 计算机科学，2020，47（08）：5–16，3.

达到同时计算同一个任务的不同部分，或者单个处理机无法解决的大型问题。比如小李准备在植树节种三棵树，如果小李 1 个人需要 6 个小时才能完成任务，植树节当天他叫来了好朋友小红、小王，三个人同时开始挖坑植树，2 个小时后每个人都完成了一棵植树任务，这就是并行算法中的空间并行，将一个大任务分割成多个相同的子任务，来加快问题解决速度。

2. 分布式计算

分布式计算（Distributed Computing）是一种计算方法，与集中式计算是相对的。随着计算技术的发展，一些应用需要巨大的计算能力才能完成，如果采用集中式计算，则需要耗费很长的时间才能完成。而分布式计算将应用分解成许多更小的部分，分配到多台计算机进行处理，这样可以节省整体计算时间，大大提高计算效率。云计算是分布式计算技术的一种，也是分布式计算这种科学概念的商业实现。分布式计算是利用互联网上众多的闲置计算机能力将其联合起来解决某些大型计算问题的一种计算方式。关于分布式计算的具体定义，可以分为两种，一种是较为广义的定义，主要研究如何把一个需要非常巨大的计算能力才能解决的问题分成许多小的部分，然后把这些部分分配给许多计算机进行处理，最后把这些计算结果综合起来得到最终的结果。① 最近的分布式计算项目已经被用于世界各地成千上万位志愿者的计算机的闲置计算能力，通过因特网，可以分析来自外太空的电讯号，寻找隐蔽的黑洞，并探索可能存在的外星智慧生命；可以寻找超过 1000 万位数字的梅森质数；也可以寻找并发现对抗艾滋病病毒的更为有效的药物。这些项目都很庞大，需要惊人的计算量，仅仅由单个的电脑或个人在一个能让人接受的时间内计算完成是实现不了的。另一种是中国科学院定义。在两个或多个软件互相共享信息，这些软件既可以在同一台计算机上运行，也可以在通过网络连接起来的多台计算机上运行。分布式计算比起其他算法具有以下几个优点：（a）稀有资源可以共享；（b）通过分布式计算可以在多台计算机上平衡计算负载；（c）可以把程序放在最适合运行它的计算机上。其中，共享稀有资源和平衡负载是计算机分布式计算的核心思想之一。

分布式计算的优点就是发挥“集体的力量”，将大任务分解成小任务，分配给多个计算节点同时去计算。分布式计算将计算扩展到多台计算机，甚至是多个网络在网络上有序地执行一个共同的任务，当然离不开 Web 技术，但在

① 张洪铭．分布式计算的基本概念及其在电力行业的应用分析．电脑迷，2018（33）：213–214.

分布式计算发展起来之前的网络协议并不能满足分布式计算的要求，于是产生了 Web Service 技术。分布式计算的另一种应用是 Web Seivice。Web Service 是一个平台独立的、低耦合的、自包含的、基于可编程的 Web 的应用程序，可使用开放的 XML（标准通用标记语言下的一个子集）标准来描述、发布、发现、协调和配置这些应用程序，用于开发分布式的、互操作的应用程序。其中，Web Service 的体系结构是基于 Web 服务提供者、Web 服务请求者、Web 服务注册中心三个角色和发布、发现绑定三个动作构建的。① 简单来说，Web 服务提供者就是 Web 服务的拥有者，等待为其他服务和用户提供自己已有的功能；Web 服务请求者就是 Web 服务功能的使用者，利用 SOAP 消息向 Web 服务提供者发送请求以获得服务；Web 服务注册中心的作用是把一个 Web 服务请求者与合适的 Web 服务提供者联系在一起，它充当管理者的角色，一般是 UDDI（ Universal Deseription Discovery and Integration ）。这三个角色是根据逻辑关系划分的，在实际应用中，角色之间很可能有交叉：一个 Web 服务既可以是 Web 服务提供者，也可以是 Web 服务请求者，或者二者兼而有之，显示了 Web 服务角色之间的关系，其中，“发布”是为了让用户或其他服务知道某个 Web 服务的存在和相关信息；“发现”是为了找到合适的 Web 服务；“绑定”则是在提供者与请求者之间建立某种联系。简单来说，这种技术的功能和中间件的功能有相似之处： Web Service 技术是屏蔽掉不同开发平台开发的功能模块的相互调用的障碍，从而可以利用 HTTP 和 SOAP 协议使商业数据在 Web 上传输，可以调用这些开发平台不同的功能模块来完成计算任务。这样看来，要在互联网上实施大规模的分布式计算，就需要 Web Service 做支撑。

3. 网格计算

网格计算（Grid Computing）是专门针对复杂科学计算的新型计算模式，它把互联网上的众多计算资源整合成一台虚拟的超级计算机，再将以 CPU 为主的各种资源联系在一起，从而达到资源共享的目的。可以说，网格计算是将互联网内所有人的计算机组成一个供你个人使用的超级处理器，而分布式计算就是你和其他人一起组成的一个超级处理器。② 通常来看，云计算与网格计算的目标非常相似。但是云计算和网格计算等传统的分布式计算也有着较明显的区别：首先，云计算是弹性的，即云计算能根据工作负载大小动态分配资源，

① 瞿兆荣．分布式计算机系统特征和相关技术．微型电脑应用，1993（02）：22-25.

② 曾国荪，陈闳中．计算网格的抽象定义 [J]. 同济大学学报（自然科学版），2003（09）：1092-1097.

而部署于云计算平台上的应用需要适应资源的变化，并能根据变化做出响应；其次，相对于强调异构资源共享的网格计算，云计算更强调大规模资源池的分享，通过分享提高资源复用率，并利用规模经济降低运行成本；最后，云计算需要考虑经济成本，因此硬件设备、软件平台的设计不再一味追求高性能，而要综合考虑成本、可用性、可靠性等因素。网格计算的远景是使计算作为效用被交付，远景通常和电网类比，“网格”这个名字就来源于电网。因此，网格计算要旨在于：不用知道资源在哪里或者在什么硬件上运行，用户就访问计算设备。从这个意义上，网格计算和云计算非常类似。但是，正如电网可从多个发电机获得电力并将电力输送给需要的消费者一样，网格计算的关键重点是使计算资源能够被共享或形成共享资源池，然后交付给用户。因此，大多数网格计算的起始目标仅限于使资源能在常见的访问协议下共享使用。同时，由于这种诱人远景的主要接受者是教育机构，所以特别注重于处理异构设施、典型的大学数据中心。从技术的角度，提出了一种纯软件解决方案（Globus）在异构设施上运行，确保这些资源满足更高的计算需求。一度在大学中相当成功的网格计算，在商业机构间共享资源时却面临着一个很严重的问题。两个不同管理域设施资源间建立信任和安全模型变得极端重要。

2002年，美国Argonne国家实验室（Argonne National Laboralories）的Lan Foster提出了三项指标来判断一个系统是否属于网格。Lan Foster与Steve Tucker在论文《Anatomy of Grid》中将网格计算定义为“协同资源共享；动态问题解决；多机构虚拟组织”。所以，强调的关键点是在一组参与者之间协商资源共享的能力——共享并不真正意味着“交换”，而是指在协调资源共享或商议的资源代理策略中直接访问计算资源。此外，这种共享由资源提供者高度控制，用户根据共享条件分入虚拟组织。下面提出了一个精确而简单的清单：网格是这样一个系统：（a）协调不受集中控制的资源；（b）使用标准的、开放的、通用的协议和接口；（c）提供高品质的服务质量。第一个标准说明，一个网格应该整合不同控制域的计算资源（如不同大学的计算机中心的服务器，在每个大学中的计算机中心中都有一个系统管理员）。在技术上，这个需求处理跨域安全、管理策略和会员身份问题。在这种情况下，第二个标准要求使用通用标准来进行身份验证、授权、资源发现和资源访问。最后，在共享资源的商业化使用中，支持不同服务质量，如响应时间、吞吐量、可用性，协调资源分配来满足用户需求。

（四）云计算的有关概念

云计算是效用计算（Utility Computing）、并行计算（Parallel Computing）、分布式计算（Distributed Computing）、网格计算（Grid Computing）、网络存储（Network Storage）、虚拟化（Virtualization）、负载均衡（Load Balance）等传统计算机和网络技术发展融合的产物。下面笔者对云计算的有关概念进行阐述。因为并行计算、分布式计算和网格计算已在上文进行说明，此处不再赘述。

1. 效用计算

效用计算已经成为许多人长期追求的目标。在 20 世纪 60 年代，John McCarthy 提及未来的计算机时说，计算将和电话系统一样被建设成为公用设施。根据定义，效用计算包装了计算资源（计算、存储、应用程序），类似于传统公共设施（如电、水、天然气或电话网络）的计量服务。① 该模型的主要优点是以低初始成本或无初始成本来获得计算机资源，本质上，计算资源是租来的。早期提供效用计算的努力来自 HP，推出了 Insyn 来提供随需应变的桌面主机服务，之后推出了一款称为 Utility Data Center（UDC）的产品，使得用户从一组固定的资源池中选择所需的基础设施和创建隔离的个人虚拟数据中心。同样，在 20 世纪 90 年代，Sun Cloud 和 Poly serve Clustered File System 致力于提供存储即服务。可以看到，云计算试图让完整的计算机堆栈——基础设施、平台和应用程序作为一种服务，将它们中的每一个变成使用支付模型计量的计算资源。云计算是最新的技术创新，将效用计算变成了现实。

2. 网络存储

随着网络技术的不断发展，不管是因特网，还是企业或机关单位在网络上的数据量都在快速增长。因此，对数据访问的速度、可用性、可管理性、安全性等都有了新的要求，网络存储技术需要不断提高。② 目前国内企业的核心业务系统对存储资源缺乏有效的管理手段。这和存储系统在整个 IT 系统中的地位是不相符的。存储系统的性能，往往是 IT 平台的性能瓶颈，可是，用户没有管理工具，无法从应用的角度检测系统的性能表现、定位性能瓶颈、找出优化方案。存储系统中的数据，是整个系统当中最重要的部分，可是用户同样没有管理工具，无法确认其存储的安全有效，不能及时发现故障隐患。存储资源，已成为 IT 系统当中最紧迫的资源，应用数据量快速增长，存储空间总处于紧

① 刘军．效用计算定义新存储 [J]. 中国计算机用户，2004（33）：65-66.

② 雯捷．存储新概念——智能存储网络 [J]. 计算机辅助设计与制造，1999（06）：3-5.

张状态，而目前的管理工具无法帮助用户分析业务增长和空间消耗之间的关系，无法在不同的应用系统间灵活方便地调配存储资源。目前的网络存储技术主要有 SAN、NAS 和 iSCSI， SAN 主要基于光纤通道和光交换技术，以面向数据块存取形式完成： NAS 基于 TCP/IP 协议以文件的存取形式完成；iSCSI 则将 SAN 和 NAS 两种技术的优点融合，通过把面向数据块的 SCSI 协议封装在 TCP/IP 协议数据包中，完成基于 IP 网络的传输交换和数据存取。而 DAS 存储技术，属于传统的存储技术，目前也是应用最为广泛的一种，非常适合数据量不大的应用服务器。

（1）DAS 存储技术。DAS（Direct Attached Storage，直接附加存储）也可称为 SAS（Server-Attached Storage，服务器附加存储），是指将存储设备通过 SCSI 接口或光纤通道直接连接到一台服务器（或主机）上，作为服务器（或主机）的硬件组成部分。[①]DAS 产品包括存储器件和集成在一起的简易服务器（或主机），其中存储器件主要包括：硬盘驱动器阵列、CD 或 DVD 驱动器、磁带驱动器或可移动的存储介质，存储设备主要为：磁盘、磁带、磁盘阵列或磁带库，可用于实现涉及文件存取及管理的所有功能。

DAS 适用于以下几种环境：

①存储容量要求不高、服务器数量很少的中小企业的应用服务。

②服务器在地理分布上很分散，通过 SAN（存储区域网络）或 NAS（网络直接存储）在它们之间进行互联非常困难，或者成本过高，而采用 DAS 也可以解决问题。

③存储系统必须与应用服务器相连接。

④许多数据库应用和应用服务器需要独立存储、便于搬迁、更改方便，而且要求直接连接到存储器上。

但是这种存储技术也有它自身的缺点，主要表现为存储设备直接挂接在服务器上，所以其扩展能力非常有限；数据存储任务也由服务器承担，使服务器的性能受到影响，也十分不利于存储设备的增加和存储更复杂的多媒体数据流；存储设备分散，不便于进行监控，容易造成存储空间的浪费等缺点。

（2）SAN 存储技术。SAN（Storage Area Networking，存储区域网）是一种专用网络，用于将多个应用服务器系统连接到存储设备和子系统。SAN 不同于一般的网络，而是位于网络应用服务器后端，为连接服务器、磁盘阵列和磁带库等存储设备而建立的高性能数据传输网络，可以被看作负责存储传输的后

① 杨文清 . 浅谈网络技术中网络存储技术的应用 [J]. 数码世界，2019（12）：268-269.

端网络，而位于应用服务器前端的数据网络负责正常的 TCP/IP 传输，SAN 实际是一种专门为存储建立的独立于 TCP/IP 网络之外的专用网络。[①] 目前一般的 SAN 提供 2Gb/s 到 4Gb/s 的传输速率，同时 SAN 网络独立于数据网络存在，因此存取速度很快，另外 SAN 一般采用高端的 RAID 阵列，使 SAN 的性能在几种专业存储方案中傲视群雄。SAN 由于其基础是一个专用网络，因此扩展性很强，不管是在一个 SAN 系统中增加一定的存储空间还是增加几台使用存储空间的服务器都非常方便。通过 SAN 接口的磁带机，SAN 系统可以方便高效地实现数据的集中备份。目前常见的 SAN 有 FCSAN 和 IPSAN，其中 FCSAN 通过光纤通道协议转发 SCSI 协议，IPSAN 通过 TCP 协议转发 SCSI 协议。SAN 专注于企业级存储的特有问题。当前企业存储方案所遇到的两个问题是：数据与应用系统紧密结合所产生的结构性限制，以及目前小型计算机系统接口（SCSI）标准的限制。SAN 中，存储设备通过专用交换机连接到一群计算机上，在该网络中提供了多主机连接，允许任何服务器连接到任何存储阵列，让多主机访问存储器和主机间互相访问一样方便，这样不管数据置放在哪里，服务器都可直接存取所需的数据。同时，随着存储容量的爆炸性增长，SAN 也允许企业独立地增加它们的存储容量。SAN 可以将存储网络中的所有存储设备及子系统视为一个大的、单一的存储池，允许它们按照要求被测试、格式化、重新捆绑或进行映射，然后按要求将它分配给服务器。能够被连接到 SAN 上的设备数目取决于所使用的技术，通过 SAN 交换机的级联可轻易地扩充网络的存储容量。SAN 的最主要的优点之一在于多个应用服务器可以访问所有 SAN 上的设备或子系统，因而可以支持高可用性的群集应用系统。

（3）NAS 存储技术。NAS 被定义为一种特殊的专用数据存储服务器，包括存储器件（例如磁盘阵列、CD/DVD 驱动器、磁带驱动器或可移动的存储介质）和内嵌系统软件，可提供跨平台文件共享功能。NAS 通常在一个 LAN 上占有自己的节点，无须应用服务器的干预，允许用户在网络上存取数据，在这种配置中，NAS 集中管理和处理网络上的所有数据，将负载从应用或企业服务器上卸载下来，有效降低总拥有成本，保护用户投资。[②]NAS 本身能够支持多种协议（如 NFS、CIFS、FTP、HTTP 等），而且能够支持各种操作系统。通过任何一台工作站，采用 IE 或 Netscape 浏览器就可以对 NAS 设备进行直观方

---

① 杨晓斌．谈基于 SAN 网络存储技术的研究 [J]. 计算机光盘软件与应用，2012，15（20）：115-116.

② 吕达．浅析计算机网络存储技术与应用 [J]. 科技资讯，2020，18（16）：21-23.

便的管理。NAS 能够满足那些希望降低存储成本但又无法承受 SAN 昂贵价格的中小企业的需求，具有相当好的性能价格比。究竟哪些行业可以使用到 NAS 设备呢？首先，看这个单位的核心业务是否建立在某种信息系统上，对数据的安全性要求很高；其次，看该信息系统是否已经有或者将会有海量的数据需要保存，并且对数据管理程度要求较高；最后，还可以判断一下网络中是否有异构平台，或者以后会不会用到。如果上述有一个问题的答案是肯定的，那么就有必要重点考虑使用 NAS 设备。NAS 系统具有如下优越性：①特殊的存储系统，NAS 采用提供存储功能的特殊操作系统（微核操作系统）或应用系统，一般只有通信和存储功能，从而优化了存储设备的性能和功能；②即插即用的网络集成，可以快速地安装到一个网络上，而无须客户系统进行太多的配置工作；③ NAS 系统的可伸缩性，NAS 功能独立于应用服务器，易于扩展和伸缩，为客户实现了无缝的存储伸缩性；④客户端的灵活性，NAS 能适用于多种平台，与其他网络元素相连只决定于标准的协议接口，而无须弄清各个客户和服务器系统内部的实现细节；⑤文件级的共享性，可在异构操作系统用户间实现文件级共享，从而快速地、安全地存取文件级数据；⑥价格的低廉性，NAS 可利用现有以太网，所以配置的总费用较低。NAS 系统也具有潜在的局限性：①受限的数据库支持，NAS 文件服务器不支持需大量依赖于数据库处理结果的应用（块级应用）；②缺乏灵活性，NAS 是一种专用设备，不能通过公用的、流行的软硬件升级或改变产品的功能；③备份与恢复的困难，NAS 备份与恢复的实现相当困难，并且有很大的挑战性，[①] 因为 NAS 很难与现有备份系统集成，所以只能采取一些补救措施，如：开发自己的专有备份方案，采用映射驱动器进行备份，开发可以与现有备份产品协同工作的专用备份代理和远程设备支持，采用一种新的存储网络协议 NDMP 实现备份。

3. 虚拟化

随着集群计算、网格计算以及云计算的技术发展和生产系统的部署，虚拟化技术得到了工业界与学术界越来越多的关注，虚拟化技术通过对实际物理硬件抽象，虚拟出计算资源、网络资源，从而达到对昂贵、紧缺硬件资源的共享，大大降低了 IT 企业的成本，给 IT 产业带来诸多益处。[②] 虚拟化技术是一种计算机体系结构技术，最早起源于 20 世纪 80 年代，通常指多个虚拟机共享一个

① 郭军，周继勇 .NAS 系统的工作原理和系统的救援 [J]. 石油仪器，2009，23（06）：86-88.

② 张晓鹏 . 虚拟化服务器 . 网络安全和信息化 .2017（12）：73-74.

实际物理 PC，通过虚拟机软件（如 KVM、Vmware 及 VirtualBox 等）在物理 PC 上抽象虚拟出多个可以独立运行各自操作系统的实例，对硬件资源（CPU、内存、外设等）或软件资源在不同层面进行虚拟化，从而在多用户之间共享资源并提高资源利用率和应用程序灵活程度。

虚拟化技术主要分为以下几类：

（1）平台虚拟化：主要针对 PC 硬件和 OS 进行虚拟化。

（2）资源虚拟化：指对计算机中的特定资源，比如网络、存储、内存等进行虚拟化。

（3）应用程序虚拟化：主要指仿真技术和模拟技术。

平台虚拟化是通过虚拟机管理软件，提供一个抽象、虚拟、统一的计算机使用环境，该环境屏蔽了物理硬件的实际物理特性。一般把虚拟机中运行的 OS 称为客户操作系统（Guest OS），而把物理机器上运行的操作系统称为主机操作系统（Host OS）。平台虚拟化又可进一步分为全虚拟化、超级虚拟化和硬件辅助虚拟化。全虚拟化是指虚拟机模拟了完整的底层硬件，包括处理器、物理内存、时钟、外设等，使得为原始硬件设计的操作系统或其他系统软件完全不做任何修改就可以在虚拟机中运行。操作系统与真实硬件之间的交互可以看成是通过一个预先规定的硬件接口进行的。全虚拟化 VMM 以完整模拟硬件的方式提供全部接口（同时还必须模拟特权指令的执行过程）。举例而言，×86 体系结构中，对于操作系统切换进程页表的操作，真实硬件通过提供一个特权 CR3 寄存器来实现该接口，操作系统只需要执行“mov pgtable，%%cr3”汇编指令即可。全虚拟化 VMM 必须完整地模拟该接口执行的全过程。如果硬件不提供虚拟化的特殊支持，那么这个模拟过程将会十分复杂：一般而言，VMM 必须运行在最高优先级来完全控制主机系统，而 Guest OS 需要降级运行，从而不能执行特权操作。当 Guest OS 执行前面的特权汇编指令时，主机系统产生异常（General Protection Exception），执行控制权重新从 Guest OS 转到 VMM 手中。VMM 事先分配一个变量作为影子 CR3 寄存器给 Guest OS，将 pgtable 代表的客户机物理地址（Guest Physical Address）填入影子 CR3 寄存器，然后 VMM 还需要 pgtable 翻译成主机物理地址（Host Physical Address）并填入物理 CR3 寄存器，最后返回到 Guest OS 中。随后 VMM 还将处理复杂的 Guest OS 缺页异常（Page Fault）。比较著名的全虚拟化 VMM 有 Microsoft Virtual PC、VMware Workstation、Sun Virtual Box、Parallels Desktop for Mac 和 QEMU。超虚拟化是指修改 Guest OS 部分访问特权状态的代码以便直接与 VMM 交互的技术。在超虚拟化虚拟机中，部分硬件接口以软件的形式提供给客户机操作系统，这可以通过 Hypercall（VMM 提供给 Guest OS 的直接调用，与系统调用类似）的方式来提供。例如，Guest OS 把切换页表的代码修改为调用 Hypercall 来直接完成修改影子 CR3 寄存器和翻译地址的工作。由于不需要产生额外的异常和模拟部分硬件执行流程，超虚拟化可以大幅度提高性能，比较著名的 VMM 有 Denali、Xen。硬件辅助虚拟化是指借助硬件（主要是主机处理器）的支持来实现高效的全虚拟化。例如有了 Intel-VT 技术的支持，Guest OS 和 VMM 的执行环境自动地完全隔离开来，Guest OS 有自己的“全套寄存器”，可以直接运行在最高级别。因此在上面的例子中，Guest OS 能够执行修改页表的汇编指令。Intel-VT 和 AMDV 是目前 ×86 体系结构上可用的两种硬件辅助虚拟化技术。

4. 负载均衡

由于目前现有网络的各个核心部分随着业务量的提高，访问量和数据流量的快速增长，其处理能力和计算强度也相应地增大，使得单一的服务器设备根本无法承担。在此情况下，如果扔掉现有设备去做大量的硬件升级，这样将造成现有资源的浪费，而且如果再面临下一次业务量的提升时，这又将导致再一次硬件升级的高额成本投入，甚至性能再卓越的设备也不能满足当前业务量增长的需求。[①]

针对此情况而衍生出来的一种廉价、有效、透明的方法，以扩展现有网络设备和服务器的带宽、增加吞吐量、加强网络数据处理能力、提高网络的灵活性和可用性的技术就是负载均衡。负载均衡英文缩写 SLB，它的主要算法如下：①加权轮询（WRR）算法：为每台分配一个权重，权重表示相对于其他服务器，自身能处理连接的能力。权重为 n 表示 SLB 为下一服务器分配流量之前，要为这台服务器分配 n 条新连接。②加权最小连接（WLC）算法：SLB 会将新连接分配给活动连接数最少的真实服务器。为每台真实服务器分配权重 m，服务器处理活动连接的能力等于 m 除以所有服务器权重之和。SLB 会将新连接分配给活动连接数远少于其能力范围的真实服务器。使用加权最小连接（WLC）算法时，SLB 使用一种慢启动的方式来控制对新加真实服务器的访问。“慢启动”限制了新连接的建立频率并允许逐渐增加，以此来防范服务器的过载。负载均衡主要应用于以下几个方面：① DNS 负载均衡。最早的负载均衡技术是通过 DNS 来实现的，在 DNS 中为多个地址配置同一个名字，因而查询这个名字的客户机将得到其中一个地址，从而使得不同的客户访问不同的服务器，达

① 陈相玫．负载均衡专利技术分析．电脑迷，2018（06）：33.

到负载均衡的目的。DNS 负载均衡是一种简单而有效的方法，但是它不能区分服务器的差异，也不能反映服务器的当前运行状态。②代理服务器负载均衡。使用代理服务器，可以将请求转发给内部的服务器，使用这种加速模式显然可以提升静态网页的访问速度。然而，也可以考虑这样一种技术，使用代理服务器将请求均匀转发给多台服务器，从而达到负载均衡的目的。③地址转换网关负载均衡。支持负载均衡的地址转换网关，可以将一个外部 IP 地址映射为多个内部 IP 地址，对每次 TCP 连接请求动态使用其中一个内部地址，达到负载均衡的目的。④协议内部支持负载均衡。除了这三种负载均衡方式之外，有的协议内部支持与负载均衡相关的功能，例如 HTTP 协议中的重定向能力等，HTTP 运行于 TCP 连接的最高层。⑤ NAT 负载均衡。NAT（Network Address Translation 网络地址转换）就是将一个 IP 地址转换为另一个 IP 地址，一般用于未经注册的内部地址与合法的、已获注册的 Internet IP 地址间进行转换。适用于解决 Internet IP 地址紧张、不想让网络外部知道内部网络结构等的场合下。⑥反向代理负载均衡。普通代理方式是代理内部网络用户访问 Internet 上服务器的连接请求，客户端必须指定代理服务器，并将本来要直接发送到 Internet 上服务器的连接请求发送给代理服务器处理。反向代理（Reverse Proxy）方式是指以代理服务器来接受 Internet 上的连接请求，然后将请求转发给内部网络上的服务器，并将从服务器上得到的结果返回给 Internet 上请求连接的客户端，此时代理服务器对外就表现为一个服务器。反向代理负载均衡技术是把将来自 Internet 上的连接请求以反向代理的方式动态地转发给内部网络上的多台服务器进行处理，从而达到负载均衡的目的。⑦混合型负载均衡。在有些大型网络，由于多个服务器群内硬件设备、各自的规模、提供的服务等的差异，我们可以考虑给每个服务器群采用最合适的负载均衡方式，然后又在这多个服务器群间再一次负载均衡或群集起来以一个整体向外界提供服务（把这多个服务器群当作一个新的服务器群），从而达到最佳的性能。我们将这种方式称之为混合型负载均衡。此种方式有时也用于单台均衡设备的性能不能满足大量连接请求的情况下。

二、云计算的产生背景

随着人类社会的进步，越来越多的资源以基础设施的形式被提供给人们使用，如水、电、煤气，用户只需要有一个简单的接口，就可以在任意时间根据自己需要的频度来使用这些基础设施，并按照资源的使用情况付费。如今，计算资源在人们的日常生活中逐渐变得重要，于是如何以更好的方式给公众提供计算资源受到了很多研究人员和实施者的关注。在经济高速发展的现代，我们每天需要处理的数据正以几何倍数的速度快速增长，而目前PC依然是我们日常工作、生活中信息处理的核心工具。我们每个人拥有自己的软件、硬件，可以本地保存数据，而互联网只是让我们能更方便地获取信息和相互交流。这样，无论是单位还是个人，都不得不面对海量数据背后对软、硬件配置不断部署、维护、升级的需求。这种需求越来越大，而且越来越难以承受。现实需要一种以较低成本投入就能获得方便、高效的公共计算资源。随着高速网络的发展，互联网已连接全球各地，网络带宽极大提高，可以传递大容量数据。芯片和磁盘驱动器产品在功能增强的同时，价格也变得日益低廉，拥有成百上千台计算机的数据中心具备了快速为大量用户处理复杂问题的能力。互联网上一些大型数据中心的计算和存储能力出现冗余，特别是一些大型的互联网公司具备了出租计算资源的条件。技术上，并行计算、分布式计算，特别是网格计算的日益成熟和应用，提供了很多利用大规模计算资源的方式。基于互联网服务存取技术的逐渐成熟，各种计算、存储、软件、应用都可以以服务的形式提供给客户。所有这些技术为产生更强大的公共计算能力和服务提供了可能。计算能力和资源利用效率的迫切需求、资源的集中化和各项技术的进步，推动了云计算的产生。

有人说云计算是技术革命的产物，有人说云计算只不过是已有技术的重新包装，是设备厂商或软件厂商“换汤不换药”的一种商业策略。而笔者认为，云计算的发展是需求推动、技术进步及商业模式转换共同作用下的结果。首先，需求是云计算的动力。IT设施要成为社会基础设施，现在面临高成本的瓶颈，这些成本至少包括人力成本、资金成本、时间成本、应用成本和环境成本。云计算带来的益处是显而易见的：用户不需要专门的IT团队，不需要购买、维护、安放有形的IT产品，可以低成本、高效率、随时、快捷地按需使用IT服务；云计算服务提供商可以极大提高资源（硬件、软件、空间、人力、物力、资源等）的利用率和业务响应速度，有效聚合产业链。其次，技术是云计算发展的基础。云计算自身核心技术的发展，如硬件技术、虚拟化技术（计算虚拟化、网络虚拟化、存储虚拟化、桌面虚拟化、应用虚拟化）、海量存储技术、分布式并行计算、多用户构架、自动管理与部署；云计算赖以存在的移动互联网技术的发展，如高速、大容量的网络，无处不在的接入，灵活多样的终端，集约化的数据中心Web技术。最后，商业模式是云计算的内在要求。商业模式是用户需求的外在体现，并且云计算技术为这种特定商业模式提供了现实可能性。从商业模式的角度看，云计算的主要特征是以网络为中心、以服务为产品形态、按需使用与付费，这些特征分别对应于传统的用户自建基础设施、购买有形产品或介质（含 Licence）、一次性买断。一方面，纯粹从技术角度看，云计算是很多技术自然发展、精心优化与组合的产物，是这些技术的集大成者；另一方面，如果同时考虑到商业模式，那么可断言，云计算将给整个社会的信息化带来革命性的改变。所以，在此绝不能离开技术谈云计算，否则有“忽悠”之嫌；也不能离开商业模式谈云计算，否则云计算就是“无源之水，无本之木”。

在这里，我们还要对云计算的主要推动者进行说明。纵观整个 ICT 产业发展历程，每一次计算模式的变革都会引发一场产业变革，同时也会造就一批“明星”厂商。主机时代，IBM 风光无限，称霸一时；互联网时代，微软、英特尔即为名副其实的行业主导者。然而，云计算时代，谁才是主角？

（一）Google

Google 是最早提倡和实践云计算技术的企业之一，其互联网搜索服务建立在云计算基础架构之上。经过多年的发展，Google 云计算技术逐渐成熟，针对自身特点建立了一套极其有效的商业模式与产品、服务组合。从 Google 以 6820 万美元收购企业级 IP 通信解决方案提供商 GIPS，并召开“Google I/O 开发者大会”，发布了以企业级 Google App 为核心的云计算产品开始，其就在云计算方向不断发力，并逐渐形成 GFS、MapReduce、BigTable 三大核心技术。种种事实表明，Google 云计算目标并不只在于个人用户，它的野心在于覆盖从个人用户至企业用户的广大空间。Google 还积极与其他云计算企业合作。作为全球最具有影响力的高科技企业之一的 Google，正以一种先行者的姿态拥抱云计算时代的到来。

（二）IBM

IBM 是云计算领域中名副其实的巨头，2007 年高调启动“蓝云”计划，推出一系列云计算产品。2008 年 IBM 在云计算领域的累计投入超过了 10 亿美元，将其云计算产品和服务扩展到亚洲、欧洲、非洲、美洲市场。为了进一步抢占全球云计算市场，从 2009 年开始 IBM 加大了在云计算领域上的投入。[①]2018 年，IBM 斥资 340 亿美元收购红帽，开始转向混合云服务。IBM 在 IaaS、PaaS、SaaS 三个层面都有方案推出，公有云、私有云、混合云一应俱全。近两年来，IBM 的“智慧”战略如火如荼，智慧地球、智慧城市、智慧通信、智慧医疗……都是智慧的。IBM 智慧的云计算也是其智慧战略中的重要组成部分，其云智慧正不断向云计算领域延伸。

---

① 冀勇庆 .IBM 的云计算 .IT 经理世界，2008（15）：36-37.

（三）微软

云 + 端、软件 + 服务是对微软云计算的最佳诠释，其云计算平台 Windows Azure 被认为是 Windows NT 之后，十多年来最重要的产品。关乎微软的未来，微软 CEO 史蒂夫·鲍尔默多次公开表示，云计算是微软的又一次机遇。与其他云计算厂商相比，微软在用户上有着明显的优势。微软的操作系统和操作习惯，在个人用户和企业用户中都有很广泛的影响力。① 微软可以借助这些优势迅速推广其云计算产品和服务，微软基于云计算的解决方案正在得到越来越广泛的应用。近日有消息称，微软云计算用户已经超过 Google App 用户。这表明，微软云计算产品的势力范围正在逐步扩大，将对产业链上下游产生深远影响。

三、云计算的发展历程

众所周知，云计算被视为科技界的下一次革命，它将带来工作方式和商业模式的根本性改变。追根溯源，云计算与并行计算、分布式计算和网格计算不无关系，更是虚拟化、效用计算、SaaS、SOA 等技术混合演进的结果。那么，几十年来，云计算是怎样一步步演变过来的呢？下面笔者就其具体的发展过程进行阐述。

（一）云计算大事件

1959 年 6 月，Christopher Strachey 发表虚拟化论文，虚拟化是今天云计算基础架构的基石。

1961 年，John McCarthy 提出计算力和通过公用事业销售计算机应用的思想。

1962 年，J.C.R.Licklider 提出“星际计算机网络”设想。

1965 年，美国电话公司 Western Union 一位高管提出建立信息公用事业的设想。

1984 年，Sun 公司的联合创始人 John Gage 说出了“网络就是计算机”的名言，用于描述分布式计算技术带来的新世界，今天的云计算正在将这一理念变成现实。

1996 年，网格计算 Globus 开源网格平台起步。

1997 年，南加州大学教授 Ramnath K.Chellappa 提出云计算的第一个学术定义，认为计算的边界可以不是技术局限，而是经济合理性。

---

① 佟文立 . 微软转型云计算 [J]. 商业观察，2016（02）：73-74.

1998 年，VMware（威睿公司）成立并首次引入 ×86 的虚拟技术。

1999 年，Marc And Reessen 创建 Loud Cloud，是第一个商业化的 IaaS 平台。所谓 IaaS，即基础设施及服务，其提供给消费者的服务是对所有计算基础设施的利用，包括处理 CPU、内存、存储、网络和其他基本的计算资源，用户能够部署和运行任意软件，包括操作系统和应用程序。消费者不管理或控制任何云计算基础设施，但能控制操作系统的选择、存储空间、部署的应用，也有可能获得有限制的网络组件（例如路由器、防火墙、负载均衡器等）的控制。

1999 年，salesforce.com 公司成立，宣布"软件终结"革命开始。

2000 年，SaaS 兴起。所谓 SaaS，指的是 Software-as-a-Service（软件即服务）的简称。随着互联网技术的发展和应用软件的成熟，在 21 世纪开始兴起的一种完全创新的软件应用模式。它与"on-Demand Software"（按需软件），the Application Service Provider（ASP，应用服务提供商），Hosted Software（托管软件）所具有相似的含义。它是一种通过 Internet 提供软件的模式，厂商将应用软件统一部署在自己的服务器上，客户可以根据自己实际需求，通过互联网向厂商定购所需的应用软件服务，按定购的服务多少和时间长短向厂商支付费用，并通过互联网获得厂商提供的服务。对于许多小型企业来说，SaaS 是采用先进技术的最好途径，它消除了企业购买、构建和维护基础设施和应用程序的需要。

2004 年，Web 2.0 会议举行，Web 2.0 成为技术流行词，互联网发展进入新阶段。

2004 年，Google 发布 MapReduce 论文。Hadoop 就是 Google 集群系统的一个开源项目总称，主要由 HDFS、MapReduce 和 Hbase 组成，其中 HDFS 是 GoogleFileSystem （ GFS）的开源实现；MapReduce 是 GoogleMapReduce 的开源实现；HBase 是 GoogleBigTable 的开源实现。

2004 年，Doug Cutting 和 Mike Cafarella 实现了 Hadoop 分布式文件系统（HDFS）和 Map-Reduce，Hadoop 并成了非常优秀的分布式系统基础架构。

2005 年，Amazon 宣布 Amazon Web Services 云计算平台。

2006 年，Amazon 相继推出在线存储服务 S3 和弹性计算云 EC2 等云服务。

2006 年，Sun 推出基于云计算理论的"Black Box"计划。

2007 年，Google 与 IBM 在大学开设云计算课程。

2007 年 3 月，戴尔成立数据中心解决方案部门，先后为全球 5 大云计算平台中的三个（包括 Windows Azure、Facebook 和 Ask.com）提供云基础架构。

2007 年 7 月，亚马逊公司推出了简单队列服务（Simple Queue Service，

SQS），这项服务使托管主机可以存储计算机之间发送的消息。

2007 年 11 月，IBM 首次发布云计算商业解决方案，推出“蓝云”（ Blue Cloud ）计划。

2008 年 1 月，Salesforce.com 推出了随需应变平台 DevForce，Force.com 平台是世界上第一个平台即服务的应用。

2008 年 2 月，EMC 中国研发集团云架构和服务部正式成立，该部门结合云基础架构部、Mozy 和 Pi 两家公司共同形成 EMC 云战略体系。

2008 年 2 月，IBM 宣布在中国无锡太湖新城科教产业园为中国的软件公司建立第一个云计算中心。

2008 年 4 月，Google App Engine 发布。

2008 年中，Gartner 发布报告，认为云计算代表了计算的方向。

2008 年 5 月，Sun 在 2008 Java One 开发者大会上宣布推出“Hydrazine”计划。

2008 年 6 月，EMC 公司中国研发中心启动“道里”可信基础架构联合研究项目。

2008 年 6 月，IBM 宣布成立 IBM 大中华区云计算中心。

2008 年 7 月，HP、Intel 和 Yahoo 联合创建云计算试验台 Open Cirrus。

2008 年 8 月 3 日，美国专利商标局（以下简称“SPTO”）网站信息显示，戴尔正在申请“云计算”（ Cloud Computing）商标，此举旨在加强对这一未来可能重塑技术架构的术语的控制权。戴尔在申请文件中称，云计算是“在数据中心和巨型规模的计算环境中，为他人提供计算机硬件定制制造”。

2008 年 9 月，Google 公司推出 Google Chrome 浏览器，将浏览器彻底融入云计算时代。

2008 年 9 月，甲骨文和亚马逊 AWS 合作，用户可在云中部署甲骨文软件、在云中备份甲骨文数据库。

2008 年 9 月，思杰公布云计算战略，并发布新的思杰云中心（Citrix Cloud Center，C3）产品系列。

2008 年 10 月，微软发布其公共云计算平台——Windows Azure Platform，由此拉开了微软的云计算大幕。

2008 年 12 月，Gartner 披露十大数据中心突破性技术，虚拟化和云计算上榜。

2008 年，亚马逊、Google 和 Flexiscale 的云服务相继发生宕机故障，引发业界对云计算安全的讨论。

2009 年，思科先后发布统一计算系统（UCS）、云计算服务平台，并与 EMC、VMware 建立虚拟计算环境联盟。

2009 年 1 月，阿里软件在江苏南京建立首个“电子商务云计算中心”。

2009 年 4 月，VMware 推出业界首款云操作系统 VMwarevSphere4。

2009 年 7 月，Google 宣布将推出 Chrome OS 操作系统。

2009 年 7 月，中国首个企业云计算平台诞生（中化企业云计算平台）。

2009 年 9 月，VMware 启动 vCloud 计划构建全新云服务。

2009 年 11 月，中国移动云计算平台“大云”计划启动。

2010 年 1 月，HP 和微软联合提供完整的云计算解决方案。

2010 年 1 月，IBM 与松下达成迄今为止全球最大的云计算交易。

2010 年 1 月，Microsoft 正式发布 Microsoft Azure 云平台服务。

2010 年 4 月，英特尔在 IDF 上提出互联计算，图谋用 ×86 架构统一嵌入式、物联网和云计算领域。

2010 年，微软宣布其 90% 员工将从事云计算及相关工作。

2010 年 4 月，戴尔推出源于 DCS 部门设计的 PowerEdgeC 系列云计算服务器及相关服务。①

2011 年 5 月，NEC 面向虚拟化数据中心和云服务市场，推出了第一台可商用的 OpenFlow 交换机。

2012 年 7 月，Sage 发布了分布式存储系统 Ceph 第一个 LTS 版本“Argonaut”。

2013 年，IBM 收购 SoftLayer，提供业界领先的私有云解决方案。

2015 年 10 月，Dell 宣布将以 670 亿美元收购 EMC，从而成为全球科技市场最大规模的并购交易。

2017 年 10 月，AWS 已经宣布已经创建了新的基于 KVM 虚拟化引擎，新的 C5 实例和未来的虚拟机将不使用 XEN，而是核心的 KVM 技术。

2018 年 1 月，Redhat 宣布收购 Kubernetes 与容器原生解决方案创新者与领导厂商 CoreOs，交易金额 2.5 亿美金。Redhat 表示：该收购将进一步增强利用开源的灵活性，让企业用户在任何环境构建并部署任何应用的愿景。该交易将夯实红帽作为混合云与现代应用开发基石的地位。

2019 年 4 月，在 2019ABC INSPIRE 百度云智峰会上，百度副总裁、百度智能云总经理尹世明宣布，“百度云”品牌升级为“百度智能云”，并发布了

① 周震，赵红梅 . 云计算技术发展历程探究 [J]. 信息通信，2013（06）：111.

14款ABC新产品，升级百度智能视频平台和三大视频行业解决方案。据了解，百度智能云在大会上发布的14款ABC新产品涉及数据库、主机、计算、网络、存储、安全等。

（二）步入云计算

1. 为什么需要云计算？

2007年以来，云计算成为IT领域最令人关注的话题之一，也是当前大型企业、互联网的IT建设正在考虑和投入的重要领域。计算的提出，引发了新的技术变革和新的IT服务模式。但是对大多数人而言，云还是一种还不确切的定义，什么是云，为什么需要云？下面笔者就企业IT建设过程进行阐述。

第一个阶段：大集中过程。

这一过程将企业分散的数据资源、IT资源进行了物理集中，形成了规模化的数据中心基础设施。在数据集中过程中，不断实施数据和业务的整合，大多数企业的数据中心基本完成了自身的标准化，使得既有业务的扩展和新业务的部署能够规划、可控，并以企业标准进行IT业务的实施，解决了数据业务分散时期的混乱无序问题。在这一阶段中，很多企业在数据集中后期也开始了容灾建设，特别是在雪灾、大地震之后，企业的容灾中心建设普遍受到重视，以金融为热点行业几乎开展了全行业的容灾建设热潮，并且金融行业的大部分容灾建设的级别都非常高，面向应用级容灾（数据零丢失为目标）。总的来说，第一阶段过程解决了企业IT分散管理和容灾的问题。

第二个阶段：实施虚拟化的过程。

在数据集中与容灾实现之后，随着企业的快速发展，数据中心IT基础设施扩张很快，但是系统建设成本高、周期长，即使是标准化的业务模块建设（哪怕是系统的复制性建设），软硬件采购成本、调试运行成本与业务实现周期并没有显著下降。标准化并没有给系统带来灵活性，集中的大规模IT基础设施出现了大量系统利用率不足的问题，不同的系统运行在独占的硬件资源中，效率低下而数据中心的能耗、空间问题逐步突显出来。因此，以降低成本、提升IT运行灵活性、提升资源利用率为目的的虚拟化开始在数据中心进行部署。虚拟化屏蔽了不同物理设备的异构性，将基于标准化接口的物理资源虚拟化成逻辑上也完全标准化和一致化的逻辑计算资源（虚拟机）和逻辑存储空间。虚拟化可以将多台物理服务器整合成单台，每台服务器上运行多种应用的虚拟机，实现物理服务器资源利用率的提升，由于虚拟化环境可以实现计算与存储资源的逻辑化变更，特别是虚拟机的克隆，使得数据中心IT实施的灵活性大幅提升，务部署周期可用数月缩小到一天以内。虚拟化后，应用于 VM 为单元部署运行，数据中心服务器数量可大为减少且计算能效提升，使得数据中心的能耗与空间问题得到控制。总的来说，第二阶段过程提升了企业 IT 架构的灵活性，数据中心资源利用率有效提高，运行成本降低。

第三个阶段：云计算阶段。

对企业而言，数据中心的各种系统（包括软硬件与基础设施）是一大笔资源投入。一方面，新系统（特别是硬件）在建成后一般经历 3–5 年即面临逐步老化与更换，而软件技术则不断面临升级的压力。另一方面， IT 的投入难以匹配业务的需求，即使虚拟化后，也难以解决不断增加的业务对资源的变化需求，在一定时期内扩展性总是有所限制。于是企业 IT 产生新的期望蓝图： IT 资源能够弹性扩展、按需服务，将服务作为 IT 的核心，提升业务敏捷性，进一步大幅降低成本。因此，面向服务的 IT 需求开始演化到云计算架构上。云计算架构可以由企业自己构建，也可采用第三方云设施，但基本趋势是企业将逐步采取租用 IT 资源的方式来实现业务需要，如同水力、电力资源一样，计算、存储、网络将成为企业 IT 运行的一种被使用的资源，无须自己建设，可按需获得。从企业角度，云计算解决了 IT 资源的动态需求和最终成本问题，使得 IT 部门可以专注于服务的提供和业务运营。

这三个阶段中， 大集中与容量是面向数据中心物理组件和业务模块，虚拟化是面向数据中心的计算与存储资源，计算最终面向 IT 服务。这样一个演进过程，表现出 IT 运营模式的逐步改变，而云计算则最终根本改变了传统 IT 的服务结构，它剥离了 IT 系统中与企业核心业务无关的因素（如 IT 基础设施），将 IT 与核心业务完全融合，使企业 IT 服务能力与自身业务的变化相适应。在技术变革不断发生的过程中，网络逐步从基本互联网功能转换到 Web 服务时代（典型的 Web 2.0 时代）， IT 也由企业网络互通性转换到提供信息架构全面支撑企业核心业务。技术驱动力也为云计算提供了实现的客观条件。

标准化：公共技术的长期发展，使得基础组件的标准化非常完善，硬件层面的互通已经没有阻碍（即使是非常封闭的大型机目前也开始支持对外直接出 IP 接口），大规模运营的云计算能够极大降低单位建设成本。

虚拟化与自动化：虚拟化技术不断纵深发展， IT 资源已经可以通过自动化的架构提供全局动态调度能力，自动化提升了 IT 架构的伸缩性和扩展性。

并行 / 分布式架构：大规模的计算与数据处理系统已经在分布式、并行处理的架构上得到广泛应用，计算密集、数据密集、大型数据文件系统成为云计算的实现基础，从而要求整个基础架构具有更高的弹性与扩展性。

带宽：大规模的数据交换需要超高带宽的支撑，网络平台在 40GB/100GB 能力下可具备更扁平化的结构，使得云计算的信息交互以最短快速路径执行。

因此，从传统 Web 服务向云计算服务发展已经具备技术基础，而企业的 IT 从信息架构演进到弹性的 IT 服务也成为必然。

2. 云计算模型

对于云计算的分类目前比较统一的方式是从以下两个维度进行划分。

（1）按服务的层次。计算服务的基础层次是 IaaS。在这一层面，通过虚拟化、动态化将 IT 基础资源（计算、网络、存储）形成资源池。资源池即是计算能力的集合，终端用户（企业）可以通过网络获得自己所需要的计算资源，运行自己的业务系统，这种方式使用户不必自己建设这些基础设施，而只是通过对所使用资源付费即可。在 IaaS 之上是 PaaS（Platformasa Service，平台即服务）层。这一层面除了提供基础计算能力，还具备了业务的开发运行环境，对于企业或终端用户而言，这一层面的服务可以为业务创新提供快速低成本的环境。最上层是 SaaS。SaaS 可以说在云计算概念出现之前已经有了，而随着云计算技术的发展而得到了更好的支撑。SaaS 的软件是拿来即用的，不需要用户安装，因为 SaaS 真正运行在 ISP 的云计算中心，SaaS 的软件升级与维护也无须终端用户参与，SaaS 是按需使用的软件，传统软件买了一般是无法退货的，而 SaaS 是灵活收费的，不使用就不付费。层次化的云计算一般也称为 I-P-S 云计算，各层可独立提供云服务，下一层的架构也可以为上一层云计算提供支撑。仍以搜狗拼音为例，由大型服务器群、高速网络、存储系统等组成的 IaaS 架构为内部的业务开发部门提供基础服务，而内部业务开发系统在 IaaS 上构建了 PaaS，并部署运行搜狗拼音应用系统，这样一个大型的系统对互联网用户而言，就是一个大规模 SaaS 应用。

（2）按云的归属。按云的归属，可以将云计算划分为公有云、私有云和混合云三种类型。其一是公有云。公共云是一个计算效用模型，通常提供一个共享的多租户环境，其中多个用户在一个服务器内共享一个物理容器。多租户云是由第三方服务提供商操作，通过互联网连接访问的公共服务，客户基于计算、存储单元或者用途支付费用。因此，公共云通常被认为是一种商品服务。通常情况下，用户通过虚拟镜像访问服务，虚拟镜像是在物理硬件上独立运行的计算资源的结合。当他们支持共同的工作负载时，公共云是最有效的选择，以便系统能自动化和优化系统的工作量。这不同于一个数据中心，数据中心可能有多个操作系统和多个类型的应用程序和工作负载，因此，它对于少量简单的工作负荷难以进行优化。公共云是一个有效的经济模型，因为它建立在一个共享的服务模型上。对于公共云供应商如亚马逊、微软 Azure 和谷歌云服务来说，消费者越多，单位使用量的收费越低。典型的支付模型是基于每兆字节存储或一个单位计算费用。公共云的一个关键特征是，它通过广义的服务级别协议（SLA）为所有用户提供了相同的服务水平和安全。因此，服务提供商将它的服务器自动化和安全作为一个集成的环境。精心设计的商业公共云服务往往提供一个合理的服务和安全等级，这种服务需要由规范的和政府担保的公司来提供，由于部分用户需要高私密性的服务，私有云服务对关键的客户和财务数据来说可能是一个更可行的选择。然而，对于其他商品服务，如电子邮件经常使用公共云服务来实现。一些公共的云服务提供商提供额外的服务，如虚拟专用网或专门的政府服务。其二是私有云。私有云的数据与资源保存在数据中心中，而这些资源通常不与其他公司共享。类似公共云，私有云的目的是创建一个优化的环境，使它支持单一的具有优化管理和自动化服务的基本操作系统。同样，私有云还提供了针对工作量的优化方法，提高可管理性和性能。由于私有云由系统内部控制，它可以优化基于行业治理要求的安全性。此外，私有云还可以建立具有特定级别的服务，以满足客户和合作伙伴的需求。这样公司有能力部署工具和服务，以监控和优化安全和服务等级。其三是混合云。一个混合云提供集成或连接到公共云、私有云和管理服务的功能。从本质上说，当一个混合云成为一个虚拟的计算环境，可以有效地结合公共云的虚拟化服务、私有云的服务、托管服务供应商和数据中心。例如，一个公司可以使用它的数据中心来管理客户交易。这些交易连接到一个公共云，在这个公共云中，该公司已经创建了一个基于 Web 的前端和一个移动接口，使客户可以在线购买产品。这家公司还使用一个第三方托管服务，检查试图使用信用卡支付服务的顾客的信用。这里也可能是一系列基于公共云的应用程序，控制客户服务细节。此外，该公司在假期高峰期使用一个公共云服务提供商的额外的计算能力，以确保系统超载时网站不崩溃。虽然这些元素都是由不同供应商设计和运行的，但它们可以作为一个整体的系统来管理。混合云是高效的，因为作为一个分布式系统，它让公司使用一系列最适合当前任务的服务。无论云模型是公共的还是私有的，它们都可以分配不同的认知计算工作负载给最佳的服务组件。认知系统的性能受益于部署在各种工作负载优化的服务，而不是一个统一的系统，混合云模型是最合乎逻辑的和实际的方法，因为这些系统在生产中成长。认知计算可以被设计为一系列的服务进行交互，通过应用程序编程接口（API）调用不同的服务，以高效率低成本的方式执行一个过程或计算算法的方法。当企业使用大数据集来计算复杂的算法时，合理的成本往往很难获得足够的计算资源。例如，在制药行业，发现药物需要对大量的数据进行分析，这些数据需要存储和处理。在云计算之前，这些公司不得不妥协，只选择数据的子集来分析。他们必须确保所选择的数据是正确的子集。虽然这是很可能的，但是模式或异常可能不会出现在他们能收集到的数据的子集或快照中。

（3）云计算的基础架构要求。从本质上来说，计算是一种 IT 模式的改变，这种变化使得 IT 基础架构的运营专业化程度不断集中和提高从而对基础架构层面提出更高的要求。云计算聚焦于高性能、虚拟化、动态性、扩展性、灵活性、安全，简化用户的 IT 管理，提升 IT 运行效率，大幅节省成本。计算的基础架构主要以计算（服务器）、网络、存储构成，为满足云计算的上述要求，各基础架构层面都有自身的要求。[①] 对于服务器，计算要求其支持更密集的计算能力（目前多路多核架构），完全的虚拟化能力（ CPU 指令虚拟化、软件虚拟化、桥片虚拟化、IO 虚拟化），多个 IO（数据访问与存储）的整合——CEE 与 FCOE；对于网络，面向 100G 的性能成为云计算的基本支撑平台，搭建更扁平化、高度可扩展的架构，满足虚拟机算环境的大规模二层无环网络、FCOE/DCE 的统一交换、L2–L7 的深度高速（10GE 级性能）安全集成；对于存储，高速 IO 将面向 10G/16G ，高度扩展的虚拟化海量存储，面向统一交换 IO 整合的 FCOE。

（4）构建与交付云计算。不论使用 I–P–S 的哪一层云计算服务，企业都需要考虑是采用 SP 的计算资源还是自建云计算资源。从目前运营方式，主要可能有 6 种方式：

方式一 ，企业所有，自行运营。这是一种典型的私有云模式，企业自建自用，基础资源在企业数据中心内部，运行维护也由企业自己承担。

方式二，企业所有，运维外包。这也是私有云，但是企业只进行投资建设，而云计算架构的运行维护外包给服务商（也可以是 SP），基础资源依然在企业数据中心。

方式三，企业所有，运维外包，外部运行。由企业投资建设私有云，但是云计算架构位于服务商的数据中心内，企业通过网络访问云资源，这是一 种物理形体的托管型。

① 冯昊，邹涛，张龙军，王伟 . 云计算基础架构综述 [J]. 电子世界，2012（18）：13–15.

方式四，企业租赁，外部运行，资源独占。由 SP 构建云计算基础资源，企业只是租用基础资源形成自身业务的虚拟云计算，但是相关物理资源完全由企业独占使用，这是一 种虚拟的托管型服务（数据托管）。

方式五，企业租赁，外部运行，资源共享调度。由 SP 构建，多个企业同时租赁 SP 的云计算资源，资源的隔离与调度由 SP 管理，企业只关注自身业务，不同企业在云架构内虚拟化隔离，形成一种共享的私有云模式。

方式六，公共云服务。由 SP 为企业或个人提供面向互联网的公共服务（如邮箱、即时通信、共享容灾等），云架构与公共网络连接，由 SP 保证不同企业与用户的数据安全。从更长远的周期来看，云的形态会不断演化，从孤立的云逐步发展到互联的云。

在云计算建设初期，发展比较快的是公共云。第一阶段，企业的数据中心依然是传统 IT 架构，但是面向互联网应用的公共云服务快速发展，不同的 ISP 会构建各自的云，这些云之间相互孤立，为互联网的不同用户需求集服务（如搜索、邮件等），企业数据中心与公共云之间存在公网互联（企业可能会采用公共云服务）。第二阶段，企业开始构建自己的私有云，或租赁 SP 提供的私有云服务，这一阶段是企业数据中心架构的变化，同时，企业为降低成本，采用公共云服务的业务会增加。第三阶段，企业为进一步降低 IT 成本，逐步过渡到采用 SP 提供的虚拟私有云服务（也可能直接跨过第二阶段到第三阶段），存在企业内部云与外部云的互通，形成混合云模式。第四阶段，由于成本差异和服务差异，企业会采用不同 SP 提供的云计算服务，因此，形成了一种不同云之间的互联形态，即互联云。

云计算不仅带来了 IT 模式的变化，也将引发 IT 服务的变革，企业和用户只需要关注数据是自己的，而对数据的计算存储方式、效率均采用云的服务来实现和提升，云的供应商则将核心业务重点放在 IT 架构的运营上，服务将成为下一代 IT 的核心内容。

四、云计算的特点

云计算是通过使计算分布在大量的分布式计算机上，而非本地计算机或远程服务器中，企业数据中心的运行将与互联网更相似。这使得企业能够将资源切换到需要的应用上，根据需求访问计算机和存储系统。好比是从古老的单台发电机模式转向了电厂集中供电的模式。它意味着计算能力也可以作为一种商品进行流通，就像煤气、水电一样，取用方便，费用低廉。最大的不同在于，它是通过互联网进行传输的。[①] 被普遍接受的云计算特点如下：

（一）超大规模

“云”具有相当的规模，Google 云计算已经拥有 100 多万台服务器；亚马逊、IBM、微软和 Yahoo 等公司的“云”均拥有几十万台服务器。在底层，需要面对各类众多的基础软硬件资源；在上层，需要能够同时支持各类众多的异构的业务；而具体到某一业务，往往也需要面对大量的用户。由此，云计算必然需要面对海量信息交互，需要有高效、稳定的海量数据通信/存储系统做支撑。“云”能赋予用户前所未有的计算能力。

（二）虚拟化

云计算是通过提供虚拟化、容错和并行处理的软件将传统的计算、网络、存储资源转化成可以弹性伸缩的服务。云计算通过资源抽象特性（通常会采用相应的虚拟化技术）来实现云的灵活性和应用广泛支持性。使用者所请求的资源来自“云”，而不是固定的有形的实体。应用在“云”中某处运行，最终用户不知道云端的应用运行的具体物理资源位置；同时，云计算支持用户在任意位置使用各种终端获取应用服务。用户经常并不控制或了解这些资源池的准确划分，但可以知道这些资源池在哪个行政区域或数据中心。云计算支持用户在任意位置使用各种终端获取服务，所请求的资源来自“云”，而不是固定的有形的实体。应用在“云”中某处运行，但实际上用户无须了解应用运行的具体位置，只需要一台笔记本或一个 PDA，就可以通过网络服务来获取各种能力超强的服务。

（三）高可靠性

“云”主要是通过冗余方式进行数据处理服务的。在大量计算机机组存在的情况下，会让系统中所出现的错误越来越多，而通过冗余方式则能够降低错误出现的概率，同时保证数据的可靠性。“云”使用数据多副本容错、计算节点同构可互换等措施来保障服务的高可靠性，使用云计算比使用本地计算机更加可靠。

（四）通用性

云计算不针对特定的应用，在“云”的支撑下可以构造出千变万化的应用，同一片“云”可以同时支撑不同的应用运行。“云”也可以构建在不同的基础

---

① 黄璐辉．云计算在通信行业的特点和应用 [J]. 中国新通信，2020，22（12）：19.

平台之上，即可以有效兼容各种不同种类的硬件和软件基础资源。硬件基础资源，主要包括网络环境下的三大类设备，即计算（服务器）、存储（存储设备）和网络（交换机、路由器等设备）；软件基础资源，则包括单机操作系统、中间件、数据库等。

（五）高可伸缩性

“云”的规模可以动态伸缩，满足应用和用户规模增长的需要。这意味着，添加、删除、修改云计算环境的任一资源节点，抑或任一资源节点异常宕机，都不会导致云环境中的各类业务的中断，也不会导致用户数据的丢失。这里的资源节点可以是计算节点、存储节点和网络节点。而资源动态流转，则意味着在云计算平台下实现资源调度机制，资源可以流转到需要的地方。如在系统业务整体增加情况下，可以启动闲置资源，纳入系统中，提高整个云平台的承载能力；而在整个系统业务负载低的情况下，则可以将业务集中起来，让其他闲置的资源转入节能模式，从而在提高部分资源利用率的情况下，达到其他资源绿色、低碳的应用效果。

（六）按需服务

“云”是一个庞大的资源池，用户按需购买，像自来水、电和煤气那样计费。按需分配，是云计算平台支持资源动态流转的外部特征表现。“云”平台通过虚拟分拆技术，可以实现计算资源的同构化和可度量化，可以提供小到一台计算机，多到千台计算机的计算能力。按量计费起源于效用计算，在“云”平台实现按需分配后，按量计费也成为云计算平台向外提供服务时的有效收费形式。从广义角度上来看，“云”本质上是一种数字化服务，同时这种服务较以往的计算机服务更具有便捷性，用户在不清楚云计算具体机制的情况下，就能够得到相应的服务。

（七）高可用性

在储存上和计算能力上，“云”相比以往的计算机技术具有更高的服务质量，同时在节点检测上也能做到智能检测，在排除问题的同时不会对系统带来任何影响。

（八）极其廉价

鉴于“云”的特殊容错措施，可以采用极其廉价的节点来构成“云”，“云”的自动化集中式管理使大量企业无须负担日益高昂的数据中心管理成本，“云”

的通用性使资源的利用率较之传统系统大幅提升，因此用户可以充分享受“云”的低成本优势，经常只要花费几百美元、几天时间就能完成以前需要数万美元、数月时间才能完成的任务。

（九）环保

通过虚拟化、效用计算等技术，云计算大大地提高了硬件的利用率，并可以均衡不同物理服务服务器的计算负载，减少能源浪费。

（十）快速部署

云计算模式具有极大的灵活性，足以适应各个开发和部署阶段的各种类型和规模的应用程序。提供者可以根据用户的需要及时部署资源，最终用户也可按需选择。对消费者来讲，云计算提供的这种能力是无限的，并且可以在任何时间、以任何量化方式购买。自动化管理与快速交付，有效降低服务的运行维护成本，平均每百台服务器所需的运行维护人员数量应少于 1 人（现有 IT 服务管理模式下，每百台服务器运行维护人员数量多于 5 人）；对于服务使用者的服务申请快速响应，响应时间应在分钟级。

（十一）潜在的危险性

云计算服务除了提供计算服务外，还必然提供存储服务。但是，云计算服务当前垄断在私人机构（企业）手中，而他们仅仅能够提供商业信用。政府机构、商业机构（特别像银行这样持有敏感数据的商业机构）对于选择云计算服务应保持足够的警惕。对于信息社会而言，“信息”是至关重要的。另一方面，云计算中的数据对于数据所有者以外的其他云计算用户是保密的，但是对于提供云计算的商业机构而言却毫无秘密可言。所有这些潜在的危险，是商业机构和政府机构选择云计算服务，特别是选择国外机构提供的云计算服务时，不得不考虑的一个重要的前提。

（十二）弹性和自助服务配置

云服务的弹性为消费者提供了用来增加或减少需要完成一个任务的计算、存储或网络的数量的能力。虽然添加服务的概念在其他模式计算中是可用的，但是在云环境中，弹性倾向于自动化的服务，由一个自助服务功能控制。特别是当一个云服务的消费者需要增加计算服务数量时，如应用一个算法到复杂的数据集中，当计算完成时，可以自动减少计算资源的数量，在弹性范围内进行测量和分布式处理。

（十三）扩展性

由于云具有弹性的特点，你可以扩展服务来转移工作负载。扩展的两个主要模型是水平缩放和垂直缩放。水平缩放（通常被称为横向扩展）意味着相同类型的服务基于工作负载的需求扩展；当需要更多相同的容量时，系统分配更多的资源。随着需求的减少，这些资源逐渐被释放到池中。使用横向缩放，可以添加额外的服务器以支持扩展的要求。相比之下，使用垂直扩展（通常称为纵向扩展）时，单个计算资源被扩展，从而实现负载和计算环境之间更好的匹配。除了增加更多的服务器，一个垂直扩展的环境能够在现有的系统中添加额外的内存或存储。垂直缩放是解决需要高度分布计算环境的应用的有效方案。例如，Hadoop 被用来实现分布节点之间的计算。

（十四）分布式处理

随着数据量的增长，更好地进行计算节点之间的分发处理以获得更好性能的能力变得越来越重要。即使分布式文件系统的思想不是最新的，但是在新的数据技术如 NoSQL、Hadoop、HBase 中，仍然证明这种能力的重要性。在云内使用机器集群处理复杂的算法是至关重要的。认知计算不仅需要摄取数据，还需要分析复杂的数据以提供对复杂问题的解决方案。

第二节 大数据概述

一、大数据的概念

提到“大数据”，人们会将它与数量巨大、结构复杂、类型众多等属性相关联。那么何谓大数据？到目前为止，对此还没有一个公认统一的定义。维基百科中给出：大数据，或称巨量数据、海量数据、大资料，指的是所涉及的数据量规模巨大到无法通过人工在合理时间内达到截取、管理、处理并整理成为人类所能解读的信息。[①] 高德纳于 2012 年对大数据的定义为：大数据是大量、高速和 / 或多变的信息资产，它需要新型的处理方式去促成更强的决策能力、洞察力与优化处理。大数据“白皮书”中提及：对“大数据”的定义，取决于你是一

---

① 王岑岚，尤建新. 大数据定义及其产品特征：基于文献的研究 [J]. 上海管理科学，2016，38（03）：25-29.

位计算机科学家，还是一位金融分析师，抑或是一位为风险投资人推销一个概念的企业家。多数定义都反映了对在数量、速度与种类上持续扩大的数据集的不断增长的捕捉、聚合与处理数据的技术能力。换言之，现在数据可以更快获取，有着更大的广度和深度，并且包含了以前做不到的新的观测和度量类型。更确切地说，大数据集是“庞大的、多样化的、复杂的、纵深的和/或分布式的，它由各类仪器设备、传感器、网上交易、电子邮件、视频、点击流，以及现在与未来所有可以利用的其他数字化信号源产生”。大数据白皮书从资源、技术、应用三个层次把握，给出了大数据的概念，即大数据是具有体量大、结构多样、时效强等特征的数据；处理大数据需采用新型计算架构和智能算法等新技术；大数据的应用强调以新的理念应用于辅助决策、发现新的知识，更强调在线闭环的业务流程优化。因此说，大数据不仅“大”，而且“新”，是新资源、新工具和新应用的综合体。由上可知，大数据并非一个确切的概念。最初，这个概念是指需要处理的信息量过大，已经超出了一般电脑在处理数据时所能使用的内存量，因此工程师们必须改进处理数据的工具。大数据不仅包含数据的体量，而且强调数据的处理速度。在数据分析领域，大数据是前沿技术，大数据以及数据仓库、数据分析、数据安全、数据挖掘是IT行业时下最火爆的词汇，大数据的商业价值已经成为信息行业争相追逐的焦点。大数据包括各种互联网信息，更包括各种交通工具、生产设备和工业器材上的传感器，随时随地进行测量，不间断地传递着海量的信息数据。利用新处理模式，大数据具有更强的决策力和洞察力，能够优化流程，实现高增长率，处理海量的多样化信息资产。归根结底，大数据技术可以快速处理不同种类的数据，从中获得有价值的信息。随着网络、传感器和服务器等硬件设施的全面发展，大数据技术促使众多企业融合自身需求，创造出难以想象的经济效益，实现巨大的社会价值。各行各业利用大数据产生极大增值和效益，表现出前所未有的社会能力，而绝不只是数据本身。所以，大数据可以定义为在合理时间内采集大规模资料，帮助使用者更有效决策的社会过程。在今天，大数据被认为是一种人们在大规模数据的基础上可以做到的事情，大数据是人们获得新的认知、创造新的价值的源泉，大数据还为改变各种关系服务。

（一）大数据的本质

从人类认识史可以发现，对信息的认识史就是人类的认识进步史与实践发展史。人类历史上经历过四次信息革命。第一次是创造语言，语言是即时变换和传递信息的工具，人类通过语言建立相互关系认识世界。语言表明人类要求表达、认识世界并开始作用于世界，通过语言产生思维，将事物的信息抽象表达为声音这个即时载体，但语言的限制和缺点是无法突破个体的时空。第二次是创造文字以及随之而来的造纸与印刷的技术，实现了人类远距离和跨时空的思想传递，人类因此扩大联合。文字虽然突破了时间和空间上的限制，但需要耗费太高的交流成本和传播成本。第三次是发明电信通信，电报、广播、电视实现了文字、声音和图像信息的远距离即时传递，为电子计算机与互联网创造奠定了基础。第四次是电子计算机与互联网的创造，是一次空前的伟大综合，其特点是所有信息全部归结为数据，表达形式为数字形式，只要有了 0 和 1 加上逻辑关系就可以构成全部世界。现代通信技术和电子计算机的有效结合，使信息的传递速度和处理速度得到了巨大的提高，人类掌握信息、利用信息的能力达到了空前的高度，人类社会进入了信息社会。① 在一定意义上，人类文明史是一部信息技术的发展进化历史。

（1）信息。信息（Information），指通信系统音讯、消息、通信系统传输和处理的对象，泛指人类社会传播的一切内容。人通过获得、识别自然界和社会的不同信息来区别不同事物，得以认识和改造世界。在一切通讯和控制系统中，信息是一种普遍联系的形式。从本体论层次，信息可定义为事物的存在方式和运动状态表现形式。事物泛指存在于人类社会、思维活动和自然界中一切可能的对象，存在方式指事物的内部结构和外部联系，运动状态指事物在时空变化的特征和规律。从认识论层次看，信息是主体所感知或表述的事物存在的方式和运动状态。主体所感知的是外部世界向主体输入的信息，主体所表述的则是主体向外部世界输出的信息。

（2）数据。数据（Data）是事实或观察的结果，是对客观事物的逻辑归纳，是用于表示客观事物的未经加工的原始素材。数据是信息的表现形式和载体，可以是符号、文字、数字、语音、图像、视频等。数据和信息是不可分离的，数据是信息的表达，信息是数据的内涵。数据本身没有意义，数据只有对实体行为产生影响时才成为信息。数据可以是连续的值，比如声音、图像，称为模拟数据。也可以是离散的，如符号、文字，称为数字数据。在计算机系统中，数据以二进制信息单元 0.1 的形式表示。数据的分类形式多种多样。其一，按数据的性质可以将其划分为：①定位的，如各种坐标数据；②定性的，如表示事物属性的数据（居民地、河流、道路等）；③定量的，反映事物数量特征的

① 赵文银．大数据的本质与大数据竞争中的误区 [J]. 中国工业评论，2016（07）：104-105.

数据，如长度、面积、体积等几何量或重量、速度等物理量；④定时的，反映事物时间特性的数据，如年、月、日、时、分、秒等。其二，按表现形式则可以将数据划分为：①数字数据，如各种统计或量测数据；②模拟数据，由连续函数组成，是指在某个区间连续变化的物理量，又可以分为图形数据（如点、线、面）、符号数据、文字数据和图像数据等，如声音的大小和温度的变化等。其三，按数据的记录方式，则可以降低划分为地图、表格、影像、磁带、纸带。按数字化方式分为矢量数据、格网数据等。在地理信息系统中，数据的选择、类型、数量、采集方法、详细程度、可信度等，取决于系统应用目标、功能、结构和数据处理、管理与分析的要求。

（3）数据与信息。数据是信息的载体，信息是有背景的数据，而知识是经过人类的归纳和整理，最终呈现规律的信息。但进入信息时代之后，“数据”二字的内涵开始扩大：不仅指“有根据的数字”，还统指一切保存在电脑中的信息，包括文本、图片、视频等。其中的原因是，20 世纪 60 年代软件科学取得了巨大进步、发明了数据库。此后，数字、文本、图片都不加区分地保存在电脑的数据库中，数据也逐渐成为“数字、文本、图片、视频”等的统称，也即“信息”的代名词。简单来说，信息是经过加工的数据，或者说，信息是数据处理的结果。信息与数据是不可分离的，数据是信息的表现形式，信息是数据的内涵。数据本身并没有意义，数据只有对实体行为产生影响时才成为信息。信息可以离开信息系统而独立存在，也可以离开信息系统的各个组成和阶段而独立存在；而数据的格式往往与计算机系统有关，并随载荷它的物理设备的形式而改变。大数据可以被看作是依靠信息技术支持的信息群。

（二）大数据的分类

随着网络时代的到来，人们的生活经过网络进行数据化处理，随时分享，留下记录，变成数据。互联网上的大数据不容易分类，百度把数据分为用户搜索产生的需求数据，以及通过公共网络获取的数据；阿里巴巴则根据其商业价值分为交易数据、社交数据、信用数据和移动数据；腾讯善于挖掘用户关系数据，并且在此基础上生成社交数据。通过数据分析人们的许多想法和行为，从中发现政治治理、文化活动、社会行为、商业发展、身体健康等各个领域的各种信息，进而可以预测未来。互联网大数据可以分为互联网金融数据，以及用户消费产生的行为、地理位置和社交等大量数据。

1. 从社会宏观角度分类

根据大数据使用主体的不同，可以将大数据划分为政府的大数据、企业的大数据和企业的大数据三类。①

（1）政府的大数据。各级政府各个机构拥有海量的原始数据，构成社会发展与运行的基础，包括形形色色的环保、气象、电力等生活数据，道路交通、自来水、住房等公共数据，安全、海关、旅游等管理数据，教育、医疗、信用及金融等服务数据。在具体的政府单一部门里面无数数据固化而没有产生任何价值，如果关联这些数据流动起来综合分析有效管理，这些数据将产生巨大的社会价值和经济效益。无论智能电网与智慧医疗，还是智能交通和智慧环保都离不开大数据的支撑，大数据是智能城市的核心资本。到 2016 年底已经有 370 个国内城市开始投资建设智慧城市，大数据可以在方方面面提供各种决策与智力支持。政府应该将数据逐步开放，供给更多有能力的机构组织或个人，让他们研究分析并加以利用，以加速造福人类。

（2）企业的大数据。企业离不开数据支持有效决策，只有通过数据才能快速发展，实现利润、维护客户、传递价值、支撑规模、增加影响、提高质量、节省成本、扩大吸引、打败对手、开拓市场。企业需要大数据的帮助，才能对快速膨胀的消费者群体提供差异化的产品或服务，实现精准营销网络企业依靠大数据实现服务升级与方向转型，传统企业面临无处不在的互联网压力，同时必须谋求变革实现融合不断前进。随着信息技术的发展，数据成为企业的核心资产和基本要素，数据变成产业进而成长为供应链模式，慢慢连接为贯通的数据供应链。互联网时代，互相自由连通的外部数据的重要性逐渐超过单一的内部数据，企业个体的内部数据，更是难以和整个互联网数据相提并论。大数据时代产生影响巨大的互联网企业，而传统公司随着网络社会的到来开始进入互联网领域，需要云计算与大数据技术、改善产品、提升平台、实现升级。

（3）个人的大数据。每人都能通过互联网建立属于自己的信息中心，积累、记录、采集、储存个人的一切大数据信息。通过信息技术使得各种可穿戴设备，包括植入的各种芯片都可以通过感知技术获得个人的大数据，包括但不限于体温、心率、视力各类身体数据，以及社会关系、地理位置、购物活动等各类社会数据。个人可以选择将身体数据授权提供给医疗服务机构，以便监测出当前的身体状况，制订私人健康计划；还能把个人金融数据授权给专业的金融理财机构，以便制定相应的理财规划并预测收益。国家有关部门还会在法律范围内经过严格程序进行预防监控，实时监控公共安全，预防犯罪。

① 杨晓波．基于概率统计的大数据分类方法 [J]. 内蒙古师范大学学报（自然科学汉文版），2017，46（02）：174-177.

2. 从大数据的来源分类

互联网产业发展迅猛，产生的数据数量正处在持续快速增长之中，它的格式也越发多样，来源也越发广泛。随着智能手机、可穿戴智能设备等计算设备的发展，传感器技术、定位技术及其他观测技术的不断进步以及数据采集、存储与处理成本逐渐下降。人们的网络行为、真实位置、身体生理数据比以往任何时候都更易采集、记录。这意味着人们生活在一个数据几乎无处不在的世界中。采集与处理的数据量是巨大的。大数据的部分数据来源：公众网络、社交媒体、移动应用程序、商业交易记录与公共记录中的个人数据而形成的商业数据库、医疗卫生记录中的医疗诊断信息及患者信息数据库、地理空间数据、各类调查等。下面笔者就科研数据、互联网数据、感知数据以及企业数据四个来源进行阐述。

（1）科研数据。科研数据在大数据时代前很久就存在，可能来自生物工程、天文望远镜或粒子对撞机，不一而足。这些数据存在于封闭系统中，使用者都是传统上做高性能计算（HPC）的企业，很多大数据技术脱胎于 HPC。科研数据存在于拥有具有极高计算速度且性能优越的机器的研究机构，包括生物工程研究以及粒子对撞机或天文望远镜，如位于欧洲的国际核子研究中心装备的大型强子对撞机，在其满负荷的工作状态下每秒可以产生 PB 级的数据。

（2）互联网数据。互联网大数据是时代的主流，尤其社交媒体是近年来大数据的主要来源，几乎所有的大数据技术都源于快速发展的国际互联网企业。比如，以搜索著称的百度与谷歌的数据规模都已经达到上千 PB 的级别，而应用广泛影响巨大的脸谱、亚马孙、雅虎、阿里巴巴的数据都突破上百 PB。互联网数据增长的驱动力，一是梅特卡夫定律（互联网企业的价值与用户数的平方成正比），二是扎克伯格反复引用的信息分享理论：一个人分享的信息每一到两年翻番。大型互联网企业的大数据生态系统比较独特，一方面不同程度上参与开源，另一方面维护自给自足的生态系统，甚至连硬件都越来越依靠自己了。从谷歌开始，后有“脸书”的“开放计算项目”。大型互联网公司不只是自身产生大体量数据，它还有平台级的带动作用，如“脸书”之于 Zynga，阿里牵头做的数据交换平台。中型互联网公司基本上也能够维持大数据技术团队，只不过与大型互联网公司的核心开发能力和社区贡献能力相比，它们更多部重兵在外围开发、优化和运维。当然，它们多少会有一些绝招，如豆瓣的推荐，暴风的 Hadoop 管理。三线互联网公司有数据但没有大数据能力，这催生了一些大数据技术和服务的机会，如百分点为电商网站做个性化推荐和营销分析，各类广告联盟、移动应用服务平台为网站和移动应用提供统计分析、营销服务等。

（3）感知数据。进入移动互联网时代后，移动平台的感知功能和 LBS 的普及，感知数据基于位置的服务和移动平台的感知功能，与互联网数据逐渐重叠，但感知数据的体量同样惊人，并且总量可能不亚于社交媒体。感知数据的总量在 2015 年首次超过社交媒体，截至 2019 年已达到后者的 20 倍。重庆曾计划做一个平安城市项目，规划了 50 万个摄像头，数据存储需求要达到百 PB 级别，不亚于世界级的互联网公司。

（4）企业数据。企业数据种类繁杂，企业数据和感知数据本质上并不是 MECE （不重复、不遗漏）的划分，企业同样可以通过物联网收集大量的感知数据，之所以把它们分为两类，是传统上认为企业数据是人产生的，感知数据是物、传感器、标识等机器产生的。企业外部数据日益吸纳社交媒体数据，内部数据不仅有结构化数据，更多是越来越多的非结构化数据，由早期电子邮件和文档文本等扩展到社交媒体与感知数据，包括多种多样的音频、视频、图片、模拟信号等。

可以把企业数据和感知数据放在一起讲，因为它们都涉及传统产业，从经济总量上要比互联网产业大很多，而且传统产业自身的大数据能力有限，所以这是大数据技术和服务企业的主要目标市场。但目前的现实是，就单个企业而言，具有大数据需求的并不多见。比如，麦肯锡的报告中把制造业列为大数据存量最多的行业，但很少有制造企业上马大数据项目。即使有，也只是在市场营销中加入了互联网，以获得来自终端的需求。相比大数据，供应链和生产在这方面没有太多新意。通过数据采集和分析来提升制造业的效率，会是个很大的市场，这是工业物联网，但未必是大数据。

（三）大数据的技术

大数据技术，是指大数据的应用技术，涵盖各类大数据平台、大数据指数体系等大数据应用技术。大数据的通用技术主要是数据管理相关技术，按照数据从获取到处理的各个流程，包括数据采集、数据预处理、数据储存和数据分析技术。①

1. 数据采集技术

数据采集技术是通过传感器或其他待检设备、社交网络或移动互联网等方式自动获取数据的技术。目前数据采集大体可分为三类，一是内部数据采集，多采用系统日志采集方法，即采用分布式结构的数据采集工具进行数据采集；

① 杨雪．大数据技术初探．美丽中国，2018（28），247.

二是外部数据采集，以互联网数据为主，多采用网络数据采集方法即通过网络爬虫实现，或网站公开应用程序编程接口（API）等方式从网站上获取数据信息；三是一些特殊的数据（企业生产经营数据或学科研究数据等保密性要求较高的数据）采集，可以通过与企业或研究机构合作，使用特定系统接口等相关方式采集数据。

2. 数据预处理技术

大数据预处理实现技术主要包括数据清理技术、数据集成技术、数据变换技术与数据规约技术。数据清理技术主要包括遗漏值处理、噪声数据处理（数据中存在着错误或者偏离期望值的数据）、不一致数据处理；数据集成技术是指将多个数据源中的数据整合并存储到一个数据库中来解决数据的模式匹配、数据冗余、数据值冲突监测与处理等问题；数据变换技术可以更好地对数据源中数据进行挖掘，一般包括数据平滑、数据聚集、数据泛化、数据规范化和数据属性构造等；数据规约技术可实现数据集的规约标识，使得数据集变小但仍接近于原数据的完整性。

3. 数据储存技术

大数据存储与管理是用存储器把采集到的数据存储起来，建立相应的数据库，以便管理和调用。典型的大数据存储技术有三种，分别是海量并行处理结构（MPP）架构的新型数据库集群、基于海杜普（Hadoop）架构的技术扩展和封装、大数据一体机。

4. 数据分析技术

数据的分析与挖掘主要目的是把隐藏在一大批看来杂乱无章的数据中的信息集中起来，进行萃取、提炼，以找出潜在有用的信息和所研究对象的内在规律的过程。大数据的分析和挖掘是一种决策 支持过程，它主要基于人工智能、机器学习、模式识别、数据挖掘、统计学、数据库等技术，能够高度自动化地分析大数据，做出归纳性的推理，从中挖掘出潜在的模式，从而在大数据中提取有用信息。

通过运用大数据技术对大数据进行复杂而又广泛的分析处理，能够挖掘出一些富有价值的信息，其核心价值就是优化资源配置。目前，大数据技术在物流领域主要是解决一些预测类或者优化类问题，运用大数据技术能够使所得结果更加准确，进而提高作业效率和企业效益，同时降低成本。

二、大数据的意义

关于大数据的未来发展及其对人类的影响，许多知名专家都给出了判断。

涂子沛说：大数据将是下一个社会发展阶段的石油和金矿。维克托在《大数据时代》一书中说道：大数据是正在发生的未来。在这些激情澎湃的预言中，以预见，大数据是一场数据革命。它是一种创新，更是一种挑战，颠覆性地影响着社会发展的方方面面。

（一）大数据的宏观意义

1. 大数据将促进政府工作的透明、高效、节约

2012 年 3 月，美国奥巴马政府制订了《大数据的研究和发展计划》，率先打响了推动大数据应用的第一枪。随后，德国、英国、澳大利亚和加拿大等政府纷纷投入这场大数据浪潮中。大数据将促进政府运作更加透明、高效，提供更加优质的公共服务。首先，大数据将推动政府开放数据资源，政府部门掌握着大量的统计调查数据和行政登记数据，在大数据战略的推动下，政府部门将逐步向社会开放这些数据资源，以最大限度地发挥这部分数据资产的利用价值，如美国已经设立了 Data.gov 网站，英国也设立了 Data.gov.uk 网站等；其次，随着政府应用大数据程度的加深，政府决策将基于更多更准确的数据，从而提高政策的预见性和适应性；最后，在数据爆炸的时代，政府收集信息的方式，挖掘信息的方式，发布信息的方式，分析信息的方式等都将产生很大变化，不再需要为了得到精确的小数据而耗费大量的人力、财力、物力，既可以降低运营开支，又可以提高公共服务质量。①

2. 大数据将开启商业智慧新时代

商务智能化即指综合运用数据仓库、联机分析和数据挖掘技术等手段辅助商业决策。大数据对企业的影响主要表现在客户洞察、营销规划、产品创新、物流管理、流程优化、人力资源管理和风险控制等七个方面。随着非结构化海量数据的出现，实时分析技术、人工智能技术和可视化分析技术等大数据分析技术将开启商业智慧新时代。麦肯锡的研究发现，根据不同行业中运用大数据的企业与没有运用大数据的企业在过去 10 年中增长率的差异，应用大数据的企业收入增长显著高于其他竞争企业。

3. 大数据将加快科技进步与发展

根据麦肯锡的报告，未来三年，与大数据相关的软件市场增速将达到 34%，配套服务增速将达到 39%。大数据时代面临的海量存储、快速读写、实时分析等需求，将促进与芯片、存储等相关软硬件市场的快速发展，从而推动

① 邹韩松．浅谈大数据技术的现实意义．数码设计（上），2018（09），177-178.

从大量多样化数据中集中提取有用信息的核心科学技术的发展。另外，由于市场缺乏大数据处理的相关人才，与大数据培训相关的服务市场也会获得空前的繁荣发展。

4. 大数据将推动社会生产力水平的提升

大数据即将带来一场颠覆性的革命，助推医疗、零售业、制造业、金融、能源等各行各业产生根本性变革，推动社会生产取得全面进步。展望未来，在医疗卫生行业，大数据将在临床诊断、研发、定价、付款、运营模式改进与创新方面发挥作用；在零售行业，大数据将推动市场分析、销售规划、运营以及供应链等方面的优化；在制造业，大数据将有助于更好地了解客户需求，改进产品设计，扩大产品销售；在金融业，大数据将发挥处理海量数据时快速、准确的优势，在较短的时间内构建准确、实时、贴切市场需求的模型；在能源行业，随着传感器的广泛引入，大数据将展示其用武之地，对传感器创造的海量数据进行实时分析。

（二）大数据的微观意义

1. 税务大数据的意义

（1）有效提升征管效率。大数据对税收征管效率的提升来自外部和内部两个方面。从外部看，大数据通过强化数据采集将纳税人的历史行为、最新动态和潜在需求通过大数据分析呈现在管理者眼前，使管理和服务政策的制定更有针对性，从而提升管理和服务的效果；从内部看，大数据通过统计征管数据，可对不同时空、不同部门、不同人员的工作情况进行评估，用于成本估算和绩效评价，从而使税务部门的管理和决策更科学。比如针对税务稽查，一方面，在大数据时代的背景下，可以对以前的税务稽查数据进行相关分析，揭露纳税人偷逃税行为的环节及手段，探索有针对性的防范措施，做到依法治税、应收尽收；另一方面，要求全方位构建纳税人监控网络系统，将纳税人报税及收入、财产和资金管理等系统纳入国家诚信系统，通过信息比对及数据分析，监控纳税人的资金流、信息流和货物流等生产经营信息，提高纳税人的遵从度，实现依法诚信纳税，防止其偷逃税等。①

（2）推动政府治理水平的提高。首先，通过对税收大数据系统的建立，运用数据技术把我们需要的纳税人的一系列相关信息生成最初的数据要求。通过这些最初数据，既可以清楚地知道纳税人的缴税记录，使纳税收入得到保障，

① 王增荣．大数据技术在税务行业领域的应用．数字化用户，2018（01），45.

也会使政府工作环境得到有效的提升，不断提高政府工作的效率并展示一个廉洁政府的形象，让纳税人更加乐于履行纳税义务。其次，在大数据时代，税务局的税收管理和互联网的结合运行，为其工作带来了极大的便利，由此使得其管理体系从以前被动发展的状态向“智慧纳税”的管理模式转变。一方面是税务部门可以依靠税务大数据所拥有的信息来对各地税务局的收入情况进行掌握与了解，依据这些数据信息，及时对整体的税收规模进行动态分析与把握，并且与支出相适应，及时对财政赤字进行调控；另一方面可以在一定范围内，使中央通过分析各地市的税收与支出情况，对分配不恰当的地方进行调整，使各地市的资金不会出现过多或过少的情况，也使税收资金得到有效利用，提高资金利用率。

（3）促进税制体系不断优化。税制体系的不断优化是一个渐进跳跃的过程，即不是静止的，它在不同时期有不同的表现形式。如在进行税收管理决策时，如果能在其内部形成自动调节的机制，在此基础上，就可极大地降低人为决策管理的失误。通过大数据及时在部门之间进行连接，并不断进行税务数据的更新以及税务系统的更新升级，依据其不断升级的结果，及时将这些信息的变动传送到税务系统，方便税务管理人员的使用与工作效率的提升。通过对大数据中的纳税人动态信息的分析，我们可以及时了解纳税人在当前的税收体系下的一系列行为决策信息。当进行新的政策制定与实施时，对纳税信息的动态行为进行分析，依靠经济理论要求对其政策的改变对纳税人产生的影响进行合理分析，最后依靠其早先进行量化处理的政策评价体系指标进行优化处理。因此，税务大数据的发展对促进税收体系的完善具有极大的作用，可在科学依据的基础上，进行有效决策，不断提升政府对宏观经济的调控效果，使社会经济得到和谐发展。

（4）促进动态的数据驱动业务创新。传统数据分析方法是以历史数据为基础发掘数据规律和价值的过程。然而，随着社会的发展和变化呈现加速趋势，从政府管理和公众服务的角度看，传统数据分析的结果常常滞后于现实的变化。数据驱动的业务，是以数据为依据来制定政策和执行政策。大数据分析所得到的规律可对动态复杂的系统进行持续的分析，用来进行风险评估、决策辅助、预案制定以及资源优化，使业务部门可根据外部环境的变化而保持持续的应对和创新能力。

2. 犯罪大数据的意义

犯罪大数据（Crime Big Data）概念是指用于描述犯罪数据量的规模远远超出了犯罪信息系统处理能力的情形。在信息量多元化和爆发式数据增长的今天，数据处理技术和工具随之蓬勃发展，大数据则不仅用于描述需要进行批量处理或分析犯罪分析中的大量数据集，同时还涵盖了处理数据的速度。犯罪定量学的研究不仅提供犯罪分析的形式化的手段与方法，并且，还要将犯罪数据处理功能作为一个重要研究内容。也就是说，犯罪大数据技术是通过高速捕捉、发现 / 分析，从大容量数据中获取有价值的犯罪信息的一种新技术。这种现代犯罪数据处理技术的架构可以概括为四个英文字母 V，即更大的犯罪数据容量、更广泛的犯罪因素空间、更快的犯罪信息生成速度以及具有较大的犯罪分析与研究价值。

其一，大数据使得许多过去不可获取、计量、存储和分析的信息都有了数据化的可能。在互联网、电信和卫星通信技术的支持下，迅速普及的 PC、平板电脑、智能手机以及不断涌现的诸多工具设备正在以数据的形式追踪人们的日常生活，并将这些数据存储在相应的数据库中，为犯罪数据的获取提供了广阔的空间。同时，社会性网络服务（Social Networking Services， SNS）采集和存储着与用户的社会关系和个人行为相关的全部言行记录；安装在各大公共机构的摄像头捕捉人们的外形特征、衣着以及出现的时间，这些为描述犯罪行为特征提供了丰富的内容。大数据的技术手段和理念赋予了执法部门在更多领域、更多层次获取前所未有的犯罪信息的机会。

其二，“大数据”中所谓的“数据”与“数字”具有不同的含义，一个犯罪数字背后的背景数据、解释性数据、评价数据等可拓数据全方位地定位了该数据的直接意义、间接意义和可拓意义。例如，如果一个学生的考试成绩是 80 分，那么“80” 就是一个“数字”的概念，只有将这个得分与其背后蕴含的一系列元数据结合，比如学习能力、学习态度、智力水平、学校质量、家庭环境、社交关系等，才能解读“数据”的真正含义。在这个大规模生产数据的时代，数据的真实价值就像漂浮在海洋中的冰山，第一眼只能看到冰山的一角，绝大部分冰山都隐藏在海面之下。从前在完成单一目的后，数据就被认为再无用处而遭到搁置或丢弃，如今的数据不再被贴上局限和陈旧的标签：飞机航班的一条条周边信息成就了预测票价的 FareCast 网站；谷歌翻译的一个个检索指令促成了最大规模的语料库。数据能否被赋予新的价值、实现从犯罪数字支撑到犯罪数据支撑的顺利转化，理解海量犯罪数据的潜在特性是至关重要的。①

其三，预测是大数据的核心价值，指的是将数学算法运用到海量的数据上，

① 蔡一军．大数据驱动犯罪防控决策的风险防范与技术路径 [J]. 吉林大学社会科学学报，2017，57（03）：74-80，205.

从而达到对犯罪发生的可能性进行预估的目的。信息时代犯罪预测系统之所以受到重视，关键在于它们是建立在海量数据基础之上的，接收和处理的犯罪数据量越庞大，系统纠错和自我改善的功能则越发达。在大数据时代日趋精密的数字技术条件下，人们的活动、决定、社会关系都能够被记录，对这些电子踪迹的分析为洞悉人类的行为开拓了思路。人类的行为不再被视为互不相关、随意偶然的独立事件，而是相互依存、相互串联的网络集合中的一部分。

其四，在信息获取和信息流通受限的时代，犯罪研究人员需要处理犯罪数据以描述与解释犯罪规律，却缺乏用于收集和分析数据的技术工具，当时是使用随机采样的研究方法，目的是用最少的数据获得最多的信息，其本身存在许多固有的缺陷。大数据时代的技术甚至可能实现所有特定目标数据的收集和处理，即实现“样本”与“总体”的等同。与局限在小范围的数据相比，将大数据应用于犯罪研究不仅意味着更高的准确性，也有助于揭示以前无法发现的细节。在犯罪测量与统计过程中，过去都曾非常依赖通过问卷调查法进行样本分析，甚至在无法获得实证数据时纯粹依赖假设、经验去尝试解释未知的犯罪问题。大数据时代的来临，使得犯罪研究者能够在更多的领域和更深的层次中获得与使用全面而完整的数据，从而改变由演绎到归纳这一思维路径 。

3. 高校图书馆大数据的意义

（1）以大数据创新高校图书馆资源建设模式。大数据时代高校图书馆应该进行数字资源的深层次开发，在注重诸如电子邮件、仪器仪表数据、日志数据、科学研究数据、丰富的媒体数据等半结构化、非结构化数据建设的同时，拓展对原生大数据和特藏大数据的挖掘、采集、组织、保存与利用，开拓一条数据资源主导型的发展新模式。首先，应尽快开发新一代高校图书馆应用支撑平台，以支持多种异质文档及其元数据的管理，支持多媒体文档的存储、保管、检索和管理，支持结构化数据与非结构化数据的统一管理。其次，在各类教育、科研和文化对象正逐渐走向信息化、主数字化、网络化的全面、泛在的数字信息环境中，基于社交网络的“非正式”数字内容、原生数字内容、开放数字内容等在许多领域已经成为主要的信息资源，搜索引擎就是网络信息资源最有力的组织者，通过百度、Google 等进行信息检索与利用已经成为许多人查找信息的首选。这时，高校图书馆需要借鉴搜索引擎搜集网络信息的优势，开放集成网络环境下的各类数字内容，根据用户的需求来有机链接所需要的内容及其分析利用工具，使自己真正成为信息社会的知识服务枢纽。最后，建设基于大数据的特色数据库。能够体现一个图书馆与另一个图书馆之间差别的地方在于：对图书馆所在单位或机构特色资源的开发、整理和建设。目前国内外在这一方面都有行动，比如北京大学的北京历史地理数据库、美国国会图书馆开发的24个不同专题特色库，中国拓片（Chinese Rubbings Collection）专题等。大数据时代的高校图书馆应加强特色资源的建设。因此，在数据爆炸性增长、新类型数据不断涌现、数据结构更趋复杂的大数据时代，高校图书馆的资源建设也将发生深刻的变化，在这全面和泛在的数字信息环境，高校图书馆需要开放集成网络环境下的各类数字内容。

（2）以大数据助推高校图书馆技术创新。大数据的意义并不在于大容量、多样性等特征，而在于如何对数据进行存取、组织管理和分析，以及因此而发掘出的价值。大数据开发必须能够高速获得海量的复杂结构化、半结构化和非结构化数据。一方面，大规模数据的激增，对图书馆的基础设施提出了挑战。出于成本的考虑，大数据应用机构将软硬件资源的建设由以前的高端服务器向中低端的大规模计算机集群转变。另一方面，复杂结构的数据对数据仓库提出了更高的要求。目前，处理结构化大数据的关系数据库管理技术已经非常成熟，如商业型 Oracle、SqlServer 开源型 MySql 等，均具备了强大的结构化数据管理功能，并且均拥有较为强大的数据仓库功能，已经形成了基本固定的模式和方法，有力地推动了高校图书馆的资源揭示。针对复杂的半结构化非结构化数据，关系数据管理系统的扩展性遇到了前所未有的障碍，大数据时代需要一些能够处理大型非结构化数据的工具和平台。以 Hadoop 为代表的 HDFS 文件系统和 MapReduce 数据处理框架将结构化、半结构化和非结构化数据的有效管理变为现实。大数据分析技术可以帮助高校图书馆的业务范围由对资源组织和服务的集成检索调整到对资源的深度聚合、满足用户对情报的分析统计和对知识的发现评价上来。巨量数据中蕴含着大量有价值的情报信息。为了从数据中挖掘知识、发现价值并加以利用，指导人们的决策，必须对数据进行超越常规报表的深入分析。人们不仅需要通过数据了解现在发生了什么，更需要利用数据对将要发生什么进行预测，以便在行动上做出一些主动的准备，例如预测客户流失情况。通过强大的大数据分析平台还可实现可视化分析、数据挖掘、图形分析、文本分析、智能语义分析、空间信息分析、语义引擎、数据质量和数据管理等功能，从而发现新知识。①

① 任艳莉.基于大数据技术下的高校图书馆知识服务[J].电子技术与软件工程，2020（14）：202-204.

（3）以大数据促进高校图书馆服务升级。在数字化、网络化、规模化和集约化等共性技术特征的基础上，大数据支撑的高校图书馆信息服务模式可以概括为以下几点。

①个性化服务。大数据支撑的高校图书馆信息服务是个性化主动推送服务。越来越多的用户期望能从海量数据中得到具有针对性的、个性化的信息服务和用户支持，从“个人计算机”向“个人计算”过渡。个人计算千差万别，大数据支撑的高校图书馆以用户为导向，对数字信息资源和信息服务整合集成，通过深度、广度以及常规分析预测，能根据用户个人爱好和特点，在用户希望的时间和希望的地点，主动推送各取所需、各得其所的个性化服务，将会大大提升高校图书馆的知识服务质量。

②按需服务。大数据时代高校图书馆的信息服务是一种由用户需求驱动的知识服务新模式。从用户的需求看，不是因为图书馆拥有什么就利用什么，而是根据自己的需要，组织数据库资源、网络资源、服务资源等，包括半结构化、非结构化和结构化数据，构建包括物理图书馆在内的信息环境。大数据高校图书馆融合了物联网、传感网、云计算、可信计算和信息物理融合系统等新兴信息技术。面对海量数据，及时检索所需数据、快速进行知识挖掘，不仅为用户提供所需要的知识，而且为用户提供潜在的但和用户需求相关的有价值的信息。

③不确定性服务。大数据支撑的高校图书馆信息服务是不确定性服务。对于用户信息处理需求不具备唯一解，而是用大数据技术和方法，依据用户大数据处理需求，形成知识服务解集合。这是由大数据的不确定的特性所决定的。在大数据时代，允许不精确的出现已经成为一个新的亮点，而非缺点。因为放松了容错的标准，人们掌握的数据也多了起来，还可以利用这些数据做更多新的事情，用大量数据创造了更好的结果。用户通过大数据高校图书馆信息服务平台提出大数据处理需求，并按用户自主需求构建的大数据知识服务组合模型，部署服务实施方案。大数据高校图书馆信息服务平台通过支持语义 Web 2.0 技术、智能优化算法，对用户所提出的大数据信息服务需求进行语义相似度计算、智能推荐和检索提示等，从搜索到的符合用户需求的大数据信息服务解集合中，选择合适的服务参与组合，并通过协同优化算法从所有可能的大数据信息服务解集合中优选与组合出最佳的一组组合来协同完成用户请求。

④智能型服务。大数据时代高校图书馆的服务内容，是以预测分析为基础的知识型、智能型服务。大数据将图书馆从知识的聚集地变革成为知识的加工地、新知识的孵化地。大数据的核心就是预测。它通常被视为人工智能的一部分，把数学算法运用到海量的数据上来预测事情发生的可能性。用户

往往需要通过海量非结构化、半结构化数据了解现在发生了什么，甚至需要利用数据预测未来将要发生什么，以便在行动上做出利于发展的主动准备。如通过预测用户的流失，预先采取行动，或预测竞争对手下一步行动以便采取主动等。大数据支撑的高校图书馆根据用户科学研究主题，及时跟踪该研究领域的核心著作、期刊、科研课题等资源，了解该研究领域权威专家的学术科研动态；运用大数据分析技术，预测学术趋势和发展方向，以便于用户对新研究方向进行宏观把握，为后续科学研究工作的开展奠定基础；另外还可以通过行为数据分析读者喜好和偏爱。

作为国家信息化战略重要组成部分的高校图书馆建设，应积极迎合大数据技术的涌现，建立融数据、文献、新型处理技术、创新服务于一体的新型高校图书馆。形成数据与多类信息资源融合的互操作架构。随着大数据在高校图书馆建设中的研究不断深入，必将促使高校图书馆的内涵不断发展与完善，促进高校图书馆的服务不断深化与增值。

4. 营销大数据的意义

对于大数据时代的企业来说，是机遇与挑战并存的。传统的营销方式是大规模广告投放外加终端促销，随着社会的发展，科技的进步，企业做营销就要突破传统营销模式的模式化障碍，企业必须重新思考其与消费者在时间与空间上的关系。消费者始终是品牌活力的源泉，企业只有专注于消费者需求，深刻洞察消费需求，并用最方便快捷的方式与其沟通，才能将产品价值有效地传递给他们，在市场竞争中处于不败之地。大数据时代企业要积极进行营销模式创新，采用真正符合企业需求的新型营销方式，有效降低企业的营销成本，实现对目标消费者的精准营销。精准营销是指在互联网普及的当下，社会化应用以及云计算，使得网民的网络痕迹能够被追踪、分析等，而这个数据是海量的、可变化的，企业或第三方服务机构借助这些数据为企业的营销提供咨询、策略、投放等营销服务。大数据下的精准营销相较于传统营销的优势体现在：一是产品可以个性化定制；二是价格策略更加柔性化；三是增强企业与消费者的交互性；四是提高“顾客让渡价值”；五是节约营销成本，提高营销效率。对于多数企业而言，精准营销的主要价值源于以下几个方面。

第一，用户行为与特征分析。显然，只要积累足够的用户数据，就能分析出用户的喜好与购买习惯，甚至做到“比用户更了解用户自己”。有了这一点，才是许多大数据营销的前提与出发点。无论如何，那些过去将“一切以客户为中心”作为口号的企业，过去真的能及时全面地了解客户的所需的所想吗？或许只有大数据时代这个问题的答案才更明确。

第二，精准营销信息推送支撑。精准营销过去曾被很多公司提及，但是真正做到的少之又少，反而是垃圾信息泛滥。究其原因，主要是过去名义上的精准营销并不怎么精准，因为其缺少用户特征数据支撑及详细准确的分析。相对而言，现在的 RTB 广告等应用则向我们展示了比以前更好的精准性，而其背后靠的即是大数据支撑。

第三，引导产品及营销活动投用户所好。如果能在产品生产之前了解潜在用户的主要特征，以及他们对产品的期待，那么企业的产品生产即可投其所好。例如，Netlix 在投拍《纸牌屋》之前，即通过大数据分析知道了潜在观众最喜欢的导演与演员，结果捕获了观众的心。

第四，竞争对手监测与品牌传播。竞争对手在干什么是许多企业想了解的，即使对方不会告知企业，但企业却可以通过大数据监测分析得知。品牌传播的有效性，亦可通过大数据分析找准方向。例如，可以进行传播趋势分析、内容特征分析、互动用户分析、正负情绪分类、口碑品类分析、产品属性分布等，可以通过监测掌握竞争对手传播态势，并可以参考行业标杆用户策划，根据用户声音策划内容。①

第五，品牌危机监测及管理支持。新媒体时代，品牌危机使许多企业谈虎色变，然而大数据可以让企业提前有所洞悉。在危机爆发过程中，最需要的是跟踪危机传播趋势，识别重要参与人员，方便快速应对。大数据可以采集负面定义内容，及时启动危机跟踪和报警，按照人群社会属性分析，聚类事件过程中的观点，识别关键人物及传播路径，进而可以保护企业、产品的声誉，抓住源头和关键节点，快速有效地处理危机。

第六，企业重点客户筛选。许多企业家纠结的是：在企业的用户、好友与粉丝中，哪些是最有价值的用户？有了大数据，或许这一切都可以更加有事实支撑。从用户访问的各种网站可判断其最近关心的东西是否与企业相关，从用户在社会化媒体上所发布的各类内容及与他人互动的内容中，可以找出千丝万缕的信息，利用某种规则关联及综合起来，就可以帮助企业筛选重点的目标用户。

第七，大数据用于改善用户体验。要改善用户体验，关键在于真正了解用户及他们所使用的产品的状况，做最适时的提醒。例如，在大数据时代或许正驾驶的汽车可提前救人一命。只要通过遍布全车的传感器收集车辆运行信息，

---

① 任艳莉.基于大数据技术下的高校图书馆知识服务[J].电子技术与软件工程，2020(14)：202-204.

在汽车关键部件发生问题之前，就会提前向司机或4S店预警，这绝不仅仅是节省金钱，而且对保护生命大有裨益。事实上，美国的UPS快递公司早在2000年就利用这种基于大数据的预测性分析系统来检测全美60000辆汽车的实时车况，以便及时地进行防御性修理。

第八，SCRM中的客户分级管理支持。面对日新月异的新媒体，许多企业想通过对粉丝的公开内容和互动记录分析，将粉丝转化为潜在用户，激活社会化资产价值，并对潜在用户进行多个维度的画像。大数据可以分析活跃粉丝的互动内容，设定消费者画像各种规则，关联潜在用户与会员数据，关联潜在用户与客服数据，筛选目标群体做精准营销，进而可以使传统客户关系管理结合社会化数据，丰富用户不同维度的标签，并可动态更新消费者生命周期数据，保持信息新鲜有效。

第九，发现新市场与新趋势。基于大数据的分析与预测，对于企业家提供洞察新市场与把握经济走向都是极大的支持。例如，阿里巴巴从大量交易数据中更早地发现了国际金融危机的到来。又如，在2012年美国总统选举中，微软研究院的David Rothschild就曾使用大数据模型，准确预测了美国50个州和哥伦比亚特区共计51个选区中50个地区的选举结果，准确性高于98%。之后，他又通过大数据分析，对第85届奥斯卡各奖项的归属进行了预测，除最佳导演外，其他各项奖项预测全部命中。

第十，市场预测与决策分析支持。对于数据对市场预测及决策分析的支持，过去早就在数据分析与数据挖掘盛行的年代被提出过。沃尔玛著名的“啤酒与尿布”案例即是那时的杰作。只是由于大数据时代上述Volume（规模大）及Variety（类型多）对数据分析与数据挖掘提出了新要求。更全面、速度更及时的大数据，必然对市场预测及决策分析提供更好的支撑。要知道，似是而非或错误的、过时的数据对决策者而言简直就是灾难。

三、大数据的特点

通过对大数据源起与发展的研究，以及对各方观点的深入比较后，我们认为，大数据是数据和技术的结合，从数据角度看，大数据具有多源头、多类型的特质。大数据发展 的核心动力来源于人类测量、记录和分析世界的渴望。在大 数据时代。世间万物都可以数据化文字会变成数据，方位会变成数据，沟通会变成数据，等等。一旦具备了一定的技术条件和创新性思维，就能够对这些数据进行整理、加工和分析。从而创造价值，就可以使其成为大数据：从技术角度看，大数据的关键技术搭建了从数据到知识转变的桥梁，成就了大数据现象。大数据在数据采集、数据预处理、数据存储、数据分析和挖掘、结果展现等诸多方面均取得了突破，具备了处理不同数据源、多种类型海量数据的能力。大数据的特点可以归纳为以下六个方面：

第一，数据体量巨大（Volume）。目前人类社会的数据集合规模已经从GB到TB再到PB，甚至到了以EB和ZB来进行计算的程度。这些规模庞大的数据来源于各运营系统的数据库、Web 2.0兴起后的海量UGC（用户生产内容）。未来可能更多地来源于物联网中各种传感器自动生成的数据。专家们普遍认为PB级的数据为大数据的起点，尽管这仍然是一个变化中的指标。当前，典型个人计算机硬盘的容量为TB量级，而一些大企业的数据量已经接近EB（1EB=2^10PB）量级。例如，2019年全球产生的数据量41ZB（1ZB=2^10EB），并且预计将每年翻一番。这一数据量相当于45500亿部时长2小时的高清电影，一个人要连续看107055万年才能看完。

第二，应用价值巨大（Value）。大数据在经过精确分析后的确具有巨大的价值。大数据对民众消费、企业经营、政府决策、医疗卫生和教育等都具有应用价值和支撑作用。但是，由于目前技术的发展和相关信息的缺乏，现阶段大数据中有价值的部分占比是很低的。大数据价值密度的高低与数据总量的大小成反比。以视频为例，一部一小时的视频，在连续不间断的监控过程中，可能有用的数据仅仅一两秒。应用和处理大数据就是要通过强大的机器算法更迅速地完成数据的价值“提纯”。

第三，数据类型繁多（Variety）。数据类型包括结构化数据、半结构化数据和非结构化数据。互联网和通信技术的迅猛发展，使当今的数据类型早已不是单一的文本形式、网络日志、音频、视频、图片、地理位置信息等多类型的数据对数据的处理能力提出了更高的要求。据估计，非结构化数据占比会达到整个数据量的75%以上。随着互联网应用的进一步发展和物联网的启用，非结构化数据所占比重将会进一步增大，这对于运用常规的工具来提取有意义的信息造成了挑战。

第四，处理速度快（Velocity）。速度是有关数据的变化率，以及其必须如何快速地被使用，以创造真正的价值。这是大数据区分于传统数据挖掘最显著的特征。大数据往往以数据流的形式实时快速地产生，其价值的高低随着时空的变化而发生变化。以往的数据库技术在对这些实时动态的数据进行分析时力有不逮。大数据的这一特点也决定了其应用价值的高低在很大程度上取决于互联网数据分析技术的发展。在这里，传统技术尤其不适合用于高速数据储存和使用。对大数据的处理需要采用非传统的技术手段，即对大数据的信息化支持需要引入新的基础架构，消除传统计算和存储的局限。

第五，数据获取与发送方式自由灵活（Vender）。未来，数据可能成为最大的交易商品。因此，大数据的价值是通过数据共享、交叉复用后获取最大的数据价值。未来大数据将会如基础设施一样，有数据提供方、管理者、监管者，数据的交叉复用将大数据变成一大产业。但这就需要大数据存储系统的基础设施的规模变得很大，而且必须经过仔细设计，才能保证存储系统的灵活性，使其能够随着应用分析软件一起扩容及扩展。在大数据存储环境中，已经没有必要再做数据迁移了，因为数据会同时保存在多个部署站点。无论是政府、商业企业还是个人使用大数据都会受到较少的限制，可根据需要随时，灵活地发送和获取大数据资源。相比起传统的致富资本如原材料、资金等，大数据确能够更容易地实现共享，并且通过共享实现更大的价值。此外，现有的数据和原来的数据如果能有机地结合到一起，可能就会产生新的信息和知识，并且实现大幅增值。①

第六，真实准确性（Veracity）。随着市场经济节奏的加快，人们在制定市场策略的时候，需要更多的真实有效的大数据作为决策支撑平台。因为，只有真实而准确的数据才能让对大数据的管控和治理真正有意义。随着社交数据、企业内容、交易与应用数据等新数据源的兴起，传统数据源的局限性被打破，越发需要有效的信息治理以确保其真实性及安全性。在这里，大数据是一种客观存在，其反映出的结果是相对准确的，对大数据分析处理后的结果可信度也应该比较高。

第三节　云计算与大数据的关系

就目前技术发展来看，云计算以数据为中心，以虚拟化技术为手段来整合服务器、存储、网络、应用等在内的各种资源，并利用SOA架构为用户提供安全、可靠、便捷的各种应用数据服务：它完成了系统架构从组件走向层级然后走向资源池的过程，实现IT系统不同平台（硬件、系统和应用）层面的“通用”化，打破物理设备障碍，达到集中管理、动态调配和按需使用的目的。借助“云”的力量，可以实现对多格式、多模式的大数据的统一管理、高效流通和实时分析，挖掘大数据的价值，发挥大数据的真正意义。传统的单机处理模式不但成

① 张健．大数据的特征与应用．黑龙江教育（理论与实践），2018（06）：81-82.

本越来越高，而且不易扩展，并且随着数据量的递增、数据处理复杂度的增加，相应的性能和扩展瓶颈将会越来越大。在这种情况下，云计算所具备的弹性伸缩和动态调配、资源的虚拟化和系统的透明性、支持多租户、支持按量计费或按需使用以及绿色节能等基本要素正好契合了新型大数据处理技术的需求；而以云计算为典型代表的新一代计算模式以及云计算平台这种支撑一切上层应用服务的底层基础架构，以其高可靠性、更强的处理能力和更大的存储空间、可平滑迁移、可弹性伸缩、对用户的透明性以及可统一管理和调度等特性，正在成为解决大数据问题的未来计算技术发展的重要方向。基于云计算技术构建的大数据平台，能够提供聚合大规模分布式系统中离散的通信、存储和处理能力，并以灵活、可靠、透明的形式提供给上层平台和应用。它同时还提供针对海量多格式、多模式数据的跨系统、跨平台、跨应用的统一管理手段和高可用、敏捷响应的机制体系，来支持快速变化的功能目标、系统环境和应用配置。比如在基于云计算平台而构建的新型企业信息系统中，在以分布式集群技术构建高性能、高延展的存储平台之后，我们可以实现对不同业务应用中不同格式、不同访问模式的海量数据的统一存储， 相关的数据分析系统则构建于分布式工作流和调度系统框架之上，采用分布式计算手段面向多模式海量数据提供数据的转换、关联、提取、聚合和数据挖掘等功能。在企业信息系统中经常提到的 BI 的具体业务功能，比如决策支撑、销售预测等，就可以由上层业务应用通过调用数据分析系统所提供的功能附加业务逻辑来实现。①

云计算使大数据应用成为可能。没有云计算的出现，大数据将仍是“空中楼阁”，缺乏根基和落地可能。借助云计算技术，可以提高系统整体的弹性和灵活性，降低管理成本和风险，并且改进应用服务的可用性和可靠性；云计算不仅为大数据处理打造一个高效、可靠的系统环境，而且充分发挥云计算平台的优势，为大数据应用找到更多样化的出口。如果说大数据是一座蕴含巨大价值的矿藏，云计算则可以被看作是采矿作业的得力工具；没有云计算的处理能力，大数据的信息沉淀再丰富，或许也只能望洋兴叹，入宝山而空手回；但从另外的角度说，云计算也是为了解决大数据等“大”问题发展而来的技术趋势，没有大数据的信息沉淀，云计算的功用将得不到完全发挥。因此，从整体上看，大数据与云计算是相辅相成的。云计算推动大数据技术得以实现并快速发展，大数据是高速跑车，云计算是高速公路，两者互相依赖，相辅相成。从技术角度看，大数据应用需要用到大量的存储设备和计算资源，并会对存储数据进行

① 王广璞 . 云计算与大数据概论 . 科学与信息化，2019（33）：54-55.

频繁的读写操作。云计算采用分布式计算和虚拟资源管理技术，通过网络将分散的ICT资源集中起来形成用户共享的资源地，以动态按需和可度量的方式提供服务，具有低成本优势，满足用户随时随地通过网络接入云平台同步云端数据和获取云服务的需求，可以很好地满足大数据应用的要求，推动大数据技术发展。从业务角度看，大数据应用能够有效分析数据，挖掘新的内容并提供决策支持，具有巨大的经济、社会价值，将会成为云计算时代的杀手级应用，推动云计算快速发展。目前，大数据分析处理流程中所用的关键技术几乎都源自开源模式，最知名的大数据开源项目是分布式计算和存储系统Hadoop，以及大数据采集、海量文件存储、非关系型数据库等领域的其他一些开源项目。云计算和大数据等新兴技术的兴起，使得开源研发模式被更加广泛地接受并逐渐成为关键。雅虎、IBM、微软等业界领军公司均积极参加大数据开源社区贡献开发力量，并基于开源项目成果进行二次开发推出自己的大数据应用产品。相比闭源开发模式，开源具有如下优势，使得众多企业纷纷加入开源生态圈。首先，开源可以有效降低企业部署成本，提供统一接口和个性化定制需求，减少企业对硬件和解决方案供应商的依赖；其次，开源提供了一种高效生产软件的方法，降低了企业进入大数据应用服务市场的壁垒，催生更多技术和服务应用的创新；最后，开源大数据参与厂商众多，基于开源项目发展的大数据技术成为行业实施标准的可能性很大，业内领先企业积极参加开源项目，希望在开源大数据技术发展方向上发挥主导作用。

由此可见，大数据应用的多个关键技术（分布式存储、非关系型数据库、并行处理技术等）都是依赖于云计算技术的。但是，大数据与计算并非仅是依赖关系，而且还是相辅相成关系。

大数据正在引发全球范围内深刻的技术和商业变革。有人认为，云计算技术的发展促使了大数据技术的产生；也有人认为，大数据的发展带动了云计算技术的成熟。事实上，云计算与大数据具有相互促进、协同发展的特性。

首先，大数据与云计算一样，都并非是一个突如其来的新概念。随着计算机网络技术的成熟，软硬件设备的性能日益提高，存储能力增强，计算能力越发强大，加之数据挖掘技术的普遍使用，使得越来越多的人发现，通过数据挖掘与数据分析可以得到隐藏在其背后的很多规律，而这些对于社会的生产生活来讲至关重要。因此，云计算与大数据的概念应运而生，并成为当前互联网研究的热点问题。一方面，云计算是大数据的信息技术基础，为大数据的存储、管理、分析提供技术支持，是大数据成长的驱动力；另一方面，大数据是云计算的经典应用。由于未来数据呈现出数据量大、结构复杂、实时处理需求强烈等特性，这就更加需要云计算去处理。如果仅有云计算，没有大数据分析作为应用，便很难体现出云计算的价值与优势。云计算技术使得数据存储的成本越来越低，进而成为大数据发展的必然条件。20 世纪 30 年前，存储 1TB（约 1000 GB）数据的成本大约是 16 亿美元，如今存储到云上只需不到 100 美元。从另一角度来讲，通过云计算存储下来的大量数据，如果没有大数据分析的方法进行管理与挖掘，那么这些数据只能是僵死的数据，没有太大的价值。所以说，云计算与大数据是一枚硬币的两面，两者之间是相辅相成的。目前，云计算已经普及并成为信息技术行业的主流技术，其所特有的优势已经催生出来一种新型的基础架构和商业模式，特别是在大数据背景下，数据量越来越多数据结构越来越复杂、动态数据与实时处理的需求日益强烈，所需要的计算量越来越大。而普通用户对云计算的使用也越来越普遍，个人用户将文档、照片、视频、存档游戏记录上传至云中并永久保存，已经不足为奇。另外，从企业的角度来讲，使用公用云、私有云、混合云等云服务管理数据与维护资源也不再是新鲜事。云计算服务使用的日益普遍，正为大数据发展提供了巨大的推动力。可以说，大数据的出现也正在引发全球范围内深刻的技术与商业变革。

其次，云计算与大数据之间还存在动与静的关系。从字面上看，云计算与大数据是动与静的关系。云计算强调的是计算，涉及计算能力的概念，故而体现的是动；而计算的对象是数据，所以，大数据强调的是存储能力，体现的是静的概念。但这样说，也难免有失偏颇，事实上，大数据与云计算是不可分割、动中有静、相互转化的关系。一方面，大数据分析过程中需要处理大量的数据，如数据采集、清洗、转换、统计等，事实上这一过程同样需要强大的计算能力；另一方面，云计算的动也是相对而言的。例如基础架构即服务 IaaS 中的存储设备主要提供的就是数据的存储能力，所以可谓是动中有静。由此可见，云计算与大数据之间具有辩证的关系。① 云计算推动大数据的发展。首先，云计算为大数据提供了可以弹性扩展的存储空间和计算能力。云计算利用其独特的优势，将相对便宜的存储空间和计算资源进行整合，采用自动管理的方式为大数据提供更强的存储空间与计算能力，使得一些中小企业也可以像亚马逊一样通过云计算来完成大数据分析。其次，云计算借助其庞大的规模，将分散、异构的数据进行整合，为大数据分析提供了强有力的支持。云计算利用分布式存储方式，成为异构系统较多的企业及时准确处理数据的有效方式。最后，云计算走向大数据离不开数据通信的支撑。互联网的普及与移动设备的发展，促进了数据通信宽带的提高，为数据迁移、数据整合提供了强有力的支撑。当以往分散于各地的数据被集中存放于云端时，势必需要一种 有效的方法对这些数据进行加工处理，进而大数据技术油然而生。②大数据发展离不开云计算的支撑从技术发展的角度来看，大数据实际是云计算技术的延伸。大数据技术不仅涵盖了海量数据的采集、存储、分析、挖掘等内容，同时涉及像信息检索、推荐系统、广告推广等一系列应用技术，同时像人工智能、模式识别、自然语言理解等应用也隶属于大数据的研究范畴。而这一切的分析与挖掘方法都离不开数据源。从数据的角度来看，随着对大数据分析的日益深入，人们从数据分析中尝到甜头后，便会促进数据分析集的扩大，行业数据、政府公开数据等多来源数据逐渐被纳入。随着数据分析集的扩大，以往部门层级的数据集市已经不能满足需求，因此，越来越多的数据需要进行迁移。按照目前数据发展的速度来看，数据很快进入千万亿字节时代。尽管在未来的发展中，传统数据库仍然可以在部门层级正常运营，但会有一些变化。一方面，数据集市和操作性数据存储的数量会减少；另一方面，传统的数据库厂商会提升产品的数据容量细目数据和数据类型，以满足大数据分析的需要。由此可见，如果没有云计算为大数据提供数据存储方案，就无从谈起数据分析。如果没有云计算为大数据提供强大的计算能力，也无法完成对大量数据的挖掘。③数据中心逐步“云”化。在云计算与大数据产生之前，过去的数据中心仅仅停留在有限的基础架构之上，数据存储与数据分析多基于传统精简指令集计算机和传统大型机。各个基础架构之间是相互独立的，而没有形成统一的有机整体。个体计算机的能力即使再强，从应用层次和规模大小来讲也无法与今日的云规模相提并论。因此，在以往的数据中心中，资源配置和管理大多基于人工方式，缺少自助服务和自动部署能力，也没有相应的平台作为支撑。这样，系统资源无法得到有效利用，同时需要消耗大量的人力资源去处理繁重、重复的工作，不仅所消耗的时间与成本高，同时严重影响工作效率。当分布式存储、虚拟化技术、云计算等新的模式产生后，数据中心向着集中化、标准化、统一化的模式发展，大规模共享平台的产生为数据的有效组织提供了依据。此时，更加证明了传统孤立、缺乏有机整合的数据中心的弊端。新的数据中心具备实时动态扩容的功能，能够实现自助和自动部署服务，使资源能够得到有效利用，从而满足多样、高效和海量的业务应用需求。当前，数据中心正在逐步过渡到“云”，企业通过公用云、私有云、混合云等云基础架构获得云服务。数据中心也正朝着“云基础架构为主流企业所采用，专有架构为关键应用所采用”的阶段过渡，并最终实现“强壮的云架构为所有负载所采用”，无论是大型机还是普通计算机甚至移动终端都融入云端，实现软、硬件资源的高度整合。

此外，从云计算与大数据的未来发展角度来看，二者之间同样存在着一定的关联。在技术上，大数据使从数据当中提取信息的常规方式发生了变化。以往，数据挖掘与分析的重点在于模型与方法，而如今，大数据时代的到来，数据的分析可以借用规模庞大的数据，用基于统计的方法，有望使语音识别、机器翻译这些技术领域在大数据时代取得新的进展。大数据技术在搜索引擎、在线广告等领域已经发挥了显著的优势。利用机器学习的方法从海量的数据中统计分析出人的行为、习惯等方式，从而使计算机可以更好地学习模拟人类智能。随着包括语音、视觉、手势和多点触控等在内的自然用户界面越来越普及，计算机系统正在具备与人类相仿的感知能力，其看见、听懂和理解人类用户的能力在不断提高。这种计算机系统不断增强的感知能力，与大数据以及机器学习领域的进展相结合，已使得目前的计算机系统开始能够理解人类用户的意图和语境。因此，大数据与云计算的发展，使得未来计算机能够真正帮助我们，甚至代表我们去工作。在商业模式上，对商业竞争的参与者来说，大数据意味着激动人心的业务与服务创新机会。零售连锁企业、电商业巨头都已在大数据挖掘与营销创新方面有着很多的成功案例。谷歌、亚马逊等国外信息技术企业所构建的大数据与云计算中心已经成为其在商业竞争中的有利资源。国内以阿里巴巴集团为代表的互联网企业更是在大数据与云计算方面首拔头筹，获得巨大的经济收益。以往，移动运营商和互联网服务运营商等拥有着大量的用户行为习惯的各种数据，在信息技术产业链中具有举足轻重的地位。而在大数据时代，移动运营商如果不能挖掘出数据的价值，可能彻底被管道化。因此，在未来大数据的发展过程中，运营商应加大与更懂用户需求的第三方开发者合作，达到互利共赢的模式，发挥数据分析与挖掘的作用，达到让数据说话的目的。未来大数据在企业战略分析、竞争分析，运营分析、用户分析、业务分析、流量经营分析等方面发挥不可小视的作用。

大数据与云计算是作为新型互联网技术的代表，两者间具有密不可分的关系。通过上述分析可以看出，云计算与大数据具有相辅相成、动静结合、相互促进、协调发展的关系。在未来阶段，依托大数据与云计算，计算机将会更为智能地为人类服务。

第二章　大数据分析与数据挖掘

第一节　传统数据挖掘

一、数据挖掘的概念

数据挖掘，顾名思义就是从大量的数据中挖掘出有用的信息，即从大量的、不完全的、有噪声的、模糊的、随机的实际应用数据中，发现隐含的、规律性的、人们事先未知的，但又是潜在有用的，并且最终可理解的信息和知识的非平凡过程。事先未知的信息是指该信息是预先未曾预料到的或称之为新颖性。数据挖掘就是要发现那些不能靠直觉发现的信息或知识，甚至是违背直觉的信息或知识。挖掘出的信息越是出乎意料，就可能越有价值。所挖掘的知识类型包括模型、规律、规则、模式、约束等。潜在有用性是指发现的知识将来有实际效用，即这些信息或知识对于所讨论的业务或研究领域是有效的、有实用价值和可以实现的。常识性的结论或已被人们掌握的事实或无法实现的推测都是没有意义的。最终可理解性要求发现的模式能被用户理解，目前它主要体现在简洁性上。发现的知识要是可接受、可理解、可运用，最好是能用自然语言表达的。非平凡过程是指数据挖掘过程不是线性的，在挖掘过程中有反复、有循环，所挖掘的知识往往不易通过简单的分析就能够得到，这些知识可能隐含在表面现象的内部，需要经过大量数据的比较分析，应用一些专门处理大数据量的数据挖掘工具来进行挖掘。数据挖掘的定义非常模糊，对它的定义取决于定义者的观点和背景。因此，数据挖掘并没有一个完全统一的精确定义，在不同的文献或应用领域也有一些其他的定义，现在为大家广泛采用的是由美国 Usama M.Fayyad 等人给出的几种定义：① Fayyad 定义数据挖掘是一个确定数据中有效的、新的、可能有用的并且最终能被理解的模式的重要过程。② Zekulin 定义数据挖掘是一个从大型数据库中提取以前未知的、可理解的、可执行的信息，并用它来进行关键的商业决策的过程。③ Ferruzza 定义数据挖掘是用在知识发现过程中，来辨识存在于数据中的未知关系和模式的一些方法。④ John 定义数据挖掘是发现数据中有益模式的过程。⑤ Parsaye 定义数据挖掘是我们为那些未知的信息模式而研究大型数据集的一个决策支持过程。这些定义主要是从数据挖掘的商业应用出发，从此角度看，数据挖掘的主要特点是对商业数据库中的大量事务数据进行抽取、转化、分析和模式化处理，从中提取商业决策的关键知识，即从数据库中自动发现相关商业模式。数据挖掘：是一个利用各种分析工具在海量数据中发现模型和数据间关系的过程，使用这些模型和关系可以进行预测，它帮助决策者寻找数据间潜在的关联，发现被忽略的因素，因而被认为是解决当今时代所面临的数据爆炸而信息贫乏问题的一种有效方法。数据挖掘的方法和数学工具包括统计学、决策树、神经网络、模糊逻辑、线性规划等。[①]

二、数据挖掘的分类

从不同的角度出发，可以对数据挖掘进行不同的分类，如根据所挖掘的数据库类型，发现的知识类型和采用的技术类型等，都可以对数据挖掘进行分类。下面仅从挖掘的数据库类型和发现的知识类型对数据挖掘进行分类。

（一）按照挖掘的数据库类型分类

（1）关系数据库挖掘。从关系数据库中进行数据挖掘以发现知识，称为关系数据库挖掘。关系数据模型是 1970 年 E.F.Corder 提出的。随后，他对关系代数、关系演算和关系规范化理论等方面的发展做出了重要贡献，并为关系数据库系统的理论和实践奠定了基础。关系数据理论是指研究关系模型中数据相关和规范化的理论。数据相关是关系模型中描述数据之间联系的一类完整性约束条件，通常通过数据之间值的相等与否来体现。数据相关包括函数相关、多值相关、互连相关和连接相关等，最常用的是前两种。

（2）面向对象数据挖掘。每个实体都可以看作是一个对象，例如，桌子可以是人们读书时涉及的对象，顾客可以是商场的对象等，对象类则是具有某些共同特征的对象的集合。面向对象的数据库就是基于面向对象的思想进行设

① 胡渊龙，罗伟康．基于数据挖掘的和解剂新定义研究 [J]. 中医药导报，2017，23（24）：47-48，59.

计的数据库类型，它在传统数据库中引入了面向对象的概念，如对象标识、封装、继承、多态性等，以支持复杂应用领域的数据建模要求。面向对象数据库的数据挖掘可用于发现基于对象层次的知识。事实上，面向对象数据库的类层次结构对描述知识发现的背景知识提供了自然的支持，其继承和封装机制也能支持数据挖掘的模块化、可重用性和多态性。

（3）事务数据库的数据挖掘。事务或交易在英文中都能用 Transaction 来表示，因此可以认为事务数据库的数据挖掘就是从商业的交易数据中发现一些规律。一般事务数据库由一个文件组成，其中每个记录代表一个事务或交易具有唯一的标识。事务数据库的数据挖掘经常应用在“货篮”的数据分析中，比如，可以找出商场里哪些商品适合摆放在一起进行销售。

（4）多媒体数据库的数据挖掘多媒体。数据库存储的不仅仅是文字和数据，还包括图像、音频和视频等信息。与其他数据库的挖掘不同的是，多媒体数据库存储的对象所占的空间非常大，处理起来要依赖特殊的技术，如图像识别和语音识别技术等。例如，作为多媒体数据之一的语音数据就非常复杂，包含很多信息，如频率信息、时长信息、幅度信息、位置信息及重音信息等，简单来说就是同一个音节在不同的语句中会表现出不同的信息特征，即不同的语境会使音节自身的属性值发生变化，且语音数据是一种时序数据，在一句话中音节的排列是有先后顺序的，同时语音音节之间也存在着很强的“音联”关系。所有这些信息特征对整个合成系统输出的可理解程度及自然程度会产生很大影响。另外，由于数据挖掘技术对所处理的对象要求很高，因此，语音文件必须经过严格的预处理过程，如对录音波形进行音节切分和音节标注，这需要大量的人力和物力资源，没有强大的语音处理能力的积累是不可能的。将数据挖掘技术应用于语音信号处理可以解决部分现阶段较难解决的语音技术难题，同时尽可能减少人为经验因素对语音处理的影响，完成对语音处理从定性到定量的转变。因此，将数据挖掘方法应用于语音合成具有重要的意义和广阔的前景。一个可能的应用是，如果只记得一首歌的一段旋律，其他信息一概不知道，但是却希望很快在卡拉 OK 曲库中把这首歌找到，那就需要进行多媒体数据库的数据挖掘，可以在曲库中把存为多媒体格式数据的歌快速、准确地定位。

（5）空间数据库的数据挖掘。空间数据库包含与空间数据有关的信息，数据来源可以是遥测系统、遥感系统、全球定位系统和地理信息系统等。空间数据挖掘是指从空间数据库中提取用户感兴趣的空间模式与特征、空间与非空间数据的普遍关系及其他一些隐含在数据库中的普遍的空间数据特征。在空间数据库的挖掘过程中，挖掘的目的可以是某个区域的住房特征、城市化情况和贫富分布的相关关系等。例如，根据分布在不同地理位置的ATM机的情况将居民进行区域划分，根据这一信息，可以有效地进行ATM机的设置规划，避免浪费，同时也避免失掉商机。空间数据挖掘的研究内容包括以下几方面：①空间分布规律：指目标在地理空间的分布规律，包括垂直方向、水平方向及垂直方向水平方向的联合分布规律。②空间关联规则：指空间目标间相邻、相连、共生、包含等空间关联规则。例如，村落与道路相连，道路与河流的交叉处是桥梁，靠近高速公路的大城镇通常与水相邻等。③空间聚类规则：指特征相近的空间目标聚类成上一级类的规则，如将距离很近的分散居民点聚类成居民区。④空间分类规则：指空间目标的类别描述规则。例如，对遥感图像分类，区分出水城和地域，然后进一步细分为河流、湖泊、水库、草地、旱地、果园等。⑤空间特征规则：指某类或几类空间目标的几何的和属性的普遍特征。⑥空间区分规则：指两类或多类目标间几何的或属性的不同特征，即可以区分不同类目标的特征。⑦空间演变规则：空间演变规则是指空间目标依时间的变化规则。例如，哪些地区易变、哪些目标易变及怎么变。

（6）因特网上的数据挖掘。因特网上的数据挖掘有时也可称之为Web挖掘，挖掘的目的可以是筛选因特网上的新闻、屏蔽垃圾电子邮件、发现用户的浏览偏好及加快网络速度等。Web上的信息可以看作是一个数据库，数据量非常大，数据类型也比较复杂。Web上的每一个站点就是一个数据源，由于每个数据源的信息和组织不同，这就构成了一个巨大的异构数据库环境。如果想要利用这些数据进行数据挖掘，首先必须研究站点之间异构数据的集成问题，只有将这些站点的数据都集成起来，提供给用户一个统一的视图，才有可能从巨大的数据资源中获取所需的东西。其次还要解决Web上的数据查询问题，因为如果所需的数据不能很有效地得到，对这些数据进行分析、集成和处理也就无从谈起。

（7）演绎数据库的数据挖掘。演绎数据库就是在传统关系型数据库中引入演绎规则，使其具备逻辑推理能力，是逻辑程序设计和关系数据库的结合。一般来说，演绎数据库由数据库管理系统和规则管理系统两部分组成，所存储的数据包括推理用的事实数据和用于导出事实的逻辑规则。演绎数据库主要研究如何有效地计算逻辑规则推理，包括递归查询的优化和规则的一致性维护等，主要用来开发大型知识系统的环境。演绎数据库中的数据挖掘有以下两类：①在演绎规则所定义的数据上发现知识。②在已开采的知识上进一步发现新的知识，逐步求精。这一点可能是演绎数据库中数据挖掘的更具有潜在意义的地方。

（8）时间/时间序列数据库的数据挖掘。这类数据库存放的都是和时间属性有关系的数据，如股市的交易变动情况数据等。对这类数据库进行挖掘可以发现一些对象的变化趋势，做出预测，以备决策时采用。时间序列模式挖掘和时间序列数据库关系很大，其侧重点在于分析数据间的前后序列关系。它可以发现数据库中形如“某段时间内，顾客购买商品 A，接着购买商品 B，而后购买商品 C，即序列‘A → B → C’出现的频度较高”之类的知识。序列模式挖掘描述的问题是指在给定的交易序列数据库中，每个序列是按照交易时间排列的一组交易集，挖掘其中出现频率较高的序列。

（9）数据仓库（Data Warehouse，DW）的数据挖掘。由于数据仓库存储了大量的历史数据和综合数据，为数据挖掘提供了非常丰富的数据资源。数据仓库中的数据并不是最新的、专有的，而是来源于其他数据库的。数据仓库是基于数据库的，是数据库技术的一种新的应用，到目前为止，数据仓库多数还是用关系数据库管理系统来管理其中的数据。数据挖掘技术已经成为数据仓库应用中极为重要和相对独立的工具。数据挖掘和数据仓库是融合与互动发展的。一方面，由于数据仓库中的数据是经过整理和集成的，简化了数据挖掘过程中的重要步骤（即数据集成和预处理），提高了数据挖掘的效率和能力，确保数据挖掘中数据来源的广泛性和完整性。另一方面，在数据仓库中，数据挖掘比多维分析要更进一步。例如，如果管理人员要求比较某产品在各地区过去一年的销量，可以通过多维分析得到答案。如果管理人员想要预测该产品在未来一年的销量，就需要利用数据挖掘工具。另外，数据仓库的特殊性也对数据挖掘提出了更高的要求，如算法的执行效率、知识的动态维护等。

（二）按照发现的知识类型分类

发现各类规则是数据挖掘可以提供的信息之一。如果目的是为了发现关联规则，则可以称为关联规则挖掘，类似地，还有特征规则挖掘、分类规则挖掘、时序规则挖掘及偏差规则挖掘等。一是关联规则挖掘。关联规则是数据挖掘中最先研究的对象之一，Agrawal 等人在 1993 年首先提出了顾客交易数据库中“项集间”的关联规则挖掘问题，之后这方面的研究论文已经达到数千篇，关联规则的挖掘在实践中也有比较成熟的应用，挖掘的目的也从最初的发现项集之间的关联关系扩展为不同类型的关联关系。二是特征规则挖掘。特征规则是从与学习任务相关的一组数据中提取出这些数据的表达式，用来描述数据集的总体特征。特征规则挖掘在商业中有着广泛的应用。例如，将客户进行分类后，再进一步分析各类客户的特征。具体方法有：通过客户的购买力分析发现不同类型客户的不同特征规则，把高购买力的消费群体发展成固定的客户；通过时段分析获得客户最近购买情况的特征规则；通过客户的购买频率的挖掘，分析各购物频率范围的客户特征规则；以客户购买的金额分析为依据，挖掘购物总金额在某个范围内的客户的特征规则；以客户最近购物日、购物频率、购物总金额等为依据，挖掘最有价值的客户的特征规则。三是分类规则挖掘。分类是数据挖掘的主要内容之一，主要是通过分析实验数据样本，产生关于类别的精确描述。分类的结果通常是分类规则，可以用来对未来的数据进行预测。例如，信用卡公司的数据库中一般会保存着持卡人的记录，公司根据信誉程度，将持卡人分成三类：良好、一般、较差。分类规则挖掘就是发现不同信誉等级的规则，譬如“年收入在 5 万元以上且年龄在 40–50 岁之间的客户信誉良好”，根据得到的规则就可以对其他客户进行分类。四是时序规则挖掘。时序规则指的是和时间有关的规则，有时也可以称为序列模式。例如，在保险业里，可以利用时序规则找出在顾客的生命周期中，购买保险的时间顺序与规律，协助保险公司找出针对既有保户再销售的最佳方案。五是偏差规则挖掘。偏差包括分类中的反常实例、例外模式、观测结果对期望值偏离量及其随时间变化等。偏差规则挖掘的基本思想是寻找观察结果与参照量之间有意义的差别。

三、数据挖掘的对象

数据挖掘中数据来源的范围非常广泛，包括商业数据、经济学数据科学处理产生的数据等。数据结构也各不相同，可以是层次的也可以是网状的。总结起来，数据挖掘的对象主要涉及以下几种。一是关系数据库。关系数据库是表的集合，每个表都赋予一个唯一的名字。每个表包含一组属性（列或字段），并通常存放大量元组（记录或行）。关系中的每个元组代表一个被唯一的关键字标识的对象，并被一组属性值描述。关系数据库是数据挖掘最流行的最丰富的数据源，是数据挖掘研究的主要数据形式之一。关系数据可以通过数据库查询访问。数据库查询使用 SQL 这样的关系查询语言，或借助于图形用户界面书写。当借助于图形用户界面书写时，用户可以使用菜单指定包含在查询中的属性和属性上的限制。一个给定的查询被转换成一系列关系操作，如连接、选择和投影，并被优化，以便有效地处理。查询可以检索数据的一个指定的子集。二是事务数据库。一般来说，事务数据库由一个文件组成，其中每个记录代表一个事务。通常一个事务包含一个唯一的事务标识号和一个组成事务的项的列表。事务数据库可能有一些与之相关联的附加表，如事务的日期等。三是数据仓库。数据仓库的发展经历了漫长的过程，对其定义的说法业比较多。

W.H.Inmon 认为：数据仓库是一个面向主题的、集成的、随时间变化的非易失性数据的集合，用于支持管理层的决策过程。还有学者认为数据仓库是一种体系结构，一种独立存在的不影响其他已经运行的业务系统的语义一致的数据仓储，可以满足不同的数据存取、文档报告的需要。后续的研究显示数据仓库多用多维数据库结构建模。其中，每一维对应于模式中的一个或一组属性，每个单元存放某个聚集度量值。数据仓库的实际物理结构可以是关系数据存储或多维数据立方体。它提供数据的多维视图，并允许预计算和快速访问汇总的数据。四是高级数据库系统。随着数据库技术的发展，必须开发各种高级数据库系统，以适应新的数据库应用需要。新的数据库应用包括处理空间数据（如地图）、工程设计数据（如建筑设计）、超文本和多媒体数据（包括影像、图像和声音数据）、时间相关的数据（如历史数据或股票交易数据）和 Web 数据等。这些应用需要有效的数据结构和可伸缩的方法，处理复杂的半结构化或非结构化的数据，具有复杂结构和动态变化的数据库模式。虽然这样的数据库或信息存储需要复杂的机制以便有效地存储、检索和更新大量复杂的数据，但它们也为数据挖掘提供了基础，提出了挑战性地研究和实现问题。①

四、数据挖掘的步骤

在实施数据挖掘之前，先制定采取什么样的步骤，每一步都做什么，达到什么样的目标是必要的，有了好的计划才能保证数据挖掘有条不紊地实施并取得成功。很多软件供应商和数据挖掘顾问公司投提供了一些数据挖掘过程模型，来指导他们的用户一步步地进行数据挖掘工作。比如，SPSS 公司的 5A 和 SAS 公司的 SEMMA。数据挖掘过程模型步骤主要包括定义商业问题、建立数据挖掘库、分析数据、准备数据、建立模型、评价模型和实施。下面让我们来具体看一下每个步骤的具体内容：第一是定义商业问题。在开始知识发现之前最先的也是最重要的要求就是了解数据和业务问题。必须要对目标有一个清晰明确的定义，即决定到底想干什么。比如，想提高电子信箱的利用率时，想做的可能是“提高用户使用率”，也可能是“提高一次用户使用的价值”，要解决这两个问题而建立的模型几乎是完全不同的，必须做出决定。第二是建立数据挖掘库。建立数据挖掘库包括以下几个步骤：数据收集，数据描述，选择，数据质量评估和数据清理，合并与整合，构建元数据，加载数据挖掘库，维护

① 李晓寒，高冬玲．数据挖掘的对象和任务综述．商品与质量（科学理论），2011（07）．

数据挖掘库。第三是分析数据。分析的目的是找到对预测输出影响最大的数据字段，和决定是否需要定义导出字段。如果数据集包含成百上千的字段，那么浏览分析这些数据将是一件非常耗时和累人的事情，这时需要选择一个具有好的界面和功能强大的工具软件来协助你完成这些事情。第四是准备数据。这是建立模型之前的最后一步数据准备工作。可以把此步骤分为四个部分：选择变量，选择记录，创建新变量，转换变量。第五是建立模型。建立模型是一个反复的过程。需要仔细考察不同的模型以判断哪个模型对面对的商业问题最有用。先用一部分数据建立模型，然后再用剩下的数据来测试和验证这个得到的模型。有时还有第三个数据集，称为验证集，因为测试集可能受模型的特性的影响，这时需要一个独立的数据集来验证模型的准确性。训练和测试数据挖掘模型需要把数据至少分成两个部分，一个用于模型训练，另一个用于模型测试。第六是评价模型。模型建立好之后，必须评价得到的结果解释模型的价值。从测试集中得到的准确率只对用于建立模型的数据有意义。在实际应用中，需要进一步了解错误的类型和由此带来的相关费用的多少。经验证明，有效的模型并不一定是正确的模型。造成这一点的直接原因就是模型建立中隐含的各种假定，因此，直接在现实世界中测试模型很重要。先在小范围内应用，取得测试数据，觉得满意之后再向大范围推广。需要注意的是，在实际应用中，以上六个步骤并非完全按照顺序来执行，而是多次反复、多次调整、不断修整完善的过程。

五、数据挖掘的方法与工具

（一）数据挖掘的方法

数据挖掘涉及众多的研究领域，多种挖掘方法被采用，很少只采用一种方法或技术。对于一个给定的问题，数据本身的特点会影响选择何种方法，为了发现有用的知识，应交叉使用多种方法。下面对数据挖掘中经常采用的方法做逐一介绍。

（1）遗传算法。遗传算法是基于遗传机制和自然选择的生物随机搜索算法，是一种仿生全局优化技术。具有隐含的并行性，使其被应用到数据挖掘中容易与其他算法结合。遗传算法和神经网络的应用还体现在：结合如粗糙集等其他技术，利用遗传算法优化神经网络结构，在确保精度的前提下删除隐藏单位和冗余连接；用遗传算法和误差反向传播（Error Back Propagation，简称 BP）算法共同训练神经网络，然后从网络提取规则等。

（2）面向数据库方法。随着数据库技术的快速发展，一些数据处理方法日趋完善和成熟，在数据挖掘中利用现有的一些启发式方法，可以将一些有用知识从数据库中提取出来。

（3）机器学习方法。大多数机器学习方法是利用人类的认知模型模仿人类的学习方法，从数据中挖掘出有用知识的方法。目前，在机器学习的研究方面已取得了一些卓有成效的研究成果，因此在数据挖掘中可以利用成熟的机器学习方法。

（4）决策树方法。决策树通过以大量数据为目的进行分类以发现有价值的潜在的信息，是一种常用的预测模型算法。该方法的优点是分类速度快、描述简单，尤其适合对大规模的数据处理。ID3 算法是最典型的决策树分类算法，之后的改进算法包括 ID4.0、ID5.0、C4.5、C5.0 等。这些算法都是从机器学习角度研究和发展起来的，对于大型数据库挖掘效率低，这是决策树应用向数据挖掘方向发展必须面对和解决的关键问题。安格沃尔（R.Agrawal）等人提出的 SLIQ 算法、SPRINT 算法，在这方面的研究有了突破，解决了决策树对大型数据库的适应性问题。

（5）粗糙集方法。粗糙集和模糊集（Fuzzy Set）是一种研究不精确模型、不确定知识的数学工具。粗糙集方法简化了输入信息的空间表达，不需要提供附加信息，算法简单，操作方便，处理对象是类似二维关系表的信息表。当前已发展成熟的关系数据库管理系统以及新发展起来的数据仓库管理系统，为实现粗糙集数据挖掘提供了技术支持并奠定了坚实的基础。现实信息表中连续属性是无处不在的，而粗糙集的数学基础是集合论，难以实现连续属性的直接处理，因此制约粗糙集理论推广的关键是实现连续属性的离散化。现一些基于粗糙集的应用工具软件在国际上已被研制出来，如美国 Kansas 大学开发的 Lers、加拿大 Regina 大学开发的 KDD-R 等。

（6）神经网络方法。神经网络作为一个相对独立的研究分支很早就被提出，有许多著作和文献详细介绍了它的原理。由于神经网络需要较长的训练时间及其可解释性较差，为它的应用带来了困难。但是，由于神经网络具有高度的抗干扰能力和可以对未训练数据进行分类等优点，又使得它具有极大的应用价值，因此利用神经网络挖掘知识的算法被提出来。人工神经网络是模拟图像直观的思维，根据神经网络和生物神经元的特点，通过简化、归纳、提炼总结出来的一类并行处理网络。神经网络对于规模大而复杂的问题，可以有效地建立模型，用于解决数据挖掘中的分类问题和回归问题。神经网络具有良好的并行处理性、鲁棒性、高度容错性、自组织自适应性、分布存储等特性，适合解决数据挖掘问题。典型的神经网络模型主要有三种类别：以 Hopflield 的连续模型和离散模型为代表的，分别用于优化计算和联想记忆的反馈式神经网络模型；以函数型网络、BP 反向传播模型、感知机为代表的，用于模式识别、分类和预测的前馈式神经网络模型；以 Koholon 模型、Art 模型为代表的，用于聚类的自组织映射方法。不透明性是神经网络方法的缺点，网络的学习过程和决策过程较难让人理解。

（7）覆盖正例排斥反例方法。基于覆盖所有正例的同时排斥所有反例的思想寻找规则，任选正例集合的一个种子与反例集合中的种子进行逐一比对，与正例集合的种子相容的丢弃，不相容的保留。依此思想对正例中的所有种子进行循环，可获得正例的规则。比较典型的算法有米克尔斯基（Michalski）的 Aql1 算法，洪家荣改进的 Aql5 算法以及后续提出的 Ae5 算法。

（8）统计分析方法。数据库字段项之间存在相关关系和函数关系两种类型关系，对数据库中的信息进行分析可利用统计学的原理。可计算大数据中的最小值、最大值、平均值、总和等，用相关系数来度量变量间的相关程度，从样本统计量的值得出差异以确定总体参数之间的差异，用回归方程来表示变量间的数量关系等。使用这种方法一般是建立一个统计学模型或数学模型，然后依据模型提取出有价值的知识。如根据由训练数据建立的贝叶斯网络中的联系权值和参数挖掘相关知识。

（9）Web 挖掘方法。面向 Web 的数据挖掘比面向交易数据库的数据挖掘要复杂得多，因为 Web 上的数据是错综复杂的，有些是无结构的 Web 网页，通常都是用短语或较长的句子来表达文档类信息；有些可能是半结构的 E-mail、HTML 网页；当然也有结构化的电子表格等文件。目前对 Web 挖掘的研究有三个方向，即 Web 结构挖掘（Web Structure Mining）、Web 使用挖掘（Web Usage Mining）和 Web 内容挖掘（Web Con-tent Mining）。[①]

（10）混合方法。将各有优缺的上述方法有机结合、取长补短，能便于发现数据库中有用的知识，有利于提高数据挖掘的效率。

（11）其他方法。除了上述方法以外，还有其他一些方法，如数据可视化技术、知识表示技术等。

（二）数据挖掘的工具

比较著名的有 IBM Intelligent Miner、SAS Enterprise Miner、SPSS Clementinc 等，它们都能够提供常规的挖掘过程和挖掘模式。

① 郑瑞珍．数据挖掘方法分析与应用．消费导刊，2017，（34）：228.

（1）Intelligent Miner。由美国 IBM 公司研发的数据挖掘软件 Intelligent Miner 是一种分别面向数据库和文本信息进行数据挖掘的软件系列，它包括 Intelligcnt Miner for Data 和 Intelli-gent Miner for Text。在 Intelligent Miner 产品组合中，存在许多不同的功能，其中常用的有两种挖掘功能：第一个是“群集”挖掘功能，第二个是“关联”挖掘功能。使用这两种功能便可以进行银行客户的风险分析和银行产品的营销活动。Intelligent Miner for Data 能够挖掘包含在数据库、数据仓库和数据中央中的隐含信息，帮助用户利用传统数据库或普通文档中的结构化数据进行数据挖掘，它已成功应用于市场分析、诈骗行为监测及客户联系管理等；Intelligent Miner for Text 允许企业从文本信息进行数据挖掘，文本数据源可以是文本文档、Web 页面、电子邮件、Lotus Notes 数据库等。

（2）Enterprise Miner。这是一种在我国的企业中得到采用的数据挖掘工具，比较典型的包括上海宝钢配矿系统应用和铁路部门在春运客运研究中的应用。SAS Enterprise Miner 是一种通用的数据挖掘工具，按照“抽样—探索—转换—建模—评估”的方法进行数据挖掘，能够和 SAS 数据仓库和 OLAP 集成，实现从提出数据、抓住数据，到得到解答的“端到端”知识发现。

（3）SPSS Clementine。SPSS Clementine 是个开放式数据挖掘工具，曾两次获得英国政府 SMART 创新奖。它不但支持整个数据挖掘流程，从数据获取、转化、建模、评估到最终部署的全部过程，还支持数据挖掘的行业标准——CRISP-DM。Clementine 的可视化数据挖掘使得“思路”分析成为可能，即将精力集中在要解决的问题本身，而不是局限于完成一些技术性工作（比如编写代码等），提供了多种图像化技术，有助于理解数据间的关键性联系，指导用户以最便捷的途径找到问题的最终解决办法。①

其他常用的数据挖掘工具更有 LEVEL5 Quest、MineSet（SGI）、Partek、SE-Learn、SPSS 的数据挖掘软件 Snob、AshrafAzmy 的 SuperQuery、WINROSA、XmdvTool，等等。经过十多年的发展，数据挖掘工具的性能获得了显著的改善，不论是自动化程度还是适用范围都发生了巨大变化，价格的门槛迅速降低，对于推进数据挖掘在企业和电子商务中的应用具备特别的意义。但是还应该看到，现在的数据挖掘工具还存在许多的不足，近几年的调查显示多数的数据挖掘工具只使用了有限的几种技术，且集中在比较简单的数据挖掘技术种类上。

① 姚毓才，王本年．数据挖掘工具的分类与挖掘．计算机技术与发展，2006（08）：6-9.

六、数据挖掘面临的问题

这里从数据挖掘方法、用户交互、性能和各种数据类型几个方面来说明目前数据挖掘存在的主要问题。

（一）挖掘方法和用户交互问题

该方法反映所挖掘的知识类型、在多粒度上挖掘知识的能力、领域知识的使用、特定的挖掘和知识显示等。在数据库中挖掘不同类型的知识：由于不同的用户可能对不同类型的知识感兴趣，数据挖掘系统应该覆盖范围很广的数据分析和知识发现任务，包括数据特征化、区分、关联、分类、聚类、趋势和偏差分析以及类似性分析。这些任务可能以不同的方式使用相同的数据库，并需要开发大量的数据挖掘技术。多个抽象层的交互知识挖掘：由于很难准确地知道能够在数据中发现什么，数据挖掘应当是交互的。交互式挖掘允许用户聚焦搜索模式，根据返回的结果提出和精炼数据挖掘请求。结合领域知识：可以使用领域知识或关于所研究领域的信息来指导发现过程，并使得发现的模式以简洁的形式在不同的抽象层表示。数据挖掘查询语言和特定的数据挖掘：关系查询语言允许用户提出特定的数据检索查询。类似的，需要开发高级数据挖掘查询语言，使得用户通过说明分析任务的相关数据集、领域知识、所挖掘的数据类型、被发现的模式必须满足的条件和约束，来描述特定的挖掘任务。数据挖掘结果的表达：发现的知识应当用高级语言、可视化表示或其他形式表示，使得知识易于理解，能够直接被人们使用。处理噪声和不完全数据：存放在数据库中的数据可能反映噪声、异常或不完全数据对象。这些对象可能搞乱分析过程，导致数据与所构造的知识模型过分适应或不适应，故需要处理数据噪声的数据清理方法和数据分析方法，以及发现和分析异常情况的孤立点挖掘方法。模式评估——兴趣度问题：数据挖掘系统可能发现数以千计的模式。对于给定的用户，许多模式不是有趣的，它们表示的可能是公共知识或缺乏新颖性。使用兴趣度度量指导发现过程或压缩搜索空间，又是一个活跃的研究领域。

（二）有效性问题

数据挖掘算法的有效性和可伸缩性：为了有效地从数据库的大量数据中提取信息，数据挖掘算法必须是有效的和可伸缩的。并行、分布式和增量数据挖掘算法：许多数据库的大容量、数据分布的广泛和一些数据挖掘算法的计算复杂性是促使并行和分布式数据挖掘算法的因素。此外，有些数据挖掘过程的高花费导致了对增量数据挖掘算法的需要。

（三）关于数据类型多样性问题

关系的和复杂的数据类型的处理：由于数据库和数据仓库已经广泛使用，对它们开发有效的数据挖掘系统是重要的。然而数据库可能包括复杂的数据对象、超文本、多媒体数据、空间数据、时间数据或事务数据，所以，应当构造针对特定类型数据的特定数据挖掘系统。由异种数据库和全球信息系统挖掘信息：从具有不同数据语义的结构化的、半结构化的和非结构化的不同数据源发现知识，为数据挖掘提出了巨大挑战。

（四）大数据挖掘问题

大数据的海量性、高维性、异构性、动态性、多样性、多源性、多尺度性、时空性和模糊性为数据挖掘技术提出了进一步的挑战。无论赋予大数据什么样的内涵和外延，要实现“大数据→知识与智慧→价值”的转化，数据挖掘技术必须根据大数据的特性对传统的挖掘算法进行改进或研究与开发新的挖掘算法。

七、数据挖掘的发展趋势

数据挖掘的发展趋势主要在以下几个方面：

（一）数据挖掘语言的标准化

语言的标准化对于数据挖掘系统的开发和数据挖掘技术的普遍使用是至关重要的。其可改进多个数据挖掘系统和功能间的互操作，促进其在企业和社会中的使用。

（二）数据挖掘的可视化

可视化要求已经成为数据挖掘系统中必不可少的技术，可以在发现知识的过程中进行很好的人机交互。数据的可视化起到了推动人们主动进行知识发现的作用。

（三）分布式数据挖掘

分布式技术的到来为日益增长的数据提供了有力支持，而分布式数据挖掘中将分布式技术和数据挖掘技术结合，也使对分离数据库的可协作数据挖掘工作开发了一个重要领域。

（四）数据挖掘与数据库系统和Web数据库系统的集成

数据库系统和Web数据库已经成为信息处理系统的主流，数据挖掘系统的理想体系结构是与数据库和数据仓库系统的紧耦合。

（五）挖掘复杂数据类型的新方法

挖掘复杂数据类型是数据挖掘的重要前沿研究课题，也有人称复杂类型的数据挖掘是下一代数据挖掘。伴随着数据的增多，需要处理的数据类型也变得越来越复杂，例如数据流、时间序列、时间空间、多媒体和文本数据。虽然现在已经在很多复杂数据类型的挖掘方面取得了一些进展，但是在应用需求和可用技术之间仍然存在较大的距离。①

（六）数据挖掘中的隐私保护和信息安全

随着信息技术的发展，越来越多的数据涌入了网络，其中包括大量电子形式的个人信息。而挖掘技术的发展和科技的更新，在相反的一面上也使大量的个人信息受到了威胁，因此保护隐私的数据挖掘方法愈显重要。

第二节　大数据与数据挖掘

一、从数据分析到数据挖掘

从本质上来讲，数据分析和数据挖掘都是为了从收集来的数据中提取有用信息，发现知识，而对数据加以详细研究和概括总结的过程。在很多情况下，这两个概念是可以互换的。它们之间最大的不同在于数据本身数据量和数据类型的不同。数据分析通常是存储在数据库或者文件中，一个应用的数据数量级在MB或者GB，而数据挖掘的应用数据在TB甚至PB。另外，数据挖掘的对象包括文本、音频、视频和图片等其他规范化和不规范数据。数据分析主要采用的是统计学的技术。在统计学领域，我们可以将数据分析划分为两大类：探索性数据分析和验证性数据分析。探索性分析指为了形成值得检验的假设而对数据进行分析的一种方法，是对传统统计学假设检验手段的补充。探索性数据分析方法是由美国著名统计学家约翰·图基（John Tukey）命名，侧重于在数据之中发现新的特征。验证性分析方法侧重于对已有假设的证实，是定性数据

① 何俊．数据挖掘技术的发展趋势．西部皮革，2016，38（24），21.

分析，又可称为定性资料分析或者定性研究。在做验证性数据分析时，我们往往已经有了一个假设，需要数据分析来帮助确认。这个方法在进行分析之前已经有预设的概率模型，只需把现有的数据套入模型中即可。这两种方法在商业环境中的作用都比较普遍，和它们的名称相对应，探索性数据分析方法主要用于对商业数据的探索，而验证性数据分析方法是在某一个模型之上把商业数据加入来进行验证。统计学的分析方法主要有各种数学运算、快速傅立叶变换平滑和滤波、基线和峰值分析。由此可见，一般的数据分析主要用来对数值进行处理，通常无法对词语、图像、观察结果之类的非数值型数据进行分析，但是如果需要，我们可以把这些数据以量化的方式转化或组织起来形成能够分析的数据形式。从数据组织上来讲，数据分析相对比较简单，数据一般以文件的形式或是单个数据库的方式组织。不同于数据分析有明确目标的特点，数据挖掘是一个知识发现的过程，是运用机器学习算法解决问题的过程。数据挖掘强调对大量观测到的数据做处理，它是涉及数据管理、人工智能、机器学习、模式识别及数据可视化等学科的边缘学科。数据挖掘可以基本保证数据的科学性。然而，海量数据不是普通数据库能够存储和处理的。所以数据挖掘必须建立在数据仓库或是分布式存储的基础之上且对数据量和数据挖掘的实时性要求有所提高。

二、大数据分析的五个方面

（1）可视化分析。不管是对数据分析专家还是普通用户，数据可视化是数据分析工具最基本的要求。可视化可以直观地展示数据，让数据自己说话，让观众听到结果。

（2）数据挖掘算法。可视化可用肉眼看到，而数据挖掘过程无法看到。集群、分割、孤立点分析还有其他的算法让我们深入数据内部，挖掘价值。这些算法不仅要处理大数据的量，也要处理大数据的速度。

（3）预测性分析能力。数据挖掘可以让分析员更好的理解数据，而预测性分析可以让分析员根据可视化分析和数据挖掘的结果做出一些预测性的判断。

（4）语义引擎。由于非结构化数据的多样性带来了数据分析的新的挑战，我们需要一系列的工具去解析、提取、分析数据。语义引擎需要被设计成能够从“文档”中智能提取信息。

（5）数据质量和数据管理。数据质量和数据管理是一些管理方面的最佳实践。通过标准化的流程和工具对数据进行处理可以保证一个预先定义好的高质量的分析结果。

三、大数据处理流程

（1）采集。大数据的采集是指利用多个数据库来接收发自客户端（Web，App 或者传感器形式等）的数据，并且用户可以通过这些数据库来进行简单的查询和处理工作。

（2）导入 / 预处理。虽然采集端本身会有很多数据库，但是如果要对这些海量数据进行有效的分析，还是应该将这些来自前端的数据导入一个集中的大型分布式数据库，或者分布式存储集群，并且可以在导入基础上做一些简单的清洗和预处理工作。也有一些用户会在导入时使用来自 Twitter 的 Storm 来对数据进行流式计算，来满足部分业务的实时计算需求。

（3）统计 / 分析。统计与分析主要利用分布式数据库，或者分布式计算集群来对存储于其内的海量数据进行普通的分析和分类汇总等，以满足大多数常见的分析需求。统计与分析这部分的主要特点和挑战是分析涉及的数据量大，其对系统资源，特别是 I/O 会有极大的占用。

（4）挖掘。与前面统计和分析过程不同的是，数据挖掘一般没有什么预先设定好的主题，主要是在现有数据上面进行基于各种算法的计算，从而起到预测的效果，从而实现一些高级别数据分析的需求。其特点和挑战主要是用于挖掘的算法很复杂，并且计算涉及的数据量和计算量都很大，另外，一些常用的数据挖掘算法是以单线程为主。[①]

四、大数据时代的数据挖掘

为了有别于过去传统的数据挖掘分析，蕴含大数据技术的数据分析称为大数据分析。与传统的数据分析相比，大数据分析有其本质性优势，是传统数据分析所不具备的本质特征。目前，传统数据挖掘技术正在过渡到大数据的数据挖掘技术，且目前的大数据挖掘技术也处于幼稚阶段，但是，大数据挖掘技术的先进性无可置疑。大数据时代的数据挖掘技术至少在 4 个方面完全超越传统的数据分析。

---

① 孙红，郝泽明．大数据处理流程及存储模式的改进 [J]. 电子科技，2015，28（12）：167–172.

（1）大数据挖掘是用数据的整体代替传统的抽样数据样本，具有更高的客观性；数据量越多越大，其得出的结果就越有价值。数据挖掘技术能达到数据内在的本质深度，能找出规律性的特征和本质关联，且达到很高的精确度。

（2）数据挖掘技术具有处理海量数据的能力；大数据挖掘能够处理复杂的非结构化数据，利用大数据挖掘技术，以确保挖掘出具有价值的信息。

（3）数据挖掘技术处理海量数据的速度能满足社会和市场的需求。

（4）与数据挖掘结果相比，数据挖掘技术具有很高的市场竞争力。这 4 个方面体现了大数据挖掘与传统数据分析之间的本质区别。简而言之，大数据的数据挖掘是智能的、高速的、海量的大数据处理系统。它的作用和功能，传统的数据分析无法做到。

五、大数据对传统方法的挑战

大数据对分析和可视化提出了更高的要求，要求数据分析从联机分析处理和报表向数据发现转变，从企业分析向大数据分析转变，从结构化数据向多结构化数据转变，要求分析和可视化能够支持对 PB 级以上的大数据进行分析，要求能够支持对关系型、非关系型、多结构化、机器生成的数据做分析，要求能够支持重组数据成为新的复杂结构数据并进行分析和可视化，如图分析、时间 / 路径分析，要求大数据的分析支持更快、更适应性的迭代分析，要求分析平台能够支持广泛的分析工具和编程方法，如 C++、Java 等。在传统数据环境下，通过采样，可以把数据规模变小，以便利用现有的关系数据库系统和数据仓库手段进行数据管理和分析。然而在某些应用领域，采样将导致信息的丢失。商业组织积累了大量的交易历史信息，企业的各级管理人员希望从这些数据中分析出一些模式，以便从中能够发现商业机会，分析人员可以开发针对性的分析软件，对时间序列数据进行分析，寻找有利可图的交易模式，经过验证之后，操作人员可以使用这些交易模式进行实际的交易，获得利润。但是，在大量数据上进行分析，意味着需要分析的数据量将急剧膨胀和增长。在大数据环境下，典型的 OLAP 数据分析操作已经不满足要求了，需要引入路径分析、时间序列分析、图分析以及复杂统计分析模型。例如，社交网络虚拟环境在大数据领域的行业应用中，需要在传统平台上扩展数据分析与统计功能。除了一般的分析功能还需要增加数据挖掘功能，例如 Teradata Aster 增加了很多新的分析功能，如统计、文本挖掘、图像、情感分析等。再如 IBM Netezza 则加入对于 R 语言的支持，可以支持 R 的各类包，例如并行运算算法包、矩阵相关包。

第三节 大数据挖掘的方法

数据挖掘一般是指从大量的数据中通过算法来搜索隐藏于其中的有效信息过程。数据挖掘通过与统计、在线分析处理、情报检索、机器学习、专家系统和模式识别等诸多方法相配合，实现有效信息的获取和表达。在算法方面，数据挖掘可分为三大类：分类区隔类、推算预测类和序列规则类；其中，六分项为：Classification 和 Clustering（分类区隔类）、Regression 和 Time-series（推算预测类）、Association 和 Sequence（序列规则类）。下面将对这六分项进行说明。

一、Classification“分类”

“分类”是根据一些变量的数值做计算，再依照结果做分类。“分类”算法是用来预测数据对象的离散类别（Categorical Label）。同时，“分类”算法也可以根据历史经验对已经分类好的数据研究它们的特征，然后再根据这些特征对其他未经分类或是新的数据做预测。“分类”的主要算法有决策树法、KNN 法、SVM 法、VSM 法、Bayes 法、神经网络法等。首先是决策树法。决策树归纳是经典的分类算法。大多数决策树算法都采用自顶向下递归的分类方式构造决策树，树的每一个结点上使用信息增益度量选择测试属性，从而可以从生成的决策树中提取规则。其次是 KNN 法。KNN（K-Nearest Neighbor）法即 K 最近邻法，该方法的思路非常简单直观：如果一个样本与在特征空间中的 K 个最相似（即特征空间中最邻近）样本相接近，那么该样本属于 K 个样本的所属类别。该方法在定类决策上只依据最邻近的一个或者几个样本的类别来决定待分样本所属的类别。其三是 SVM 法。SVM 法即支持向量机法（Support Vector Machine），该方法是建立在统计学习理论基础上的机器学习方法。通过学习算法，SVM 可以自动寻找出那些对分类有较好区分能力的支持向量，由此构造出的分类器可以最大化类与类的间隔，因而有较好的适应能力和较高的分准率。该方法只需要由各类域的边界样本的类别来决定最后的分类结果。其四是 VSM 法。VSM 法即向量空间模型法（Vector Space Model），这是最早也是最出名的信息检索方面的数学模型。其基本思想是将文档表示为加权的特征向量，然后通过计算文本相似度的方法来确定待分样本的类别。当文本被表示为空间向量模型的时候，文本的相似度就可以借助特征向量之间的内积来表示。其五是 Bayes 法。Bayes 法是一种在已知先验概率和条件概率情况下的模式分类方法，待分样本的分类结果取决于各类域中样本的全体。Bayes 方法的薄弱环节在于，实际情况下类别总体的概率分布和各类样本的概率分布函数（或密度函数）常常是不知道的。为了获得它们，就要求样本足够大。另外，Bayes 法要求表达文本的主题词相互独立，这样的条件在实际文本中一般很难满足，因此该方法往往在效果上难以达到理论上的最大值。其六是神经网络法。神经网络分类算法的重点是构造阈值逻辑单元，一个值逻辑单元是一个对象，它可以输入一组加权系数的量，对它们进行求和，如果这个和达到或者超过了某个阈值，输出一个量。

二、Clustering“聚类”

“聚类”是将数据分类到不同的类或者簇的过程，同一个簇中的对象有很大的相似性，而不同簇间的对象有很大的相异性。聚类与分类的不同在于，聚类所要求划分的类是未知的。从统计学的观点看，聚类分析是通过数据建模简化数据的一种方法。传统的统计聚类分析方法包括系统聚类法、分解法、加入法、动态聚类法、有序样品聚类、有重叠聚类和模糊聚类等。聚类分析是一种探索性的分析，在分类过程中，人们不必事先给出一个分类的标准，聚类分析能够从样本数据出发，自动进行分类。聚类分析所使用方法的不同，常常会得到不同的结论。不同研究者对于同一组数据进行聚类分析，所得到的聚类数未必一致。从实际应用的角度看，聚类分析是数据挖掘的主要任务之一。而且聚类能够作为一个独立的工具获得数据的分布状况，观察每一簇数据的特征，集中对特定的聚簇集合做进一步地分析。聚类分析还可以作为其他算法（如分类和定性归纳算法）的预处理步骤。主要算法如下：一是划分方法（PAM：PArtitioning Method）。首先创建 *K* 个划分，*K* 为要创建的划分个数；然后利用一个循环定位技术通过将对象从一个划分移到另一个划分来帮助改善划分质量。典型的划分方法包括：*K*-means、*K*-medoids、CLARA（Clustering LARge Application）、CLARANS（Clustering Large Application based upon RANdomized Search）。二是层次方法（Hierarchical Method）创建一个层次以分解给定的数据集。该方法可以分为自上而下（分解）和自下而上（合并）两种操作方式。为弥补分解与合并的不足，层次合并经常要与其他聚类方法相结合，如循环定位。典型的这类方法包括：BIRCH（Balanced Iterative

Reducing and Clustering using Hierarchies）方法，它首先利用树的结构对对象集进行划分，然后再利用其他聚类方法对这些聚类进行优化；CURE（Clustering Using REprisentatives）方法，它利用固定数目代表对象来表示相应聚类，然后对各聚类按照指定量（向聚类中心）进行收缩；ROCK 方法利用聚类间的连接进行聚类合并；CHEMALOEN 方法则是在层次聚类时构造动态模型。三是基于密度的方法。根据密度完成对象的聚类。它根据对象周围的密度（DBSCAN）不断增长聚类。典型的基于密度方法包括：DBSCAN （Densit-Based Spatial Clustering of Application with Noise）：该算法通过不断生长足够高密度区域来进行聚类；它能从含有噪声的空间数据库中发现任意形状的聚类。此方法将一个聚类定义为一组"密度连接"的点集；OPTICS（Ordering Points To Ldentify the Clustering Structure）：并不明确产生一个聚类，而是为自动交互的聚类分析计算出一个增强聚类顺序。四是基于网格的方法。首先将对像空间划分为有限个单元以构成网格结构，然后利用网格结构完成聚类。主要代表有：STING（ STatistical INformation Grid）就是一个利用网格单元保存的统计信息进行基于网格聚类的方法；CLIQUE （ CLustering In QUEst）和 Wave-Cluster 则是一个将基于网格与基于密度相结合的方法。五是基于模型的方法。它假设每个聚类的模型并发现适合相应模型的数据。典型的基于模型方法包括：统计方法 COBWEB，是一个常用的且简单的增量式概念聚类方法，主要计算离散属性，它的输入对象是采用符号量（属性 - 值）来加以描述的。采用分类树的形式来创建一个层次聚类；LASSIT 是 COBWEB 的另一个版本，它可以对连续取值属性进行增量式聚类。该方法为每个结点中的每个属性保存相应的连续正态分布（均值与方差）；并利用一个改进的分类能力描述方法。①

三、Regression"回归分析"

"回归分析"是确定两种或两种以上变量间相互依赖的定量关系的一种统计分析方法。它基于观测数据建立变量间适当的依赖关系，以分析数据内在规律，并可用于预报、控制等问题。"回归分析"主要算法：回归分析按照涉及变量的多少，分为一元回归和多元回归分析；在线性回归中，按照因变量的多少，可分为简单回归分析和多重回归分析；按照自变量和因变量之间的关系类型，可分为线性回归分析和非线性回归分析。若将范围扩大也可利用 Logistic

① 历蕊，陈素梅，陈豪．大数据挖掘方法的势科学研究 [J]. 中国管理信息化，2017，20（24）：145–146.

Regression 来预测类别变量，特别在广泛运用现代分析技术如类神经网络或决策树理论等分析工具，推估预测的模式已不局限于传统的线性，在预测的功能上大大增加了选择工具的弹性与应用范围的广度。

四、Time-Series Forecasting“时间序列预测”

“时间序列预测”与 Regression 功能类似，只不过它是用现有的数值来预测未来的数值。两者最大的差异在于 Time-Series 所分析的数值都与时间有关。Time-Series Forecasting 的工具可以处理有关时间的一些特性，譬如时间的周期性、阶层性、季节性以及其他的一些特别因素（如过去与未来的关联性）。

五、Association“关联分析”

“关联分析”是从大量数据中发现项集之间有趣的关联和相关联系。关联分析的一个典型例子是购物篮分析。该过程通过发现顾客放入其购物篮中的不同商品之间的联系，分析顾客的购买习惯。通过了解哪些商品频繁地被顾客同时购买，这种关联的发现可以帮助零售商制定营销策略。其他的应用还包括价目表设计、商品促销、商品的排放和基于购买模式的顾客划分。“关联分析”的主要算法有两种，其一是 Apriori 算法。Apriori 算法是一种最有影响的挖掘布尔关联规则的频繁项集的算法。其核心是基于两阶段频集思想的递推算法。该关联规则在分类上属于单维、单层、布尔关联规则。在这里，所有支持度大于最小支持度的项集称为频繁项集，简称频集。该算法的基本思想：首先找出所有的频集，这些项集出现的频繁性至少和预定义的最小支持度一样。其次由频集产生强关联规则，这些规则必须满足最小支持度和最小可信度。最后使用第一步找到的频集产生期望的规则，产生只包含集合的项的所有规则，其中每一条规则的右部只有一项，这里采用的是中规则定义。一旦这些规则被生成，那么只有那些大于用户给定的最小可信度的规则才被留下来。为了生成所有频集，使用了递推的方法。其二是 FP- 树频集算法。针对 Apriori 算法的固有缺陷，FP- 树频集算法采用分而治之的策略，在经过第一遍扫描之后，把数据库中的频积压缩进一棵频繁模式树（FP-tree），同时依然保留其中的关联信息，随后再将 FP-tree 分化成一些条件库，每个库和一个长度为 1 的频集相关，然后再对这些条件库分别进行挖掘。当原始数据量很大的时候，也可以结合划分的方法，使得一个 FP-tree 可以放入主存储中。

六、 Sequence Discovery“序挖掘”

“序挖掘”是数据中一个特殊存放等差数列的表，该表受数据库系统控制，任何时候数据库系统都可以根据当前记录数大小加上步长来获取到该表下一条记录应该是多少，这个表没有实际意义，常常用来做主键用。Sequence Discovery 与 Association 关系很密切，所不同的是 Sequence Discovery 中事件的相关是以时间因素来做区隔的。

第四节 文本挖掘

一、文本挖掘的定义

文本挖掘属于多交叉科学研究领域，它涉及数据挖掘、信息检索、自然语言处理、计算机语言学、机器学习、模式识别、人工智能、统计学、计算机网络技术、信息学等多个领域，不同学者从各自的研究目的与领域出发，对其含义有不同的理解，并且应用目的不同，文本挖掘研究的侧重点也不同。目前，文本挖掘作为数据挖掘的一个新分支，引起了国内外学者的广泛关注。对于它的定义，目前尚无定论，这需要国内外学者进行更多的研究以对其进行精确定义。一般来说，文本挖掘是在文本数据、文本信息、文本知识定义的基础上定义的，所以这里先给出文本数据、文本信息、文本知识的定义，然后给出文本挖掘的定义。

定义 1：文本数据是大规模自然语言文本的集合，是面向人的，可以被人部分理解，但不能为人所充分利用。它具有自然语言固有的模糊性与歧义性，有大量的噪声和不规则结构。

定义 2：文本信息是从文本数据中抽取出来的、机器可读的、具有一定格式的、无歧义的、呈显性关系的集合。

定义 3：文本知识是对文本信息进行处理而得到的有意义的模式，是面向人的，对人来说是可理解的和有用的。

定义 4：文本挖掘是指从大量文本数据中抽取事先未知的、可理解的、最终可用的信息或知识的过程。

从文本挖掘的定义可以看出，当数据挖掘的对象由文本数据组成时，它就成为文本挖掘。文本挖掘又称为文本知识发现或文本数据挖掘，其主要目的是从非结构化文本数据中提取满足需求的、有价值的模式和知识，可以看成传统数据挖掘或知识发现的扩展。不过，文本挖掘超出了信息检索的范畴，它主要是发现某些文字出现的规律以及文字与语义、语法间的联系，用于自然语言的处理，如机器翻译、信息检索、信息过滤等。

二、文本挖掘的主要内容

文本挖掘的主要内容包括文本分类、文本聚类、文本结构分析和 Web 文本数据挖掘四部分内容。其一是文本分类。文本分类指按照预先定义的主题类别，为文档集合中的每个文档确定一个类别。目前，用于英文文本分类的分类方法较多，用于中文文本分类的方法较少，主要有朴素贝叶斯分类，向量空间模型以及线性最小二乘。其二是文本聚类。聚类与分类的不同之处在于，聚类没有预先定义好的主体类别，它的目标是将文档集合分成若干个簇，要求同一簇内文档内容的相似度尽可能的大，而不同簇之间的相似度尽可能地小。其三是文本结构分析。其目的是为了更好地理解文本的主题思想，了解文本表达的内容以及采用的方式，最终结果是建立文本的逻辑结构，即文本结构树，根结点是文本主题，依次为层次和段落。其四是 Web 文本数据挖掘。在 Web 迅猛发展的同时，不能忽视“信息爆炸”的问题，即信息极大丰富而知识相对匮乏。据估计，Web 已经发展成为拥有 3 亿个页面的分布式信息空间，而且这个数字仍以每 4~6 个月翻 1 倍的速度增加，在这些大量、异质的 Web 信息资源中，蕴含着具有巨大潜在价值的知识。人们迫切需要能够从 Web 上快速、有效地发现资源和知识的工具。文本挖掘目前面临的问题有挖掘算法的效率和可扩展性、遗漏及噪声数据的处理、私有数据的保护与数据安全性等。①

三、文本挖掘的技术

文本挖掘不但要处理大量的结构化和非结构化的文档数据，而且还要处理其中复杂的语义关系，因此，现有的数据挖掘技术无法直接应用于其上。我们按照文本挖掘过程介绍其涉及的主要技术及其主要进展。

（一）文本数据预处理技术

预处理技术包括 Stemming（英文）/ 分词（中文）、特征表示和特征提取。

① 胡冰，胡东军，马文超．文本挖掘研究及发展 [J]. 电脑知识与技术，2008（31）：792–793.

与数据库中的结构化数据相比，文本具有有限的结构，或者根本就没有结构。

1. 分词技术

在对文档进行特征提取前，需要先进行文本信息的预处理，对英文而言需要进行 Stemming 处理；中文的情况则不同，因为中文词与词之间没有固定的间隔符（空格），需要进行分词处理。目前主要有基于词库的分词算法和无词典的分词技术两种。基于词库的分词算法包括正向最大匹配、正向最小匹配、逆向匹配及逐次遍历匹配法等。这类算法的特点是易于实现，设计简单，但分词的正确性很大程度上取决于所建的词库。因此，基于词库的分词技术对于歧义和未登录词的切分有很大的困难。基于无词典的分词技术的基本思想是：基于词频的统计，将原文中任意前后紧邻的两个字作为一个词进行出现频率的统计，出现的次数越高，成为一个词的可能性就越大，在频率超过某个预先设定的阈值时，就将其作为一个词进行索引。这种方法能够有效地提出未登录词。

2. 特征表示

文本特征指的是关于文本的元数据，分为描述性特征（如文本的名称、日期、大小，类型等）和语义性特征（如文本的作者、机构、标题、内容等）。特征表示是指一定特征项（如词条或描述）来代表文档，在文本挖掘时只需对这些特征项进行处理，从而实现对非结构化的文本处理。这是一个非结构化向结构化转换的处理步骤。特征表示的构造过程就是挖掘模型的构造过程。特征表示模型有多种，常用的有布尔逻辑型，向量空间模型、概率型以及混合型等。万维网联盟（W3C）近来制定的 XML、RDF 等规范，提供了对 Web 文档资源进行描述的语言和框架。

3. 特征提取

用向量空间模型得到的特征向量的维数往往会达到数十万维，如此高维的特征对即将进行的分类学习未必全是重要的、有益的（一般只选择 2%~5% 的最佳特征作为分类数据），而且高维的特征会大大增加机器的学习时间，这便是特征提取所要完成的工作。特征提取算法一般是构造一个评价函数，对每个特征进行评估，然后把特征按分值高低排队，预定数目分数最高的特征被选取。在文本处理中，常用的评估函数有信息增益、互信息、文本证据权和词频。

（二）文本挖掘分析技术

文本转换为向量形式并经特征提取后，便可以进行挖掘分析了。常用的文本挖掘分析技术有文本结构分析、文本摘要、文本分类、文本聚类、文本关联分析、分布分析和趋势预测等。

1. 文本结构分析

文本结构分析的目的是为了更好地理解文本的主题思想，了解文本所表达的内容以及采用的方式。最终结果是建立文本的逻辑结构，即文本结构树，根节点是文本主题，依次为层次和段落。

2. 文本摘要

文本摘要是指从文档中抽取关键信息，用简洁的形式对文档内容进行解释和概括。这样，用户不需要浏览全文就可以了解文档或文档集合的总体内容。任何一篇文章总有一些主题句，大部分位于整篇文章的开头或结尾部分，而且往往是在段首或段尾，因此，文本摘要自动生成算法主要考察文本的开头、结尾，而且在构造句子的权值函数时，相应的给标题、子标题、段首和段尾的句子较大的权值，按权值大小选择句子组成相应的摘要。

3. 文本分类

文本分类的目的是让机器学会一个分类函数或分类模型，该模型能把文本映射到已存在的多个类别中的某一类，使检索或查询的速度更快，准确率更高。训练方法和分类算法是分类系统的核心部分。用于文本分类的分类方法较多，主要有朴素贝叶斯分类、向量空间模型、决策树、支持向量机、后向传播分类、遗传算法、基于案例的推理、K– 最邻近、基于中心点的分类方法、粗糙集、模糊集以及线性最小二乘等。从数学角度来看，文本分类是一个映射的过程，它将未标明类别的文本映射到已有的类别中，该映射可以是一映射，也可以是一对多的映射，因为通常一篇文本可以同多个类别相关联，用数学公式表示如下：

$$f: A \rightarrow B$$

其中，A 为待分类的文本集合，B 为分类体系中的类别集合。文本分类的映射规则是系统根据已经掌握的每类若干样本的数据信息，总结出分类的规律性而建立的判别公式和判别规则。然后再遇到新文本时，根据总结的判别规则，确定文本相关的类别。文本分类是一种典型的监督式机器学习方法，一般可分为训练（或学习）和分类两个阶段，第一是训练阶段。首先，定义类别集合 $C=\{c_1, c_2, \cdots, c_n\}$，这些类可以是层次型的，也可以是并列的；其次，给出训练文档集合 $D=\{s_1, s_2, \cdots, s_n\}$，每个训练文档 s_j 的被标上所属类别标识 c_i；最后，统计 D 中所有文档的特征矢量 $V(s_j)$，确定代表 C 中每个类别 c_i 的特征矢量 $V(q)$。第二是分类阶段。首先，对于测试文档集 $T=\{d_1, d_2, \cdots, d_k\}$ 中的每个待分类文档 d_k，计算其特征矢量 $V(d)$ 与每个 $V(c)$ 之间的相似度所 $\mathrm{sim}(d_g, c_i)$；其次，选取相似度最大的一个类别 $\arg\max \mathrm{sim}(d_k, c_j)$ 作为 d_k 所属的

类。有时只要 d_k 与这些类别间的相似度超过某个预定阈值，可为 d 指定多种类别。但若这种情况发生得太频繁，则说明预定义类别集合不当，应加以修改。当文档 d 与所有类的相似度都低于该阈值，则将其标注为“其他”类。衡量两个特征向量的近似程度，通过计算两个特征向量之间的距离，存在三种最通用的距离度量：欧氏距离、余弦距离和内积。因此计算 sim（d_k，c_i）时，有多种方法可供选择。最简单的方法是仅考虑两个特征矢量中所包含的词条的重叠程度，即 sim（d_k，c_i）=V（d_k）与 V（c_i）具有的相同词条数 /V（d_k）与 V（c_i）所有的词条数。最常用的方法是考虑两个特征矢量之间的夹角余弦，即 sim（d_k，c_i）=V（d_k）×V（c_i）/|V（dk）|·|V（c_i）|。K-NN 是目前广泛应用的统计方法，是与 LISF、决策树、神经网络同级的分类算法。其过程如下：给定一个测试文本，系统在训练文本集中找到 K 个最近邻，用 K 个近邻分配权重。每个近邻文本与测试文本的近似程度作为权重。如果几个近邻是一类，则每个权重相加，总和作为与测试文本的近似度。为了方便，使用余弦值来表示向量间的相似度，也可以使用欧氏距离作为相似度的测量。此方法的缺点是 K 值定义比较困难。一般采用不同的 K 值进行一系列试验才能决定取哪个值较好。

4. 文本聚类

文本分类是将文档归入已经存在的类中，文本聚类的目标和文本分类是一样的，只是实现的方法不同。文本聚类是无教师的机器学习，聚类没有预先定义好的主题类别，它的目标是将文档集合分成若干个簇，要求同一簇内文档内容的相似度尽可能大，而不同簇间的相似度尽可能小。Hearst 等人的研究已经证明了“聚类假设”，即与用户查询相关的文档通常会聚类得比较靠近，而远离与用户查询不相关的文档。目前，有多种文本聚类算法，大致可以分为两种类型；以 G HAC 等算法为代表的层次凝聚法 @ 和以 K- means 等算法为代表的平面划分法。此外，还有将 G-HAC 和 K-means 集合起来的 Buckshot 方法和 Fractionation 方法。聚类方法的选择取决于数据的类型、聚类目的和应用。文本聚类与分类的不同之处在于，聚类没有预先定义好的主题类别，它的目标是将文档集合分成若干个簇，要求同一簇内文档内容的相似度尽可能的大，而不同簇间的相似度尽可能地小。加拿大的 Hearst 等人的研究已经证明了“聚类假设”，即与用户查询相关的文档通常会聚类得比较靠近，而远离与用户查询不相关的文档。因此，我们可以利用文本聚类技术将搜索引擎的检索结果划分为若干个簇，用户只需要考虑那些相关的簇，大大缩小了所需要浏览的结果数量。目前，有多种文本聚类算法，大致可以分为两种类型：以 G-HAC 等算法为代表的层次凝聚法，以 K-means 等算法为代表的平面划分法，以及将 G-HAC

和 K-means 集合起来的 Buckshot 方法和 Fractionation 方法。下面就层次凝聚法给出详细说明。对于给定的文档集合 $D=\{d, d_g, \cdots, d_n\}$，层次凝聚法的具体过程如下：

（1）将 D 中的每个文档看作是一个具有单个成员的类 $c_i=\{d_i\}$，这些类构成了 D 的一个聚类 $C=\{c_1, c_2, \cdots, c_n\}$；

（2）计算 C 中每对类（c_i，c_j）之间的相似度 sim（c_i，c_j）；

（3）选取具有最大相似度的类对，并将 c_i 和 c_j 合并为一个新的类 $c=c_i \cup c_j$，从而构成了 D 的一个新的聚类 $c=\{c_1, c_2, \cdots, c_{n-1}\}$；

（4）重复上述步骤，直至 C 中剩下一个类为止。

该过程构造出一棵生成树，其中包含鸟类的层次信息以及所有类内和类之间的相似度。层次聚类方法是最为常用的聚类方法，它能够生成层次化的嵌套类，且准确度较高。但是，在每次合并时，需要全局地比较所有类之间的相似度，并选择出最佳的两个类，因此运行速度较慢，不适合于大量文档的集合。平面划分法与层次聚类的区别在于，它将文本集合水平地分割为若干个簇，而不是生成层次化的嵌套，对于给定的文档集合 $D=\{d_1, d_2, \cdots, d_n\}$，平面划分法的具体过程如下：

（1）确定要生成簇的数目 K。

（2）按照某种原则生成 K 个群集中心作为群集的种子 $S=\{s_1, s_2, \cdots, s_n\}$。

（3）对 D 中的每个文档 d_i，依次计算它与各个种子 s_j 的相似度 sim（d_i，s_j）。

（4）选取具有最大相似度的种子 argmax sim（d_k，s_j），并将 d_i 划归为以 s_j 为群集中心的簇 c_j，从而构成了 D 的一个新的群集 $C=\{c_1, c_2, \cdots, c_k\}$。

（5）重复此步骤若干次，以得到最为稳定的群集结果。

该方法的执行速度较快，但是必须事先确定 K 的取值，且种子选取的好坏对聚类结果有较大影响。常用的聚类划分方法中，K- 平均算法是划分方法中基于质心技术的一种算法，以 K 为参数，把 n 个对象分为 K 个簇，以使簇内具有较高的相似度，而簇间的相似度较低，相似度的计算根据一个簇内对象的平均值（质心）来计算。K- 平均算法对于孤立点敏感，为消除这种敏感性，不采用簇中对象平均值作为参考点，而选用簇中位置最中心的对象为参考点。

5. 关联分析

关联分析是指从文档集合中找出不同词语之间的关系。两个或两个以上词语之间存在某种规律性，就称为关联。关联分为简单关联、时序关联和因果关联。关联分析的目的是找出文档集合中隐藏的关联网。Feldman 和 Hirsh（1998）研究了文本数据库中关联规则的挖掘中。一般用支持度和可信度两个阈值来度量关联规则，还不断引入兴趣度、相关性等参数，使得所挖掘的规则更符合需求。在关联分析的研究中，关联算法的效率是核心问题，如何提高算法的效率是解决问题的关键。最有影响的算法是 Apriori 算法，其核心方法是基于频集理论的递推方法，它探查逐级挖掘。

6. 分布分析与趋势预测

分布分析与趋势预测是指通过对文档的分析，得到特定数据在某个历史时刻的情况或将来的取值趋势。Feldman 使用多种分布模型对路透社的两万多篇新闻进行了挖掘，得到主题、组织、人、股票交易之间的相对分布，揭示了一些有趣的趋势。

（三）可视化技术

数据可视化（Data Visualization）技术指的是运用计算机图形学和图像处理技术，将数据转换为图形或图像在屏幕上显示出来，并进行交互处理的理论、方法和技术。它涉及计算机图形学、图像处理、计算机辅助设计、计算机视觉及人机交互技术等多个领域。近年来，一批学者对信息可视化技术进行了大量的研究，运用最小张力计算、多维标度法、语义分析、内容图谱分析、引文网络分析及神经网络等技术，进行了信息和数据的可视化表达。①

四、文本挖掘的过程

文本挖掘过程一般从收集文档开始，然后依次为 Stemming（英文）/ 分词（中文）、文本特征提取和文本表示、文本特征选择、模式或知识挖掘、结果评价、知识或模式输出。

（1）文档收集。这个阶段主要是收集与挖掘任务有关的文本数据。

（2）Stemming（英文）/ 分词（中文）。文本数据获得后不能直接对其应用，还需进行适当的处理，原因在于文本挖掘所处理的是非结构化的文本，它经常使用的方法来自自然语言理解领域，计算机很难处理其语义，使得现有的数据挖掘技术无法直接对其应用。这就要求对文本进行处理，抽取代表其特征的元数据，这些文本特征可以用结构化的形式保存，作为文档的中间表示形式，形成文本特征库。对英文文档来说，需进行 Stermming 处理；而对中文文

① 邓远飞，林晓伟 .Web 文本挖掘及可视化 [J]. 价值工程，2018，37（14）：216-218.

档来说，由于中文词与词之间没有固定的间隔符，需要进行分词处理。目前主要存在两种分词技术：基于词库的分词技术和无词典分词技术。对于这两种技术，已有多种成熟的分词算法产生。

（3）文本特征提取和文本表示。文本数据集经过 Stemming（英文）/分词（中文）后有大量文本特征组成，由于并不是每个文本特征对文本挖掘任务都有益，因此，必须选择那些能够对文本进行充分表示的文本特征。在具体应用中，选择何种文本特征由综合处理速度、精度要求、存储空间等方面的具体要求来决定。目前存在多种文本表示模型，其中最经典的就是向量空间模型（Vector Space Model， VSM），该模型认为文本特征之间是相互独立的，因而忽略其依赖性，从而以易理解的方式对文本进行简化表示：$D=\{w_1, w_2, \cdots, w_n\}$，其中 w_k 是文档 D 的第 k 个文本特征词，$1 \leqslant k \leqslant n$。两个文档 D_1 和 D_2 之间内容的相似度 sim（D_1，D_2）可以通过计算文档向量之间的相似性来获得，一般用余弦距离作为相似性的度量方式。

（4）文本特征选择。文本特征提取后形成的文本特征库通常包含数量巨大且冗余度较高的词，如果在这样的文本特征库上进行文本挖掘，效率无疑是低下的，为此，需要在文本特征提取的基础上进行文本特征选择，以便选择出冗余度低又较具代表性的文本特征集。常用的文本特征选择方法有文档频（DF）、互信息（Mutual Information， MI）、信息增益（Information Gain， IG）等，其中应用较多、效果最好的是信息增益法。

（5）模式或知识挖掘。经过文本特征选择之后，就可根据具体的挖掘任务进行模式或知识的挖掘。常用的文本挖掘任务有文本结构分析、文本摘要、文本分类、文本聚类、文本关联分析、分布分析和趋势预测等。

（6）结果评价。为了客观地评价所获得的模式或知识，需要对它们进行评价。现在有很多评价方法，比较常用的有准确率（Precision）和召回率（Recal）。准确率是在全部参与分类的文本中，与人工分类结果吻合的文本所占的比率。其数学公式表示如下：准确率 = 被正确分类的文本数 / 实际参与分类的文本数。召回率是在人工分类结果应有的文本中，与分类系统吻合的文本所占的比率，其数学公式表示如下：召回率 = 被正确分类的文本数 / 应有文本数。对所获取的模式或知识评价，若评价结果满足一定的要求，则保存该模式或知识评价，否则返回以前的某个环节进行分析改进后进行新一轮的挖掘工作。

（7）知识或模式输出。这个阶段主要是输出与具体挖掘任务有关的最终结果。

第五节　语音大数据挖掘

一、语音数据挖掘概述

语音识别以语音为研究对象，它是语音信号处理的一个重要 研究方向，是模式识别的一个分支，涉及生理学、心理学、语言学、计算机科学以及信号处理等诸多领域，甚至还涉及人的体态语言（比如人在说话时的表情、手势等行为动作可帮助对方理解），其最终目标是实现人与机器进行自然语言通信。语音识别系统的分类方式及依据如下：

（1）根据对说话人说话方式的要求，可以分为孤立字语音识别系统、连接字语音识别系统和连续语音识别系统。

（2）根据对说话人的依赖程度可以分为特定人和非特定人语音识别系统。

（3）根据词汇量大小，可以分为小词汇量、中等词汇量、大词汇量以及无限词汇量语言识别系统。不同的语音识别系统，虽然具体实现细节有所不同，但所采用的基本技术相似。

一个典型语音识别系统主要由预处理、特征提取、训练和模式匹配等模块构成，下面就简单介绍这几个模块。

（1）预处理：包括语音信号采样，反混叠带通滤波，去除个体发音差异和设备、环境引起的噪声影响等，并涉及语音识别基元的选取和端点检测问题。

（2）特征提取：用于提取语音中反映本质特征的声学参数，如平均能量、平均跨零率、共振峰等。

（3）训练：在识别之前通过让讲话者多次重复语音，从原始语音样本中去除冗余信息，保留关键数据，再按照一定规则对数据加以聚类，形成模式库。

（4）模式匹配：这是整个语音识别系统的核心，根据一定规则（如某种距离测度）以及专家知识（如构词规则、语法规则、语义规则等），计算输入特征与库存模式之间的相似度（如匹配距离、似然概率），判断出输入语音的语意信息。

在语音识别的研究发展过程中，相关研究人员根据不同语言的发音特点，设计和制作了汉语（包括不同发言）、英语等各类语言的语音数据库，这些语音数据库可以为国内外有关的科研单位和大学进行汉语连续语音识别算法研究、系统设计及产业化工作提供充分、科学的训练语音样本，例如 MIT

Media Lab Speech Dataset（麻省理工学院媒体实验室语音数据集）、Pitch and Voicing Estimates for Aurora2（Aurora 2 语音库的基因周期和声调估计）、用于测试盲源分离算法的语音数据等。现今，大数据的研究逐渐引起学术界和运营商的重视。如何从新技术的开发和应用角度在现有业务系统中引入大数据处理技术，使学术研究的成果转化成实际的商业价值，是值得探索的问题。而音频作为信息表达的基础方式之一，如何从音频信息中获得有商业价值的信息，是大数据研究的重要方向。[①]

二、语音大数据的价值

语音大数据指个人或企业在生产经营活动中产生以音频为载体的信息资源，广泛存在于各类传统呼叫中心、互联网、移动互联网等各类业务系统中。相比以文本为载体的信息，这类信息目前的应用研究还不充分。而在各种语音大数据中，呼叫中心存储的语音数据最具备研究和挖掘价值，可以为企业生产经营活动提供有价值的帮助，语音大数据主要具备以下优点：其一是价值密度高。呼叫中心语音大数据的价值密度高于目前所有已知的大数据资源。因为呼叫中心解决企业在产品运营中的服务问题，包含用户对企业生产经营活动的所有看法、用户在使用企业产品过程中的所有问题，从中可以挖掘出大量有用的信息。其二是使用方便。由于国家政策法规的要求，呼叫中心语音大数据基本都是以一定的格式进行保存，在具体的应用研究中，不存在来源，格式不统一的情况。其三是存在一定的信息标注。呼叫中心语音大数据除音频本身外，还包含其产生的时间、大概主题（来源于呼叫中心的电话小结）、产生者标记（如拨打者和座席服务者）、大概质量评价（如服务完成后用户的评价）等。其四是存在对应的以文本为载体的知识内容对应关系。呼叫中心语音大数据基本都是围绕呼叫中心知识库中存储的服务内容产生的。虽然没有明确定义，但通过记录座席在服务过程中的浏览轨迹，基本能获得其与用户对话过程中的音频与其正在浏览信息之间的一个对应关系，而对这个对应关系的研究还没有开展。

三、语言大数据需要解决的问题

通过对这些以音频形式存在的大数据进行分析和挖掘，可以形成各类新的

① 许元洪，郭琼．数据挖掘技术在语音识别中的应用 [J]. 应用技术学报，2019，19（01）：84-87.

应用。以呼叫中心语音大数据作为具体的实例分析，通过语音大数据分析技术分析语音文件中的关键词、情绪、情感等，通过对这些特征进行统计及专业化分析可以完成以下功能。一是座席预质检：可用于呼叫中心服务质量提升。传统的呼叫中心质检由人工质检完成，具备高级技能的质检人员对呼叫中心每天产生的大量录音进行规制抽取，之后评价每个抽取录音的服务情况，对服务人员提出改进建议。但是由于成本的限制，一般只能做到 0.5%–1% 的抽检率。通过语音大数据挖掘的方法，可获得服务质量不高的服务录音模型，通过这个模型对语音大数据进行预处理，使抽检的准确程度更高，抽检率更高，进而提高呼叫中心的整体服务水平。二是热点信息挖掘：通过对呼叫中心一段时间内的录音文件进行分析和挖掘，可以获得某一个时间段内出现频次最高的关键词或信息概念，得到当前用户所关注的热点问题。三是新产品市场评价：通过对呼叫中心一段时间内的录音文件进行分析和挖掘，可以分析某一个主题下用户关注的内容、反馈，进而得到企业推出新产品的市场评价报告。四是企业形象用户评价分析：通过对企业产品相关音频大数据的分析，可以获得企业所推出产品、整体形象、市场认可、用户评价等统计指标。五是营销机会：呼叫中心在对用户进行服务的过程中，针对用户的需求，可以发现企业经营产品的潜在用户，并可以通过与 CRM 相结合，发现潜在的、新的营销机会。六是竞争情报：呼叫中心语音大数据中，通过有针对性的分析整理，还可以挖掘出有关竞争对手的信息，如用户提到竞争对手的产品功能更完备费用更加低廉等。对于语音大数据的处理技术发展，在业界也处于刚起步的阶段。以上信息的整理、统计、提炼，传统上需要耗费大量的人工时间及经济成本，如果能自动地在录音数据中进行挖掘，哪怕并不十分完备，都将对企业的生产经营活动产生有益影响。目前该领域主要关注的技术有语音大数据信息的实时处理、基于大数据集的语音识别、模型训练、语音文件热点信息感知和知识提取、基于内容理解的音频挖掘等关键技术。如果要达到较好的分析效果，那么各种统计分析所对应的知识体系表达及分析体系也需要建立，面向应用的知识本体表达和研究也需要建立并进行应用完善。

四、语音大数据开发技术

（一）语音识别技术基本方法

一般来说，语音识别的方法有三种：基于声道模型和语音知识的方法、模板匹配的方法以及利用人工神经网络的方法。

（1）基于语音学和声学的方法。基于语音学和声学的方法起步较早，在语音识别技术提出的开始，就有了这方面的研究，但由于其模型及语音知识过于复杂，现阶段没有达到实用的阶段。通常认为常用语言中有有限个不同的语音基元，而且可以通过其语音信号的频域或时域特性来区分。这样该方法分为两步实现：一是分段和标号。把语音信号按时间分成离散的段，每段对应一个或几个语音基元的声学特性。然后根据相应声学特性对每个分段给出相近的语音标号。二是得到词序列。根据第一步所得语音标号序列得到一个语音基元网格，从词典得到有效的词序列，也可结合句子的文法和语义同时进行。

（2）模板匹配的方法。模板匹配的方法发展比较成熟，目前已达到了实用阶段。在模板匹配方法中，要经过四个步骤：特征提取、模板训练、模板分类、判决。常用的技术有三种：动态时间规整（DTW）、隐马尔可夫（HMM）理论、矢量量化（VQ）技术。一是动态时间规整（DTW）。语音信号的端点检测是进行语音识别中的一个基本步骤，它是特征训练和识别的基础。所谓端点检测就是在语音信号中的各种段落（如音素、音节、词索）的始点和终点的位置，从语音信号中排除无声段。在早期，进行端点检测的主要依据是能量振幅和过零率，但效果往往不明显。20 世纪 60 年代日本学者 Itakura 提出了动态时间规整算法。动态时间规整 DTW（Dynamic Time Warping）曾经是语音识别的一种主流方法。其思想是：由于语音信号是一种具有相当大随机性的信号，即使相同说话者对相同的词，每一次发音的结果都是不同的，也不可能具有完全相同的时间长度。因此在与已存储模型相匹配时，未知单词的时间轴要不均匀地扭曲或弯折，以使其特征与模板特征对正。用时间规整手段对正是一种非常有力的措施，对提高系统的识别精度非常有效。动态时间规整是一个典型的优化问题，它用满足一定条件的时间规整函数描述输入模板和参考模板的时间对应关系，求解两模板匹配时累计距离最小所对应的规整函数。二是隐马尔可夫法（HMM）。HMM 框架作为一种统计分析模型，创立于 20 世纪 70 年代，80 年代得到了传播和发展，成为信号处理的一个重要方向，现已成功地用于语音识别、行为识别、文字识别以及故障诊断等领域[①]。隐马尔可夫法是 20 世纪 70 年代引入语音识别理论的，它的出现使得自然语音识别系统取得了实质性的突破。HMM 方法现已成为语音识别的主流技术，目前大多数大词汇量、连续语音的非特定人语音识别系统都是基于 HMM 模型的。隐马尔可夫模型是马尔可夫链的一种，它的状态不能直接观察到，但能通过观测向量序列观察到，每

① 袁冰清，于淦，周霞. 浅说语音识别技术 [J]. 数字通信世界，2020（02）：43-44，18.

个观测向量都是通过某些概率密度分布表现为各种状态，每一个观测向量是由一个具有相应概率密度分布的状态序列产生，所以隐马尔可夫模型是一个双重随机过程。一个是用具有有限状态数的 Markov 链来模拟语音信号统计特性变化的隐含的随机过程，另一个是与 Markov 链的每一个状态相关联的观测序列的随机过程。前者通过后者表现出来，但前者的具体参数是不可测的。HMM 合理地模仿了这一过程，很好地描述了语音信号的整体非平稳性和局部平稳性，是较为理想的一种语音模型。三是矢量量化（VQ）。矢量量化（Vector Quantization）是一种重要的信号压缩方法。与 HMM 相比，矢量量化主要适用于小词汇量、孤立词的语音识别中。其过程是：将语音信号波形的 k 个样点的每一帧，或有 k 个参数的每一参数帧，构成 k 维空间中的一个矢量，然后对矢量进行量化。量化时，将 k 维无限空间划分为 M 个区域边界，然后将输入矢量与这些边界进行比较，并被量化为“距离”最小的区域边界的中心矢量值。矢量量化器的设计就是从大量信号样本中训练出好的码书，从实际效果出发寻找到好的失真测度定义公式，设计出最佳的矢量量化系统，用最少的搜索和计算失真的运算量，实现最大可能的平均信噪比。核心思想可以这样理解：如果一个码书是为某一特定的信源而优化设计的，那么由这一信息源产生的信号与该码书的平均量化失真就应小于其他信息的信号与该码书的平均量化失真，也就是说编码器本身存在区分能力。在实际的应用过程中，人们还研究了多种降低复杂度的方法，这些方法大致可以分为两类：无记忆的矢量量化和有记忆的矢量量化。

（3）神经网络的方法。人工神经网络（Artificial Neural Network，ANN）是模拟生物神经系统的组织结构、处理方式和系统功能的简化系统，是人工智能的一个分支，是一门始于 20 世纪 40 年代的新兴交叉学科。众所周知，人类大脑是思维活动的物质基础，而思维是人类智能的集中体现。长期以来，人们试图了解人脑的工作机理从而模仿人脑的功能。人工神经网络就是这样一类由大量处理单元（神经元）广泛互连而成的网络，是对人脑的抽象、简化和模拟，试图反映人脑的基本特性。利用人工神经网络的方法是 20 世纪 80 年代末期提出的一种新的语音识别方法。人工神经网络本质上是一个自适应非线性动力学系统，模拟了人类神经活动的原理，具有自适应性、并行性、鲁棒性、容错性和学习特性，其强大的分类能力和输入 - 输出映射能力在语音识别中都很有吸引力。但由于存在训练、识别时间太长的缺点，目前仍处于实验探索阶段。由于 ANN 不能很好地描述语音信号的时间动态特性，所以常把 ANN 与传统识别方法结合，分别利用各自优点来进行语音识别。

（二）基于语音识别进行语音大数据分析的关键技术

（1）文本转写。即语音、音频信息转换文本的过程是所有分析的基础。语音识别文本转写的准确程度与语言模型密切相关，需要完成具体所涉及的专有名词、术语的语料素材收集，并在此基础上构建有针对性的语言模型。

（2）关键词提取。从本质上看这项功能与文本转写十分类似，但为了提高处理速度及准确性，系统可以只完成一些配置的关键词，只针对这些关键词的出现位置（时间点）、频次进行统计，并不需要进行完整的文本转写。

（3）声纹识别。需要完成语音大数据中不同角色的区隔，与文本转写相结合，可以在区分对话者的基础上，了解不同对话者的对话内容。声纹识别技术具体的应用还有说话者确认、说话者辨认等。

（4）语音情绪识别。根据目前的研究结果，基音频率可以作为识别情绪的主要声学特征，其他的一些特征还包括能量、持续时间、语速等。综合来说，情绪对语音的影响主要表现在基音曲线、连续声学特征、语音品质 3 个方面。这 3 种语音品质的类型在某种程度上是相关的。在相对理想的条件下，语音情绪识别涉及的各类参数都是可测量的，可以对底层的语音识别引擎功能模块进行独立封装，这样业务系统在获得各类参数后就可以进行标准计算，获得业务系统所需的基础数据。

（5）语义理解。事实上一方面把语义理解技术作为语音识别技术的一个子集并不合适，这里为了面向业务应用语音大数据处理体系架构的完善，把其归为实现语音大数据的一个环节。另一方面，在文本转写的过程中，为了实现较高的转写准确程度，已经应用了基本的语义理解技术，实现连续语音的准确识别。在语音大数据的开发过程中，为了准确地挖掘出语音大数据的特征，必须有面向业务领域的语义理解技术，以解决针对同一对象的不同描述问题，即解决特征的归类和聚类问题。

（三）面向语音大数据的技术处理架构

业界针对海量数据进行处理的技术架构已经进行了充分研究，并有大量实践案例。从技术特征来看主要分为两个层次，一个是面向海量数据的操作，应用系统如何对大数据集进行面向业务应用的底层数据操作、存储、归并、清洗、转化；另一个是如何应用先进技术发现大数据的特征价值，其可以与第一个层次有限度融合，也可以在第一个层次基础上针对已经形成的数据集进行处理，处理结果是方便业务系统进行调用、查询、展现，或分析系统更有效地提取数据特征，进行相应的分析。我们关注在语音大数据中如何发现业务系统所需的特征，挖掘大数据中的价值。此构架的思路，是把语音识别技术（含语义理解及文本挖掘技术等）细分并模块化，通过定义针对语音信息的处理目标定义，使其能服务于业务需求，并适应大数据的处理架构。从体系架构上来说，其可分为五大部分。一是语料部分：分为语料资源库及服务资源库，存储语音识别的语言模型及语义理解特征提取、语义聚类、语义归类所需的行业语料。二是基础能力层：语音识别及语义理解的细分模块，提供标准的输入输出调用接口及相应参数定义。三是能力组合层：把能力层的语音识别、语义理解各类细分能力模块分别组合，形成不同的标准调用服务接口，针对特定的服务打包特定的能力。四是业务封装层：适应各类调用需求、访问方式的再封装。五是调用管理部分：整体平台对外提供能力的管理及维护。六是架构的核心：即把语音大数据需要处理的各类基础能力进行模块化区分，并定义各类模块化对外服务接口，使语音大数据的处理更加面向应用的软件系统、分析系统的业务需求，使大数据中蕴含的价值能被充分挖掘。需要说明的是，语义理解技术在大数据挖掘中也是核心技术，事实上单纯的语音识别技术如果不与语义理解技术进行充分融合，语音大数据挖掘及应用的效果将大打折扣。

第六节　图像识别与分析

一、图像识别技术概述

图像识别技术是人工智能中的一个重要领域，为了编制模拟人类图像识别活动的计算机程序，人们提出了不同的图像识别模型。图像识别技术兴起的时间并不长，智能化图像识别技术是近年才逐渐发展起来的一门学科。对图像中一个特征进行分析，能够分辨出图像中的一些内容并进行理解，这就是图像识别技术。其本质就是通过传感器，将光或波等信息转化为电信息。信息可以是二维的图像，如文字、图像可以是一维的波形，如声波、心电图、脑电图；也可以是物理量与逻辑值。结构、统计和神经网络法分别是图像识别软件技术的三种方法，这三种方法都有自身的特点，在图像识别技术实际的运用当中，根据自身所需来选择相对应的方法。图像识别在计算机中的过程非常的复杂，这个时候我们经常选择统计法，利用统计法建立起一个模型，对图像中出现的元素进行统计，并分析其中的规律来分辨识别图像上的内容，但是统计法还是有一定的局限性，所以就延伸地发展出了结构法，完善了图像的识别技术，使得此技术能更为广泛地运用。在近年来又发展出了一种新的方法就是神经网络法，基于模拟人体神经的特点，能够识别非常困难复杂的图像，因为基于人脑的特点，该种方法由一定的智能性，目前图像识别采取的主要方法就是神经网络。总的来说，人们已经认识到图像识别技术在国民经济和军事等各领域的重要性，但图像识别智能化的发展还需要更多的研究与发展。①

二、图像识别的两个阶段

图像识别分为初级和高级阶段两个阶段。

（一）初级阶段

在这个阶段，用户主要是借助图像识别技术来满足某些娱乐化需求。例如，百度魔图的“大咖配”功能可以帮助用户找到与其长相最匹配的明星，Facebook 研发了根据相片进行人脸匹配的 DeepFace；雅虎收购的图像识别公司 IQ Engine 开发的 Glow 可以通过图像识别自动生成照片的标签以帮助用户管理手机上的照片。这个阶段还有一个非常重要的细分领域—光学字符识别，是指光学设备检查纸上打印的字符，通过检测暗、亮的模式确定其形状，然后用字符识别方法将形状翻译成计算机文字的过程，就是计算机对文字的阅读。语言和文字是我们获取信息最基本、最重要的途径。在比特世界，我们可以借助互联网和计算机轻松地获取和处理文字。但一旦文字以图片的形式表现出来，就对我们获取和处理文字平添了很多麻烦。这一方面表现为数字世界中由于特定原因被存储为图片格式的文字；另一方面是我们在现实生活中看到的所有物理形态的文字。所以我们需要借助 OCR 技术将这些文字和信息提取出来。另外，图像识别技术仅作为我们的辅助工具存在，为我们自身的人类视觉提供了强有力的辅助和增强，带给了我们一种全新的与外部世界进行交互的方式。我们可以通过搜索找到图片中的关键信息；可以随手拍下一件陌生物体而迅速找到与之相关的各类信息；可以将潜在搭讪对象拍下提前去她的社交网络了解一番；也可以将人脸识别作为主要的身份认证方式。这些应用虽然看起来很普通，但当图像识别技术渗透到我们行为习惯的方方面面时，我们就相当于把一部分视力外包给了机器，就像我们已经把部分记忆外包给了搜索引擎一样。这将极大改善我们与外部世界的交互方式，此前我们利用科技工具探寻外部世界的流程可以这样进行：人眼捕捉目标信息、大脑将信息进行分析、转化成机器可以理

① 朱孝山，刘伟伟 . 计算机图像识别技术及应用分析 [J]. 数码世界，2020（09）：7-8.

解的关键词、与机器交互获得结果。而当图像识别技术赋予了机器“眼睛”之后，这个过程就可以简化为人眼借助机器捕捉目标信息、机器和互联网直接对信息进行分析并返回结果。图像识别使摄像头成为解密信息的钥匙，我们仅需把摄像头对准某一未知事物，就能得到预想的答案。就像百度科学家余凯所说，摄像头成为连接人和世界信息的重要人口之一。

（二）高级阶段

目前的图像识别技术是作为一个工具来帮助我们与外部世界进行交互，只为我们自身的视觉提供了一个辅助作用，所有的行动还需我们自已完成。而当机器真正具有了视觉之后，它们完全有可能代替我们去完成这些行动。目前的图像识别应用就像是盲人的导盲犬，在盲人行动时为其指引方向；而未来的图像识别技术将会同其他人工智能技术融合在一起并成为盲人的全职管家，不需要盲人进行任何行动，而是由这个管家帮助其完成所有事情。图像识别技术还决定着人工智能中机器视觉，《人工智能：一种现代方法》这本书中提到，在人工智能中，感知是通过解释传感器的响应而为机器提供它们所处的世界的信息，其中它们与人类共有的感知形态包括视觉、听觉和触觉，而视觉最为重要，因为视觉是一切行动的基础。Chris Frith 在《心智的构建》中也提到，我们对世界的感知不是直接的，而是依赖于“无意识推理”，也就是说在我们能感知物体之前，大脑必须依据到达感官的信息来推断这个物体可能是什么，这构成了人类最重要的预判和处理突发事件的能力。而视觉是这个过程中最及时和准确的信息获取渠道，人类感觉信息中的 80% 都是视觉信息。机器视觉之于人工智能的意义就是视觉之于人类的意义。更重要的是，在某些应用场景，机器视觉比人类的生理视觉更具优势，它更加准确、客观和稳定。人类视觉有着天然的局限，我们看起来能立刻且毫无费力地感知世界，而且似乎也能详细生动地感知整个视觉场景，但这只是一个错觉，只有投射到眼球中心的视觉场景的中间部分，我们才能详细而色彩鲜明地看清楚。偏离中间大约 10 度的位置，神经细胞更加分散并且智能探知光和阴影。也就是说，我们视觉世界的边缘是无色、模糊的。因此，我们才会存在“变化盲视”，才会在经历着多样事物发生时，仅仅关注其中一样，而忽视了其他样事物的发生，而且不知道它们的发生。而机器在这方面就有着更多的优势，它们能够发现和记录视力所及范围内发生的所有事情。比如应用最广的视频监控，传统监控需要有人在电视墙前时刻保持高度警惕，然后再通过自己对视频的判断来得出结论，但这往往会因为人的疲劳、视觉局限和注意力分散等原因影响监控效果。但有了成熟的图像识别技术之后，再加以人工智能的支持，计算机就可以自行对视频进行分析和判断，发现异常情况直接报警，带来了更高的效率和准确度；在反恐领域，借助机器的人脸识别技术也要远远优于人的主观判断。许多科技巨头也开始了在图像识别和人工智能领域的布局， Facebook 签下的人工智能专家 Yann LeCun 最重大的成就就是在图像识别领域，其提出的 LeNet 为代表的卷积神经网络，在应用到各种不同的图像识别任务时都取得了不错效果，被认为是通用图像识别系统的代表之一；Google 借助模拟神经网络“助模拟神经网络”，在通过对数百万份 YouTube 视频的学习自行掌握了猫的关键特征，这是机器在没有人帮助的情况下自己读懂了猫的概念。值得一提的是，负责这个项目的 Andrew NG 已经转投百度领导百度研究院，其一个重要的研究方向就是人工智能和图像识别。这也能看出国内科技公司对图像识别技术以及人工智能技术的重视程度。

三、图像识别过程

图像处理即图像识别过程，主要包括图像采样、图像增强、图像复原、图像编码与压缩和图像分割。第一是图像采样。图像采样是数字图像数据提取的主要方式。数字图像主要是借助于数字摄像机、扫描仪、数码相机等设备经过采样数字化而得到的图像。一些动态图像也可以将其转为数字图像，并将其文字、图形、声音一起存储在计算机内，显示在计算机的屏幕上。图像采样是将一个图像变换为适合计算机处理的形式的第一步。第二是图像增强。在成像、采集、传输、复制等过程中，图像的质量或多或少都会存在一定的退化，数字化后的图像视觉效果不是十分令人满意。为了突出图像中感兴趣的部分，使图像的主体结构更加明确，必须对图像进行改善，即图像增强。图像增强可以减少图像中的噪声，改变原来图像的亮度、色彩分布、对比度等参数。图像增强提高了图像的清晰度、图像的质量，使图像中物体的轮廓更加清晰，细节更加明显。图像增强不考虑图像降质的原因，增强后的图像更加赏心悦目，为后期的图像分析和图像理解奠定基础。第三是图像复原。图像复原也称为图像恢复。在获取图像时，环境噪声的影响、运动造成的图像模糊、光线的强弱等都会使图像模糊，为了提取比较清晰的图像需要对图像进行恢复。图像恢复主要采用滤波方法从降质的图像恢复原始图像。图像复原的另一种特殊技术是图像重建，该技术是从物体横剖面的一组投影数据建立图像的。第四是图像编码与压缩。数字图像的显著特点是数据量庞大，需要占用相当大的存储空间。但基于计算机的网络带宽的大容量存储器无法进行数字图像的处理、存储、传输。为了能快速方便地在网络环境下传输图像或视频，必须对图像进行编码和压缩。目前，图像压缩编码已形成国际标准，如比较著名的静态图像压缩标准 JPEG，该标准主要针对图像的分辨率、彩色图像和灰度图像，适用于数码相片、彩色照片等的网络传输。由于视频可以被看作一幅幅不同的但有紧密联系的静态图像的时间序列，动态视频的单帧图像压缩可以应用静态图像的压缩标准。图像编码压缩技术可以减少图像的冗余数据量和存储器容量，提高图像传输速度，缩短处理时间。第五是图像分割。图像分割是把图像分成一些互不重叠且又具有各自特征的子区域，每一区域都是像素的一个连续集，这里的特征可以是图像的颜色、形状、灰度和纹理等。图像分割根据目标与背景的先验知识，将图像表示为物理上有意义的连通区域的集合，即对图像中的目标、背景进行标记、定位，然后把目标从背景中分离出来。目前，图像分割的方法主要有基于区域特征的分割方法、基于相关匹配的分割方法和基于边界特征的分割方法。采集图像时会受到各种条件的影响，这会使图像变得模糊、有噪声干扰，从而使图像分割变得困难。在实际的图像分割中，需要根据景物条件的不同选择适合的图像分割方法。图像分割为图像分析和图像理解奠定了基础。

第七节 空间数据挖掘

一、空间数据挖掘概述

空间数据挖掘（Spatial Data Mining，SDM），也称基于空间数据库的数据挖掘和知识发现（Spatial Data Mining and Knowledge Discovery），作为数据挖掘的一个新的分支，是指从空间数据库中提取隐含其中、事先未知、潜在有用、最终可以理解的空间或非空间的一般知识规则的过程。因此空间数据挖掘就是在空间数据库的基础上，综合利用统计方法和智能算法从大量含有噪声、不确定性的空间数据中提取人们可信的、新颖的、感兴趣的、隐藏的、事先未知的、潜在有用的和最终可理解的知识，揭示蕴含在数据背后的客观世界的本质规律、内在联系和发展趋势，实现知识的自动获取，为决策提供不同层次的知识依据。可见空间数据挖掘和知识发现的过程大致可分为以下多个步骤：数据准备、数据选择、数据预处理、数据缩减或者数据变换、确定数据挖掘目标、确定知识发现算法、数据挖掘、模式解释、知识评价等，而数据挖掘只是其中的一个关键步骤。[①] 但是为了简便，人们常常用空间数据挖掘来代替空间数据挖掘和知识发现。空间数据挖掘具有以下基本特性。

（1）空间数据挖掘的目的在于从空间数据库或空间数据仓库中提取事先未知且潜在的有用的空间规则、概要关系、摘要数据特征、分类概念描述或偏差检测等知识，是一种决策支持过程，尚有含噪声、信息冗余和数据量超大等技术难点需要解决。

（2）空间数据挖掘的数据源是真实的、大量的、含噪声的，早已以电子形式存储在空间数据库中。原始空间数据可以是结构化的数据，如关系数据库中的数据，也可以是半结构化的数据，如文本数据、图形数据、图像数据以及分布在网络上的异构型数据。数据源支持相应的发现，但发现的知识是隐含的，事先并不知道。

（3）空间数据挖掘是发现而不是证明。发现是自动的或至少是在计算机辅助下的交互半自动的。发现知识的方法可以是数学的，也可以是非数学的；可以是演绎的，也可以是归纳的。空间数据挖掘的多个步骤之间互相影响、反复调整、螺旋上升，从数据集中挖掘以模式来表示的知识。

（4）空间数据挖掘所发现的知识都是面向具体领域的，具有特定的前提约束条件和相对性。不要求发现放之四海皆准的知识，也不是要去发现崭新的科学定理或纯数学公式，仅支持特定的空间问题。发现得到的是人们感兴趣的非外在存储的知识、空间关系或其他有兴趣知识，同时还要易于接受、理解和应用，最好能够用包括自然语言在内的多种方式表示发现的过程和结果。发现的空间知识可以被用于信息管理、查询优化、决策支持和过程控制等，还可以用于数据自身的维护。例如为理解土地利用数据，发现土地利用的规律、模式和空间对象之间的关系，整合土地利用数据库，优化空间查询，为实现土地资源管理和决策的智能化、集成化等提供知识指导和保障。

二、空间数据的分类

空间数据主要分为四种类型：空间数据、地图上的空间数据、坐标系统和空间参照系统。

① 杜珍应，唐文学，邓科．空间数据的挖掘技术及其应用研究[J]．工程技术研究，2018(06)：67-68.

（一）空间数据

空间数据是指用于描述有关空间实体的位置、形状和相互关系的数据，以坐标和拓扑关系的形式存储。空间数据具有定位、定性、时间和空间关系等特性。定位是指实体在一个坐标系里所具有的唯一空间位置；定性是描述实体的地理位置及其所具有的自然属性，例如，对地籍图定性描述的属性有地籍边界、地籍面积、类别、产权所有人等信息；时间是指实体伴随着时间的变化而变化，如汽车的运行轨迹随时间的变化而变化；空间关系是指空间实体与实体之间的关系，通常一般用拓扑关系表示。空间数据一般用点、线、面等基本的数据结构来表示。SQL Server 通过引入新的空间数据类型提供对地理数据的支持，可以使用空间数据类型字段来存储和操作基于位置的信息。SQL Server 对空间数据的支持，可以帮助用户通过分析基于地理的位置数据来做出更好的决策。

（二）地图上的空间数据

空间数据提供了以实体地理位置为基础的信息，使它能在不同领域得到广泛的应用，如测绘、卫星定位、车辆监控、航空航天、交通运输、土地勘探等众多行业领域。地图上的空间对象是很复杂且不规则的对象，根据地图的应用领域不同，又可将地图分为很多种类，如行政区域规划图、交通运输图、地籍图、旅游图、土地规划图等，不同类别的地图，空间对象的定性描述有很大的区别，但无论何种地图，其空间对象都是由点（Point）、线（Line String）和面（Polygon）三种基本的几何图形构成。一般用点表示一个小的空间实体对象，用线或线的组合表示道路、桥梁、边界等，用面表示空间上的　块几何区域，如群岛、湖泊、厂、学校等。

（三）坐标系统

常用的坐标系统为地理坐标系统（Geographic Coordinate System，GCS）和投影坐标系统（Projected Coordinate System，PCS）。地理坐标系统用一个三维的球面来确定实体在地球上的位置，地理坐标由经度、纬度、高程构成。地理坐标系统与选择的地球椭球体和大地基准面有关。椭球体定义了地球的形状，而大地基准面确定了椭球体的中心。投影坐标系统是根据某种映射关系，将地理坐标系统中由经度、纬度和高程确定的三维球面坐标投影到二维的平面上所使用的坐标系统，投影坐标也就是我们熟悉的笛卡儿坐标。在 PCS 坐标系统中，点的位置是由（x，y）坐标来确定的。由于投影坐标是将球面展开在平面上，因此不可避免地会产生长度变形、角度变形以及面积变形。通常情况下投影转换都是在保证某种特性不变的情况下牺牲其他属性。

（四）空间参照系统

空间参照系统（Spatial Reference System）是确定地理目标平面位置和高程的平面坐标系的统称。平面坐标系统分为国家坐标系统和独立坐标系统；高程系统分为国家高程系统和地方高程系统。假设给一个坐标（442281.875，4422651.589），如果不给空间参考系统，那么可能根本不知道这个点在哪里，这样就会给地理信息系统（GIS）应用带来困难。因此说没有空间参考的地理数据都是没有实际意义的。如果确定了空间参考系统是WGS-84（World Geodetic System-1984 Coordinate System）坐标系下的UTM50投影坐标系，那么就可以由投影坐标系的平面坐标转换为地理坐标的经纬度，知道这个点是在哪个城市。UTM投影系统是美国编制世界各地军用地图和地球资源卫星图片所采用的投影系统。

三、空间数据挖掘过程

空间数据挖掘从数据到知识，历经数字、空间数值、空间数据、空间信息和空间知识，是一个逐渐升华的技术过程，这些基本概念之间既相互区别，又相互联系。长期以来，有些空间数据挖掘的概念及其不同的定义，已在很多著作、文献中被讨论和研究。可是由于空间数据挖掘是交叉学科，不同的学科站在不同的角度，定义了很多不同的概念和含义。例如，数据、信息和知识及其关系的研究。但是，这些学者都是针对各自不同的专业领域提出的不同的理解，有些并不一定完全适合空间数据挖掘。本书立足于地球空间信息科学，将这一领域进行扩展，重点研究现实世界、概念、数据、空间数值、空间数据、空间信息和空间知识等概念之间的演变历程。数据库系统中的现实世界是指客观存在的事物及其相互间的联系，一个客观存在并且可以识别的事物称为个体。每个个体都有自己的特点，用于区别于其他个体，例如地块有编号、面积、权属等。概念世界是现实世界在人脑中的反应，是对客观事物及其联系的一种抽象描述。它不是现实世界的简单记录，而是要经过选择、命名、分类等抽象过程产生概念模型，概念模型是现实世界到计算机世界必然经过的中间层次。数据库中的数据是有结构的，这种结构用数据模型表示。数据模型将概念世界中的实体与实体之间的联系进一步抽象成便于计算机处理的方式。空间数据挖掘的基础是空间数据库系统，土地利用数据挖掘的基础则是土地利用的专题空间数据库系统。数据挖掘的过程是从计算机世界的数据中抽取蕴含的知识，这些知识可以用自然语言来描述，易于被人类所理解，有些知识还可以进一步用可视化技术进行表达，其结果更具有形象性。在一定程度上说，这是现实世界知识的抽象化表达，这个表达不是直接来源于现实世界，而是在数据库系统的基础上通过挖掘得到的结果。因此空间数据挖掘是空间数据库系统建设的逆过程，而这个逆过程的结果是更高层次的知识（对应于概念）和抽象的可视化成果（对应于现实世界）。数据挖掘的机理是基于不同视角的“数据→概念→知识”视图，而空间知识则是各级的“类和离群”，或者“规则 / 决策加例外”。当从空间数据中发现知识时，首先从空间数据抽象出对应的空间概念，其次在概念空间中总结初步的空间特征，最后于特征空间内归纳出空间知识。透过纷繁复杂的表象，更准确地区分差别。如果概念层次上升，则从微观逐步到宏观，知识模板上升到抽象级别或更高的知识层次。①

可见空间数据挖掘机理“数据→概念→知识决策（规则 / 决策）”揭示了人类由个别到一般，从具体到抽象，既统揽全局又抓住本质，既深入基层又把握重点的认知规律，对于空间数据挖掘具有一般性的理论指导意义。面向土地用途分区的空间数据挖掘，其实质是在现有的土地数据库中挖掘相关领域的知识或者为领域应用提供决策，从一定意义上说，它是从数据库中挖掘知识和规律，挖掘的知识是需要能被人所理解的，因此可以认为空间数据挖掘是数据库设计的逆过程。但是这一过程不是简单的重复，而是在层次上有所提高，如数据库范畴里面的概念更多与现实世界的概念相似，而数据挖掘的结果则是知识。因此有必要对数据库和知识挖掘做以下对比。空间数据挖掘是一个通过人机交互来理解数据的过程。系统在执行这些基本过程时可以通过系统界面与用户进行交互，也可以与知识库进行交互，将有趣的规则或模式决策提供给用户或作为新的知识存入知识库中。因此，从一定程度上说空间数据挖掘与传统数据挖掘一样，具有如下几个基本过程：数据选取、集成与清理、数据转换、空间数据挖掘、知识评价和知识解释等阶段。

（1）数据选取、清理与集成。从空间数据库中检索出与分析任务相关的数据，将多种数据源按照主题组合在一起，清除原始数据中噪声或不一致的数据，处理缺值或丢失数据等，并定义感兴趣的对象及其属性数据。

（2）数据转换。通过数据转换或降维技术进行特征提取，使其转换成适合挖掘的数据。

---

① 贾泽露，刘耀林．可视化空间数据挖掘研究综述 [J]. 地理空间信息，2009，7（06）：10-15.

（3）空间数据挖掘。空间数据挖掘是整个过程中的核心，根据空间数据挖掘任务的目标，通过选择传统的或智能计算方法，或对这些方法进行集成，确定参数，从数据库中提取任务相关的规则或决策方案，使用产生式规则或可视化等手段向用户提供挖掘的知识。

（4）知识、决策评价。根据领域应用需求针对某种感兴趣的规则进行度量，识别真正有趣的模式。

（5）知识理解。用户对挖掘的知识和模式进行解译并理解，判断结果是否满意，如若不满意，则返回前面的阶段重新开始挖掘任务，直至满意为止。在数据挖掘任务中这几个过程并非按照预定顺序执行，而是根据挖掘的结果不断进行循环往复的过程。

四、空间数据挖掘的方法

数据挖掘汇集了来自数据库、人工智能、模式识别、机器学习以及统计学等各学科的成果。空间数据挖掘作为数据挖掘的一个分支，不仅涵盖了数据挖掘常用的方法，如人工神经网络、遗传算法、专家系统、贝叶斯网络、决策树、粗糙集和统计方法等，也具有云理论、数字图像分析和模式识别等特有的挖掘算法。

（一）人工神经网络

人工神经网络（Artificial Neural Network）是一种通过训练来学习的非线性预测模型，可以完成分类、聚类和特征采掘等多种数据挖掘任务。它是由大量处理单元互联组成的非线性、自适应信息处理系统，这些神经元具有较强的适应能力，并且可以相互连接形成网络。通过调整各个神经元之间的连接权值，人工神经网络具有对经验知识进行学习的能力，还可以运用这些知识模拟生物神经系统，对真实世界做出交互反应。人工神经网络的研究在许多领域已经取得了一定的进展和成果，提出了大量的神经网络模型和学习算法。常用的神经网络模型有前向型神经网络、反馈型神经网络、随机型神经网络和自组织映射神经网络等。当确定神经网络的模型结构后，关键是要设计一个学习速度快、收敛性好的学习算法，以便得到最好的输出结果。

（二）遗传算法

遗传算法（Genetice Algorithm）是一种迭代式的优化方法，基于生物遗传和进化的概念来设计一系列的基因组合、交叉、变异和自然选择等过程达到优化的目的。它强调了自然演变的某些方面在优化选择研究中的应用。遗传算法将生存竞争、适者生存和遗传继承等自然规律进行建模，然后依靠这些模型来模拟实际问题，通过遗传优化搜索来获取研究问题的最优解。由于遗传算法具有简单性和通用性等特点，所以在机器学习、人工生命、优化神经网络模拟进化和元胞自动机等科学研究领域得到了广泛的应用。

（三）专家系统

专家系统（Expert System）是人工智能在信息系统领域的应用。通过研究和模拟有关领域专家的推理思维过程，它将专家的知识和经验以知识库的形式存储，并根据这些知识对输入的原始数据集进行复杂推理，做出判断和决策，从而起到领域专家的作用。专家系统的主要功能取决于大量的知识，所以设计专家系统的关键是知识的表达和运用。专家系统具有三个基本特征：①知识的表达必须由该领域专家决定；②推理过程使用通用的专家规则；③推理过程是稳定不变的。随着专家系统理论的不断完善、应用领域的不断拓宽，专家系统逐渐成为数据挖掘领域最重要的方法之一，从而促进了计算机从求解数值问题向求解非数值问题方向的转变。

（四）贝叶斯网络

贝叶斯网络（Bayesian Network）是基于概率的不确定性推理，发现数据间潜在的、隐含的关系。它是一种概率网络，能够表示数据之间关联关系的概率和因果关系。贝叶斯网络由节点和连接节点的有向边组成，节点表示数据（集），有向边表示数据之间的因果关系、潜在关系或依赖关系，计算时用概率来表示有向边，用概率分布来实现规则学习和规则推理。在数据挖掘的研究中，贝叶斯网络可以用于因果推理、分类分析和聚类分析。贝叶斯网络可以处理不完整和带有噪声的数据集，它用概率测度的权重来描述数据间的相关性，从而解决数据间的不一致性和独立性。

（五）决策树

决策树（Decision Tree）是解决实际应用中有关分类问题的数据挖掘方法，它是从一组无规则、无次序的数据集中推导出以树形式表示的分类规则。决策树从树的根节点出发，在节点位置进行某项属性值的比较，根据比较结果的不同选择对应的分支，不断重复这个过程，直至到达叶节点处。每个叶节点代表的就是一个分类的类别，而从根节点到叶节点的一条路径，就是一条决策规则，通常也称为分类模型或分类器。经典的决策树方法有 CLS、ID3.0 以及 C5.0 等。

决策树方法具有很好的普遍性，只要待分类的数据集可以使用规则集进行分类，就可以使用决策树方法。

（六）粗糙集

粗糙集（Rough Set）理论是波兰的帕夫拉克（Pawlak）教授于1982年提出的一种智能数据决策分析工具，可以对不完整数据进行分析、推理、学习和发现。它由确定的数据公式描述，所以数据集中含糊元素的数目是可以计算的，即可以计算真假二值间的含糊度。粗糙集理论的主要特点在于其反映了人们用不完全信息或知识去处理一些不分明现象的能力，或依据观察、度量得到的某些不精确的结果进行数据分类的能力。由于粗糙集理论创建的目的和研究的出发点是直接对数据进行分析和推理，从中发现隐含的知识，揭示潜在的规律，因此它是一种天然的发现知识的方法，在数据挖掘领域有很广泛的应用。

（七）统计方法

统计学是一门收集、整理和组织数据，并从这些数据集中得出结论的科学。统计方法是从事物外在数量上的表现来推断该事物可能存在的规律。重要的规律性一般隐藏在数据的深处，最初只能从其数量表现上找出线索，然后提出一定的假说或猜想，做进一步深入的理论研究加以验证，才能获取事物的规律。统计分析是为数据挖掘制定的一套方法论。从一元到多元的数据分析，统计学为数据挖掘提供了大量的、不同类型的分析技术和算法，例如统计推断、统计预测、回归分析、方差分析和相关分析等。

（八）云理论

云理论由李德毅院士于1995年提出，是一种用于处理不 确定性因素和定性概念中广泛存在的随机性和模糊性的一种新理论。云理论包括云模型、云发生器、虚拟云云变换和云不确定性推理等主要内容，它将模糊性和随机性相结合，解决了模糊集理论中隶属函数概念的固有缺陷，为空间数据挖掘中定量与定性相结合的处理方法奠定了基础。运用云理论进行空间数据挖掘，可以进行概念和知识的表达定量和定性转化、概念的综合和分解、不确定性推理和预测等工作。

（九）数字图像分析和模式识别方法

图形图像数据是空间数据库的一个重要组成部分，对图像数据库进行数据挖掘可以认为是一种数字图像处理的方法。它们之间也有一定的区别：数据挖掘的研究对象是海量数据，而图像处理通常只关注于单个或者几个图像的分析。

GIS 数据库中含有大量的图形图像数据，一些图像分析和模式识别方法可直接用于挖掘数据和发现知识，或作为其他挖掘方法的预处理方法。[①]

五、空间数据挖掘的步骤

数据挖掘是一个循环的、多步骤的机器学习过程，可以抽象为一个五元组{T, D, C, L, K)。其中，T 表示某种学习任务，D 表示数据库中的大量数据，C 表示一组有助于发现特定知识的基本概念和背景知识，L 表示用来形成各种发现的语言，K 表示通过学习后发现的知识。如果把每个元素看作一个状态，数据挖掘就是五个状态之间不停转换的过程。空间数据挖掘的过程与一般的数据挖掘和知识发现的过程相似，但数据挖掘算法的选择范围更大，且在数据预处理、数据转换等步骤需要考虑数据的空间特性。空间数据挖掘一般分为以下七个步骤：

（1）数据准备与问题理解了解空间数据挖掘相关领域情况，熟悉有关研究问题的背景知识，明确空间数据挖掘的目标。

（2）数据选取根据用户的需求从空间数据库中提取与空间数据挖掘问题相关的数据，并将它们转化为空间数据挖掘算法能识别的格式。

（3）数据处理与缩减对步骤（2）获取的数据进行加工，确保数据的完整性和一致性，去除冗余数据，填补丢失数据，并对其中包含噪声的数据进行处理。

（4）确定空间数据挖掘的算法明确空间数据挖掘发现知识的类型，选择合适的空间数据挖掘算法，包括选取合理的模型及参数，使知识发现算法与空间数据挖掘的评判标准保持一致。

（5）执行空间数据挖掘运用选定的算法，从空间数据库中挖掘所需要的知识，这些知识可以用一种特定的方式表示。

（6）模式解释与知识评价对发现的模式和知识进行解释，在此过程中，为了取得更为有效的知识，可能会返回前面某些处理步骤以反复提取，从而取得更为有效的知识。

（7）重新精炼数据和问题如果挖掘出的模式或知识不是期望的结果，则需要重新进行一轮挖掘的过程。经过几次反复的挖掘和精炼后，如果挖掘出的

---

① 魏巍巍 . 空间数据挖掘的方法进展及其问题探究 [J]. 产业与科技论坛，2020，19（08）：35-36.

模式和知识满足期望，就可以进入使用结果的阶段。[①]

第八节 Web数据挖掘

一、Web数据挖掘概述

（一）Web数据挖掘的概念

Web数据挖掘是数据挖掘技术在Web环境下的应用，是涉及Web技术、数据挖掘、计算机技术、信息科学等多个领域的一项技术。Web数据挖掘是指从大量的Web文档集合中发现蕴含的、未知的、有潜在应用价值的、非平凡的模式。它所处理的对象包括静态网页、Web数据库、Web结构、用户使用记录等信息。通过对这些信息的挖掘，可以得到仅通过文字检索所不能得到的信息。其中，基于Web的数据挖掘和传统的基于数据仓库的数据挖掘有着不同的含义。一般的数据挖掘指从大型数据库的数据中提取人们感兴趣的知识，而这些知识是隐含的、事先未知的、潜在的有用信息，它侧重于从已有的信息中提取规律性的知识。而Web数据挖掘的研究对象是以半结构化和无结构文档为中心的Web，这些数据没有统一的模式，数据的内容和表示互相交织，数据内容基本上没有语义信息进行描述，仅仅依靠HTML语法对数据进行结构上的描述。为了对这种半结构化数据进行分析和处理，Web数据挖掘必须与其研究手段结合起来。由于涉及很多的知识领域，Web数据挖掘是数据库、信息获取、人工智能、机器学习、模式识别、统计学、自然语言处理等多个研究方向的交汇点。

（二）Web数据挖掘的特点

Web数据挖掘是一种特殊的数据挖掘，它是在传统的数据挖掘技术的基础上与现代统计分析、人工智能等技术结合产生的。虽然Web数据挖掘技术是由传统数据挖掘技术发展而来的，但是它们还是有很多不同之处。一是Web数据挖掘对象的海量性与动态性。Web是一个不断变化的、动态更新的系统，Web上的数据信息也是不断更新的，并且，Web上的数据信息正在以惊人的速度增长。因此，Web数据挖掘面对的数据源具有很强的动态性。而传统数据挖掘面

① 李国成，张雪萍，祝玉华.空间数据挖掘认识及其思考[J].微型机与应用，2015，34(22)：12-13，21.

对的数据源则是静态的。二是半结构化的数据结构。传统的数据挖掘以数据库为基础，是对结构化的数据进行加工、分析和模式挖掘。Web 上的数据与传统的数据库中的数据不同，传统的数据库都有一定的数据模型，可以根据模型来具体描述特定的数据，而 Web 上的数据非常复杂，既有数值型数据，也有布尔型数据，还有描述性数据以及 Web 特有的数据（如 IP 地址），同时还有图像、音频、多媒体等没有特定模型描述的数据，每一站点的数据都各自独立设计，并且数据本身具有自述性和动态可变性，因而 Web 上的数据具有一定的结构性，但因自述层次的存在，从而是一种非完全结构化的数据，也被称为半结构化数据。半结构化是 Web 上数据的最大特点。因此，挖掘对象为结构化数据的传统数据挖掘方法已经不能实现有效挖掘。所以，必须对其进行补充和扩展，才能进行有效的数据挖掘。三是异构的数据库环境。Web 上每个站点就是一个数据源，而每个站点的信息组织方式通常不一样，因此每个数据源都是异构的，这样就构成了一个巨大的异构数据库环境。如果想要对这些数据进行数据挖掘，必须先要研究站点之间异构数据的集成问题，只有将这些站点的数据都集成起来，提供给用户一个统一的视图，才有可能从巨大的数据资源中获取所需的东西。四是挖掘目的的模糊性。Web 上有成千，上万的用户，而且这些用户群还在不断地扩展。同时，又因为每个用户的背景、使用挖掘的目的和兴趣都不同，大多数用户对自己的挖掘主题和应用只有一个肤浅的认识和了解，并不能提出一个明确的目标。所以 Web 挖掘目的是模糊的、不明确的。五是 Web 数据信息具有分布性、多维性和混沌性。有用信息的获得变得日益困难，绝大多数用户在 Internet 上查询或浏览信息时，往往是通过一些知名的门户网站提供的搜索引擎来实现的，但是无论这个引擎采用什么样的搜索技术，它总是存在着以下两个问题：查准率低和查全率低。所谓查准率低是指当用户输入关键字检索信息时，返回的结果动辄成千上万条，真正有用的也许只有几条，相当一部分检索结果是与检索内容无关的信息，有些甚至是死链接。所谓查全率低是指搜索引擎返回的结果并不能穷举 Web 中所有与检索内容相关的 Web 页，也许返回的结果仅仅是相关内容中很少的一部分。[①]

二、Web 数据挖掘的流程

传统数据挖掘是 Web 数据挖掘的基础，因此，传统数据挖掘与 Web 数据

① 金帅．大数据下的云计算 Web 数据挖掘分析 [J]. 电脑编程技巧与维护，2020（09）：117-119.

挖掘在流程上有相通之处，但是，由于 Web 挖掘本身的特点，决定了具体的挖掘过程又有所区别。典型的Web数据挖掘包括四个步骤：采集数据、数据预处理、模式发现和模式分析。

（一）采集数据

采集数据即从外部的 Web 环境中有选择地获取数据，为后面的数据挖掘提供资源。通常，采集数据由数据搜索、数据选择和数据收集等 3 个独立的过程组成。

Web 数据挖掘的主要数据源如下：一是服务器日志。包括访问日志和引用日志。访问日志记录 Web 浏览中点击以及每次执行成功或失败的请求。引用日志是 Web 服务器上的日志文件，包含访问者的访问位置和引入 Web 站点的关键词或路径。二是 Cookie。Cookie 是用户访问站点时由 Web 服务器传递到用户浏览器的少量信息，详细描述了访问者访问站点时浏览了哪些地方，当访问者下次再访问同一网站时， Cookie 会自动识别用户。利用 Cookie 可以跟踪统计用户访问该网站的习惯，比如什么时间访问，访问了哪些页面，在每个网页的停留时间等。利用这些信息，一方面可以确定访问者的身份和偏好，为用户提供个性化的服务：另一方面也可以作为了解所有用户行为的工具，对于网站经营策略的改进有一定参考价值。三是表单或用户注册数据。主要是访问者在进入站点时注册提供的个人信息，如姓名、地址、出生日期、性别以及职业等，为 Web 挖掘提供重要的数据。四是电子商务站点交易数据。电子商务站点的交易数据记录了大量的客户历史交易数据，根据历史交易记录，可以挖掘客户的行为模式和兴趣爱好，从而向客户推荐相关的个性化商品，提高客户的满意度。

（二）数据预处理

主要对数据采集所获得的源数据进行加工处理和组织重构，即从源数据集中除去明显错误和冗余的数据，进一步精简所选数据的有效部分，将数据转换成有效形式，同时构建相关主题的数据仓库，为下一步的数据挖掘过程创建基础平台。与传统数据挖掘一样，数据预处理是为数据挖掘所做的前期准备，它主要包括数据清理、数据集成、数据转换和数据约简等，但由于 Web 上数据的特点，具体操作过程会有所不同。一是数据清理。在这一阶段中，将要完成的任务主要是去除源数据中的噪声和无关数据，处理遗漏数据和清洗脏数据，包括重复数据处理和缺值数据处理等，并且完成一些数据类型的转换。例如 Web

数据挖掘一般要去除 ROBOT 或 SIPDER 请求以及一些错误请求等。二是数据集成。数据集成是将上阶段清洗过的数据进行集成、归类。例如，在研究用户浏览模式的日志记录中，需要识别每一位用户的浏览记录以及每一位用户的不同会话时段。因此，必须对采集的数据记录根据用户和会话时段的不同进行数据的归类集成。三是数据转换与数据约简。数据转换就是将数据转换成适合进行数据挖掘的形式。数据约简是在对挖掘任务和数据内容充分理解的基础上，通过寻找数据的有用特征，在尽可能保持数据信息原貌的前提下，最大限度地精减数据量，提高数据挖掘的算法效率。

（三）模式发现

模式发现是数据挖掘系统的核心部分，主要是运用各种数据挖掘技术，从海量数据中提取出潜在的、有效的且能被人理解的知识模式，而这海量数据是经过以上预处理后的数据。Web 数据挖掘结合传统数据挖掘技术和 Web 挖掘技术来进行模式发现。

（四）模式分析

对发现的模式进行解释和评估，必要时需返回前面处理中的某些步骤以反复提取，最后将发现的知识以能理解的方式提供给用户，可以是机器自动完成，也可以是与分析人员进行交互来完成。

三、Web 数据挖掘分类

Web 信息的复杂性决定了 Web 数据挖掘任务的多样性。根据挖掘对象不同，可以将 Web 数据挖掘分为三类：Web 内容挖掘、Web 结构挖掘和 Web 使用挖掘。

（一）Web 内容挖掘

Web 内容挖掘是一种基于网页内容的 Web 挖掘，是从大量的 Web 数据中获取潜在的有价值的知识或模式的过程，是对网页上真正的数据进行挖掘，包括网页内容挖掘和搜索结果挖掘。从网络信息源形式看，大量网络信息资源可以直接从网上抓取、建立索引、实现检索服务。从资源形式来看，网络数据对象，既有文本和超文本数据，也有图形、图像、语音等多媒体数据；既有来自数据库的结构化数据，也有用 HTML 标记的半结构化数据和无结构的自由文本。Web 内容挖掘针对的对象是文本文档和多媒体文档，就其挖掘内容而言，Web 内容挖掘又可以分为 Web 文本数据挖掘和 Web 多媒体数据挖掘。Web 文本数据挖掘，是 Web 内容挖掘中比较重要的技术领域，可以对 Web 上大量的文档集合的内容进行总结、分类、聚类和关联分析等。Web 多媒体数据挖掘包括运用挖掘技术对 Web 上的音频、视频和图像数据进行挖掘，目前还处于探索阶段。

1.Web 文本数据挖掘

以计算语言学、统计树立分析为理论基础的 Web 文本挖掘，是从大量的文本数据中发现和提取隐含的、事先未知的知识，最终形成用户可以理解的、有价值的信息和知识过程。按照文本数据挖掘的对象又可以把文本挖掘分为：基于单文档的数据挖掘和基于文档集的数据挖掘。文本挖掘的结果可以是对某个文本内容的总结概括，也可以是对整个文本集合的分类或聚类结果。从方法上看，许多传统的挖掘算法经过修改后都可以用在 Web 文本挖掘上。一般来说，基于文本的 Web 挖掘方法有数据库方法、建立 Web 数据仓库方法和新近的基于软件 Agent 的分类器方法、基于概念的文本信息挖掘方法等。从功能上看，Web 文本挖掘主要是应用这些算法对文档集合进行分析以及利用 Web 文档进行趋势分析等。①

2.Web 多媒体数据挖掘

Web 多媒体数据挖掘就是从大量多媒体集中，通过综合分析视听特性和语义，发现隐含的、有效的、有价值的、可理解的模式，进而发现知识，得出事件的趋向和关联，为用户提供问题求解层次的决策支持能力。目前，Web 多媒体数据挖掘主要研究的是多媒体文本内容的挖掘，也研究其结构，因此，多媒体数据挖掘又分为多媒体文本内容挖掘和多媒体文本结构挖掘。多媒体文本内容挖掘应用于：①提取多媒体文本文档中的中心词汇，并以此为主对多媒体文档进行文本总结；②根据多媒体文本上下文内容进行翻译。多媒体文本结构挖掘可应用于文件格式的挖掘和研究。由于多媒体数据挖掘的对象是图像、视频和音频等多媒体数据，所以，如时间、空间和视听等内容特征，和一般关系数据库中数据的特征在许多方面都不同，因此，一些传统的数据挖掘方法不能直接采用，需要研究适合于多媒体数据的新的挖掘方法和技术。目前，从方法上看，基于多媒体信息挖掘通常采用关联规则法和特征提取法。从功能上看，Web 多媒体挖掘主要是通过对 Web 上的音频、视频数据和图像进行预处理，运用挖掘技术挖掘其中潜在的、有价值的信息和模式。近年来，基于多媒体的信息挖掘引起了许多研究人员的关注，但是目前，多媒体数据的挖掘研究还在处于探索阶段。

---

① 曾怡．数据挖掘技术过程与分类 [J]．信息技术与信息化，2017（12）：18-19.

（二）Web 结构挖掘

Web结构挖掘是从 Web 结构和链接关系中推导出潜在知识和模式的过程。其中，Web 结构包括不同网页之间的超链接结构和一个页面内部的树形结构，以及文档 URL 中的目录路径结构等。通过对这些站点结构进行分解、变形和归纳，可以将页面进行分类和聚类，并且帮助找到权威页面以及中心页面，从而提高信息检索效率。链接关系是指不同 Web 文本之间的链接关系，它反映了文档之间的引用关系，而这些关系数据背后蕴含着丰富有价值的信息，利用这些可以对所找到的 Web 页面进行排序，找出最重要的页面。Web 结构挖掘是针对链接信息这一重要的 Web 数据，它可以从 Web 的组织结构以及引用和被引用间的链接关系中发现许多蕴含在 Web 页面之外的对我们有潜在价值的模式和知识，利用这些知识可以对页面进行排序，发现重要的、权威的页面等。Web 结构挖掘和 Web 内容挖掘都是对 Web 上第一类数据，即真正的原始数据进行挖掘，因此这两种挖掘任务经常一起使用。 同时，Web 结构挖掘在网站优化中有着重要作用，可以评价和分析网页的质量，也有助于优化网页的链接设计，减少不合理的链接，从而改进网站结构。同时还可以用来指导网页采集工作，提高采集效率等。Web 结构挖掘的基本思想是将 Web 看成一个巨大的以页面为节点、页面之间超链接为有向边所构成的一个网状结构的有向图，然后利用图论对 Web 的拓扑结构进行分析，从而可以发现重要页面和权威页面，以确定网站结构的合理性。Web 结构挖掘的算法一般可 分为查询无关算法和查询相关算法两类。Page Rank 算法和 HITS（Hypertext Induced Topic Search）算法分别是查询无关算法和查询相关算法的代表。这些算法已经在实际的系统中实现和使用，并且取得了良好的效果。

（三）Web 使用挖掘

Web 使用挖掘是 Web 挖掘中与传统数据挖掘技术交叉点最多的领域。Web 使用挖掘是对用户访问 Web 时在服务器上留下的访问记录进行挖掘，即对用户访问 Web 站点的存取方式进行挖掘，以发现用户的访问模式。现在的 Web 使用挖掘通常是指 Web 日志挖掘。与 Web 内容挖掘和 Web 结构挖掘不同的是，Web 日志挖掘是对 Web 上第二类数据即 Web 日志数据及相关数据的挖掘，而这些数据的来源主要有 Web 服务器日志、浏览器日志、用户对话和交易记录等。通过用户的访问记录挖掘可以发现用户的行为模式，从而可以为用户提供个性化推荐服务。Web 使用挖掘分为：一般访问模式跟踪和个性化的使用记录跟踪。从 Web 使用挖掘的方法上看，一般的传统数据挖掘的基本方法如关联规则、分类、聚类、路径分析和序列模式发现等在这里都适用。Web 使用挖掘过程一般也分为数据预处理、模式发现和模式分析三个主要阶段。Web 使用挖掘可以应用到个性化推荐和系统改进等方面。

四、Web 数据挖掘应用领域

Web 数据挖掘应用领域特别广泛，特别是在电子商务上。比如可以通过 Web 数据挖掘来理解顾客行为：一方面根据顾客在网站的浏览记录了解顾客偏好什么样的产品，分析顾客偏好的产品信息，得到顾客现在或者将来可能的需求，以动态推荐的形式有针对性地向客户展示其他“对口”的产品。另一方面，根据消费记录，可以对网站的众多客户进行分类，可分为普通客户、VIP 客户等，针对不同类型的客户定制相应的优惠措施。这样就提高了电子商务网站的效益。这里提到的两点只是 Web 数据挖掘在电子商务领域应用中很小的一部分，其进一步的应用还有很大的潜力。Web 数据挖掘还可以应用于搜索引擎。利用浏览器中的缓存数据，挖掘用户感兴趣的信息，并且提炼出用户感兴趣的关联规则。结合用户当前访问的页面，进而预测用户将要访问哪些页面或点击哪些链接。利用 Web 数据挖掘，使搜索引擎更快、更高效地查找出用户所需的信息。Web 数据挖掘还可以运用到其他各种领域，只要其具有分析价值与需求的数据仓库或数据库就可以利用数据挖掘工具进行分析和挖掘，例如零售业、财务金融保险、通信业等。目前，Web 数据挖掘在国内的研究还处于初级阶段，它是研究的前沿领域，在未来几年中 Web 数据挖掘还将不断地发展，其主要研究方向是：数据预处理方面；Web 挖掘方法以及模式识别技术在构造自适应站点以及智能站点服务的个性化和性能优化方面；Web 知识库的动态维护更新方面；基于 Web 挖掘和信息检索的高效的、具有自动导航功能的智能搜索引擎相关技术的研究；研究和开发基于 Web 的多层数据体系结构和智能集成系统；挖掘算法的适应性和时效性的研究；Web 文档内的模式发现及其在信息提取、文本分析中的应用研究；Web 挖掘的相关技术在电子商务领域的应用研究。

第三章 大数据分类分析方法

第一节 大数据分类分析方法的由来

随着“大数据时代”的开启，对数据本身的处理和分析越来越为生产者和商业者所看重。但是问题在于，相比于拥有较长历史的数据库分析和传统数据分析，大数据分类分析具有数据量大、算法分析复杂等特点。一般来说，大数据分类分析需要涉及以下 4 个方面。一是有效的数据质量。任何数据分析都来自真实的数据基础，真实数据是采用标准化的流程和工具对数据进行处理得到的，可以保证一个预先定义好的高质量的分析结果。二是优秀的分析引擎。对于大数据来说，数据的来源多种多样，特别是非结构化数据来源的多样性给大数据分析带来了新的挑战。因此，我们需要一系列的工具去解析、提取，分析数据。大数据分析引擎就是用于从数据中提取我们所需要的信息。三是合适的分析算法。采用合适的大数据分析算法能让我们深入数据内部挖掘价值。在算法的具体选择上，不仅要求能够处理大数据数量，还涉及对大数据处理的速度。四是对未来的合理预测。大数据分类分析的目的是对已有的大数据源进行总结，并且将现象与其他情况紧密连接在一起，从而获得对未来的预测。

大数据分类分析是以目标为导向的，能够根据需求去处理各种结构化、非结构化和半结构化数据，配合使用合适的分析引擎，输出有效结果。当前大数据分类分析发展的研究主要从降低计算复杂度、新的降低数据尺度的算法以及并行化处理技术这 4 个方面着手。一是寻找新算法降低计算复杂度。大数据给很多传统的机器学习和数据挖掘计算方法和算法带来挑战，在数据集较小时，很多在 $O(n)$ 、$O(n\log n)$ 、$O(n^2)$ 或 $O(n^3)$ 等线性或多项式复杂度的机器学习和数据挖掘算法都可以有效工作。但当数据规模增长到 PB 级尺度时，这些现有的串行化算法由于耗时太长而使得算法失效。因此，需要寻找新的复杂度更低的算法。二是寻找和采用降低数据尺度的算法。在保证结果精度的前提下，用数据抽样或者数据尺度无关的近似算法来完成大数据的处理。三是分而治之的并行化处理技术。除上述两种方法外，目前为止，大数据处理最为有效和最重要的方法是采用大数据并行化算法。在一个大规模的分布式数据存储和并行计算平台上完成大数据的并行化处理。

第二节　数据分类的方法

数据挖掘是从海量数据中获取有用知识和价值的过程，是数据库技术自然演化的结果。数据挖掘已广泛应用于零售、金融、保险等行业，并显示出强大的知识发现的能力。在数据挖掘的研究与应用中，分类算法一直广受学术界的关注，它是一种有监督的学习，通过对已知类别训练集的分析，从中发现分类规则，以此预测新数据的类别。数据分类算法中，为建立模型而被分析的数据元组组成的数据集合称为训练数据集，训练数据集中的单个样本（或元组）称为训练样本。分类算法是将一个未知样本分到几个已存在类的过程，主要包含两个步骤：第一步是根据类标号已知的训练数据集，训练并构建一个模型，用于描述预定的数据类集或概念集；第二步是使用所获得的模型，对将来或未知的对象进行分类。目前对于具体的大数据分类算法的研究仍然处于探索应用阶段。

一、决策树

（一）决策树概述

决策树是从决策分析理论发展而来的一种强大的分析工具，可以帮助管理者对一系列复杂的多层次问题进行结构化的决策。它提供了一种便于分析的理论框架，管理者可以利用这一框架明确量化地作出判断和权衡。决策树分析主要适用于以下两种决策情况：一是决策者必须从各种方案中选择一种或几种；二是选择出的一种或几种方案必须能够带来某种结果；但决策者事先无法确切地知道将会出现什么样的结果，因为行动的结果不仅取决于决策者的决策，而且也取决于一个或几个不确定事件的结果。

1. 决策树的含义

决策树就是对每个决策议案和整个决策局面的一种图解。用决策树可以使决策问题形象化。当项目需要选择某种解决方案或者确定是否存在某种风险时，决策树提供了一种形象化的基于数据分析和论证的科学方法。这种方法通过严密的逻辑推导和逐级逼近的数据计算，从决策点开始。按照所分析问题的各种发展的可能性不断产生分枝，并确定每个分枝发生的可能性大小以及发生后导致的损益值多少，计算出各分枝的损益期望值，然后将期望值中的最大者或最小者作为选择的依据，从而为确定项目选择方案或分析风险做出理性而科学的决策。决策树分析清楚显示出项目所有可供选择的行动方案。行动方案之间的关系，可能出现的自然状态及其发生的概率以及每种方案的损益期望值。

2. 决策树的优势

（1）使用方便、直观。决策树就是对决策局面的一种图解，用决策树可以使决策问题形象化。

（2）易于处理较复杂的决策问题。决策树的应用并不仅仅是决策分析的一种 简明形象的方法，现实中有些决策问题比较复杂，而决策矩阵表示法只能表示单级决策问题，并且要求所有行动方案所面对的自然状态完全一致，而实际中的有些决策问题难以采取损益矩阵来表示。

（3）易于解决多阶段的决策问题。在现实中，有些问题的决策带有阶段性，选择某种行动方案会出现不同的状态，按照不同的状态又要做下一步的行动决策以致产生更多的状态和决策。采用决策树方法，可以方便简捷、层次清楚地显示决策过程。

（4）易于进行预测后检验分析。

3. 决策树分析中的相关术语

（1）决策者：是对一个决策（或一系列决策）负责的人或团体。

（2）备择方案：是决策者将做出决策的选项。

（3）自然状态：决策结果受到决策者无法控制的随机因素的影响。

（4）收益：每一种决策的备选方案及自然状态的组合都会导致某种结果，是衡量决策结果对决策者的价值的量化指标。

（5）期望收益：对于每一种备择方案，将每一个收益乘以相应自然状态的先验概率，乘积相加就得到收益的加权平均即为期望收益。

4. 决策树的构造

决策树模型包括树枝、树干和节点。决策树的基本构造可从以下几方面来认识。

（1）决策树包含了决策点，通常用方块或方格表示，在该点表示决策者必须做出某种选择。

（2）从决策点向右引出若干条支线，每条支线代表一个方案，叫作方案枝。

（3）在每个方案枝的末端画一个圆圈，称为机会点，从机会点引出若干条直线，每条直线表示一种自然状态，称为概率枝。每一概率枝实际就代表了一个条件结果。因此，我们在概率枝上标出该种自然状态出现的概率值，在概率枝末端标出该条件的损益值。

（4）计算每个方案的期望损益值，期望损益值为各方案下的条件损益值乘以所对应各自然状态发生的概率之和。

（5）如果问题只需一级决策，就在概率枝的末端画“△”，表示终点；如果是多级决策，则用决策点“□”代替终点“△”，重复上述步骤，继续做出决策图。

（6）根据决策图中各方案的期望损益值的大小做出决策。

5. 决策树的分析步骤

决策树分析通常包括以下四个步骤：第一步是构建问题框架。首先要形成决策问题，包括提出各种可能的方案选项，并确定目标及各个方案结果的度量等。第二步是给每种可能的结果（不确定性）分配概率。针对各个方案出现不同结果的不确定性进行判断，这种不确定性通常用概率来描述。这种概率的分配可以是纯主观的，也可以是结合过去系统行为进行分析的结论。第三步是给每种结果分配可能的收益。利用各方案结果的度量值，比如收益值、效用值、损失值等，给出对各方案的偏好，这些偏好或收益与管理的目标一致。第四步是分析问题并选择最优行动方案。分析问题要采用称为“平均和回算”的方法。综合前面得到的信息，选择最为偏好的方案，必要时可以做一些灵敏度分析。

（二）决策树的算法

20 世纪 60 年代，两位社会学家 Morgan 及 Sonquist 在密歇根大学社会科学研究所发展了 AID（Automatic Interaction Detection）程序，这可以看成是决策树的早起萌芽。20 世纪 70 年代 Friedman J 将决策树方法独立用于分类问题研究上。20 世纪 80 年代以后决策树发展飞快，1984 年 Leo Breiman 和 Friedman J 将决策树的想法整理成分类回归树（Cassification And Regression Trees，CART）算法；1986 年，Schlinner JC 提出 ID4 算法；1993 年，Quinlan 在 ID3.0 算法的基础上研究开发出 C4.5、C5.0 系列算法。这些算法标志着决策树算法的不断优化。这些算法的基本设计思想是通过递归算法将数据拆分成一系列举行区隔，从而有效判定数据点是否属于某一个矩形区域。假设

（a，b）是一组数据，决策树矩形区域为 R_1，…，R_n，一个决策树模型可以表示为 $f(a)=\sum_{n=1}^{N}c_n I\left(a\in R_n\right)$。这里的 c_n 表示每个区域的优势类。建立区隔形成概念的过程以树的形式展现。树的根节点显示在树的最上端，表示关键拆分节点，下面依次与其他节点通过分枝相连，形成一幅“提问一判断一提问”的树形分类路线图。决策树的结点有两类，分枝节点和叶节点。分枝节点的作用是对某一属性的取值提问，根据不同的判断，将树转向不同的分枝，最终到达没有分枝的叶节点。叶节点上表示相应的类别。由于决策树采用一系列简单的查询方式，一旦建立树模型，以树模型中选出的属性重新建立索引，就可以用结构化查询语言 SQL 执行高效的查询决策，这使得决策树迅速成为联机分析中重要的分类技术。Quinlan 开发的 C4.5 是第二代决策树算法的代表，它要求每个拆分节点仅由两个分枝构成，从而避免了属性选择的不平等问题。决策树算法设计的核心是最佳拆分属性的判断。拆分结点属性和拆分位置的选择应遵循数据分类“不纯度”减少最大的原则，常用度量信息“不纯度”的方法有三种。本章以离散变量为例定义节点信息。假设结点 G 处待分的数据一共有 k 类，记为 c_1，…，c_k，那么 G 处的信息 I（G）定义如下：

（1）熵不纯度：$I(G)=-\sum_{j=1}^{k}p\left(c_j\right)\ln\left[p\left(c_j\right)\right]$，其中 p（c_j）表示节点 G 处属于 c_j 类样本数占总样本的频数。如果离散变量 $X\in$（x_1，…，x_i），用 $X=x$ 拆分节点 G，则信息增益为 $I(G|X=x)=-\sum_{j=1}^{k}p\left(c_j|x\right)\ln\left[p\left(c_j|x\right)\right]$。

（2）GINI 不纯度：$I(G)=-\sum_{j=1}^{k}p\left(c_j\right)\left[1-p\left(c_j\right)\right]$，它表示节点 G 类别的总分散度。拆分变量任意点拆分的信息和拆分变量的信息度量与熵的定义类似。

（3）分类异众比：I（G）$=1-\max[P$（c_j）$]$，表示节点 G 处分类的散度。拆分变量任意点拆分的信息和拆分变量信息度量与熵的定义类型。

拆分变量和拆分点的选择使得 I（G）改变最大的方向，如果 s 为拆分变量定义的划分，那么 $s''=\arg\max[I(G)-I(G|s)]$，其中，$s''$ 为最优的拆分变量定义的拆分区域。首先注意到以上定义的三种信息不确定性度量，都是

从不同角度测量了类别变量的不确定性的程度，当类别中不确定性较大时，意味着信息大，类别不确定性较高，需要对数据进行划分。划分应该降低不确定性，也就是划分后的信息应该显著低于划分前，不确定性应减弱，确定性应增强。以两类和熵信息度量为例，$I(G)=-p_1\text{In}p_1-(1-p_1)\ln(1-p_1)$，最大值在 p=0.5 处达到，这是两类势均力敌的情况，体现了最大的不确定性。p_1=0 或 p_1=1 处，只有一类，$I(G)$=0 体现了类别的确定性。由于 $I(G)$ 度量了信息的大小，通过 $I(G)$ 和条件信息 $I(G|X)$ 可以测量信息的变动，所以可以通过这些信息量的变化大小作为拆分变量选择的依据。有了信息定义之后，可以根据变量对条件信息的影响大小选择拆分变量和变量值，具体如下所示：一是对于连续变量，将其取值从小到大排序，令每个值作为候选分割阈值，反复计算不同情况下树分枝所形成的子节点的条件不纯度，最终选择使不纯度下降最快的变量值作为分割阈值。二是对于离散变量，各分类水平依次划分成两个分类水平，反复计算不同情况下树分枝所形成的子节点的条件不纯度，最终选择不纯度下降最快的分类值作为分割阈值。最后判断分枝结果是否达到了不纯度的要求或是满足迭代停止的条件，如果没有则再次迭代，直至结束。

（三）决策树的剪枝

从以上决策树的生成过程看，分类决策树可以通过深入拆分实现对训练数据的完整分类，如果仅有拆分没有停止规则必然得到对训练数据完整拆分的模型，这样的模型无法较好地适用于新数据，这种现象称为模型的过度拟合。而过小的细分树也不能较好地捕捉到数据的分布的主要结构特点。于是需要将决策树剪掉一些枝节，避免决策树过于复杂，从而增强决策树对未知数据的适应能力，这个过程称为剪枝。剪枝一般分为“预剪枝”和“后剪枝”。“预修剪”的做法是：在每一次拆分前，判断拆分后的两个区域的异质性显著大于某个事先给定的阈值，才决定拆分，否则不做拆分。“预修剪”拆分的一个缺陷是：由阈值定义的停止条件过于生硬，如果在树生成的早期运用此策略，可能会导致应该被拆分的程序较早地被禁止。CART 算法采用的是另一种称为“后剪枝”的策略，首先生成一颗较大的树 T，仅当达到数生长的最大深度时才停止拆分。接着用“复杂性代价剪枝法”修剪这棵大树。定义子树 $T\subset T_0$ 是待修剪的树，用 m 表示 T 的第 m 个叶节点，$|T|$ 表示子树 T 的叶节点数，R_m 表示叶节点 m 处的划分，n_m 表示 R_m 的数据量。用 $|T|$ 代表树 T 中端节点的个数。对子树 T 定义复杂性代价测度：$R_a(T)=\sum_{m=1}^{1\bar{T}} n_m GINI\left(R_m\right)+\alpha\,|\,\hat{T}\,|$。树叶节点的整体不确定

性越强，越表示该树过于复杂。对每个保留的树 $T_a \subset T_0$ 应使 $R_a(T)$ 最小化。显然，较大的树比较复杂，拟合优度好但适应性差；较小的树简约，拟合优度差，但适应性好。参数 $a \geq 0$ 的作用是在树的大小和树对数据的拟合优度之间折中，a 的估计一般通过 5 折或 10 折交叉验证实现。

（四）决策树方法的优缺点

优点：①决策树易于理解和解释，人们在通过解释后都有能力去理解决策树所表达的意义。②对于决策树，数据的准备往往是简单或者不必要的。其他的技术往往要求先把数据一般化，比如去掉多余或者空白的属性。③能够同时处理数据型和常规型属性。其他的技术往往要求数据属性的单一。④决策树是一个白盒模型。如果给定一个观察的模型，那么根据所产生的决策树很容易推出相应的逻辑表达式。⑤易于通过静态测试来对模型进行评测。表示有可能测量该模型的可信度。⑥在相对短的时间内能够对大型数据源做出可行且效果良好的结果。⑦可以对有许多属性的数据集构造决策树。⑧可以很好地扩展到大型数据库中，同时它的大小独立于数据库的大小。

缺点：①对于类别样本数量不一致的数据，在决策树当中，信息增益的结果偏向于那些具有更多数值的特征。②决策树处理缺失数据时有点困难。③过度拟合问题的出现。④忽略了数据集中属性之间的相关性。

二、人工神经网络

（一）人工神经网络概述

由于冯诺依曼体系结构的局限性，数字计算机存在一些尚无法解决的问题。人们一直在寻找新的信息处理机制，神经网络计算就是其中之一。研究结果已经证明，用神经网络处理直觉和形象思维信息具有比传统处理方式好得多的效果。人工神经网络（Artificial Neural Network，ANN）的发展有着非常广阔的科学背景，是众多学科研究的综合成果。神经生理学家、心理学家与计算机科学家的共同研究得出的结论是：人脑是一个功能特别强大、结构异常复杂的信息处理系统，其基础是神经元及其互联关系。因此，对人脑神经元和人工神经网络的研究，可能创造出新一代人工智能机。它从信息处理角度对人脑神经元网络进行抽象，建立出某种简单的模型，按不同的连接方式组成不同的网络。在工程与学术界也常直接简称为神经网络或类神经网络。对神经网络的研究始于20世纪40年代初期，经历了一条十分曲折的道路，几起几落，80年代初以来，对神经网络的研究再次出现高潮。霍普菲尔德提出用硬件实现神经网络，鲁梅尔哈特等提出多层网络中的反向传播算法就是两个重要标志。现在，神经网络已在模式识别、图像处理、组合优化、自动控制、信息处理、机器人学和人工智能的其他领域获得日益广泛的应用。神经网络是一种运算模型，由大量的节点（或称神经元）之间相互连接构成。每个节点代表一种特定的输出函数，称为激励函数（Activation Function）。每两个节点间的连接都代表一个对于通过该连接信号的加权值，称之为权重，这相当于人工神经网络的记忆。网络的输出则依据网络的连接方式、权重值和激励函数的不同而不同。而网络自身通常都是对自然界某种算法或者函数的逼近，也可能是对一种逻辑策略的表达。经典的神经网络包含三个层次的神经网络，即输入层、输出层和隐藏层（中间层）。最近十多年来，人工神经网络的研究工作不断深入，已经取得了很大的进展，其在模式识别、智能机器人、自动控制、预测估计、生物、医学、经济等领域已成功地解决了许多现代计算机难以解决的实际问题，表现出了良好的智能特性。①

（二）人工神经网络的特征及分类

1. 人工神经网络的特征

人工神经网络有以下主要特征主要分为六个方面，一是固有的并行结构和并行处理。人工神经网络与人类的大脑类似，不但结构上是并行的，它的处理顺序也是并行的和同时的。在同一层内的处理单元都是同时操作的，即神经网络的计算功能分布在多个处理单元上。而一般计算机通常有一个处理单元，其处理顺序是串行的。目前的神经网络功能常常用一般计算机的串行工作方式来模拟它的并行处理方式，所以显得很慢，而真正的神经网络将会大大提高处理速度，并能实现实时处理。二是知识的分布存储。在神经网络中，知识不是存储在特定的存储单元中，而是分布在整个系统中，要存储多个知识就需要很多连接。在计算机中，只要给定一个地址就可得到一个或一组数据。在神经网络中要获得存储的知识则采用“联想”的办法，这类似人类和动物的联想记忆。当一个神经网络输入一个激励时，它要在已存储的知识中寻找与该输入匹配最好的存储知识为其解。这犹如一个中学教师可以容易地辨认出他的学生潦草的笔迹，甚至这些笔迹是变形的、失真的和缺损的。这就是说，人类根据联想善于正确识别图形，人工神经网络也是这样。联想记忆有两个主要特点：具有存

① 祝凌云．人工神经网络研究与分析 [J]. 科技传播，2019，11（12）：120-122.

储大量复杂图形的能力（像语音的样本、可视图像、机器人的活动、时空图形的状态和社会的情况等）；可以很快地将新的输入图形归并分类为已存储图形中的某一类。虽然一般计算机善于高速串行计算，但它却不善于那种实时的图形识别。三是具有较强的容错性。人类大脑具有很强的容错能力。我们知道，每天大脑的一些细胞会自动死去，但并没有影响人们的记忆和思考能力。这正是由于大脑中知识是存储在很多处理单元和它们的连接上的结果。人工神经网络也是这样，具有很强的容错性。它可以从不完善的数据和图形中进行学习和做出决定。由于知识存在于整个系统中，而不是在一个存储单元中，一定比例的节点不参与运算，对整个系统的性能不会产生重大影响，所以在神经网络中承受硬件损坏的能力比一般计算机强得多。一般计算机中，这种容错能力是很差的，如果去掉其任一部件，都会导致机器的瘫痪。四是较强的适应性。人类有很强的适应外部环境的能力。一个刚出生的小孩，在周围环境的熏陶下可以学会很多事情，如通过学习可学会认字说话、走路，以及考虑、判断一些事物。人工神经网络也可通过学习具备这种能力。例如，1987 年 Sejnowski 和 Rosenberg 开发了一种人工神经网络的应用，称为 Nettalk 或朗读机，它可以对给它的英文课文进行大声朗读。为了使它学会这种本领，就必须先教它，这就是所谓“训练”。训练时，先给一篇课文，然后顺序将课文的字母加到网络输入，并把控制该字母发音的信息作为输出，使网络按某种规律调节所有连接强度。通过多遍训练，网络就能学会朗读课文。这种训练方法称为有指导的训练。另一个例子是教网络识别数字图形。可以将数字图形加到网络输入由网络给出相应的输出，这好像是告诉网络“当你看到这个图形（比如 5）时，请给我指示 5”。通过多次训练，网络就可识别数字图形。在训练网络时，有时只给它大量的输入图形，没有指定要求的输出，网络就自行按输入图形的特征对它们进行分类，就像小孩通过大量观察可以分辨出哪个是狗、哪个是猫一样。网络通过训练自行调节连接加权，从而对输入图形分类的特性，称为自组织特性。它所用的训练方法，称为无指导的训练。另外，人工神经网络还有综合推理的能力。综合推理是指网络具有正确响应和分辨从未见过的输入图形的能力。例如，在 Nettalk 的情况下，训练它所用的课文中的字词是有限的，但它却可认识和朗读从未见过的词；进行数字图形的识别时，对于不完善的数字图形或失真的数字图形仍能正确辨认。人工神经网络的自适应性是其重要的特点。综上所述，人工神经网络一般包括学习性、自组织能力、推理能力和可训练性四个方面。正是由于人工神经网络具有自适应性，我们可以训练人工神经网络控制机器人在无人的地方、在水下航行器中以及在装配线上代替人的工作，甚至去完成一些诸如清除辐射物质的危险工作。五是图形识别能力。目前有各种各样的神经网络模型，其中很多网络模型善于识别图形。有些称作分类器，有些用于提取特征（如图形的边缘）的系统称为规则检测器，而另一些则是 自动联想器。其大多数工作都与神经网络辨别图形的能力相关。总之，图形识别是人工神经网络最重要的特征之一，它不但能识别静态图形，对实时处理复杂的动态（随时间和空间而变化的）图形也具有巨大潜力。人工神经网络还可以识别一个不完善的输入图形，如输入图形缺损了一部分，或一部分被噪声破坏了，它仍能正确识别。这就像人们只要看一个人的大部分脸，就可以认出此人是谁一样。人工神经网络也善于从观察部分图形猜测出整体图形，一般称这种特性为直觉特性。实际上，输入图形数据总是存在某种不精确性，所以它的直觉性是非常重要的。六是人工神经网络的局限性。人工神经网络有着许多吸引人的特点，但它也有些不尽如人意之处，必须给予足够的重视。人工神经网络的局限性主要体现在以下六个方面：①人工神经网络不适于高精度的计算。例如，不能把人工神经网络用于计算资金方面的问题，正像很多人不能直接计算类似资金那类问题一样。②人工神经网络不能做类似顺序计数的工作，因为人工神经网络是以并行方式工作的。③网络的学习训练是一个艰难的过程，网络的设计没有严格确定的方法，所以选择训练方法和所需网络结构没有统一标准。脱机训练往往需要很长时间，为了获得最佳效果，常常要重复试验多次才行。④人工神经网络必须克服在时间域顺序处理方面的困难。为了解决语音识别、自然语言理解和图像随时间变化的问题，必须设计一个适于连续时间环境的网络。这一课题也是目前人们关注的问题之一。⑤另一个问题是硬件限制。虽然我们常常在一般计算机上用模拟的方法研究人工神经网络的并行处理过程，但是模拟不是我们的目标，真正需要的还是真实的并行处理硬件。只有真正的并行处理，才能体现出人工神经网络高速、高效的特点，但目前这种硬件还未完善解决。⑥如何收集正确的训练数据，以及对它们进行预处理，也是一个非常 重要的问题。它涉及诸如文件转换、语音综合、从装配线上的物体反射的光波的收集、手写体的数字化等。[①]

2. 人工神经网络的分类

人工神经网络是由大量的神经元互联而构成的网络。人工神经网络的研究主要集中在网络连接的拓扑结构、神经元的特征以及学习规则等方面。根据人

① 徐静波，周美华.人工神经网络基本特征和进展[J].上海工程技术大学学报，1994(02)：7-12.

工神经网络模型的拓扑结构和权数的确定方法不同，人工神经网络主要分为：前馈（Feed-Forward）型和反馈（Feed-Back）型人工神经网络。前馈（前向型）神经网络：这种网络拓扑结构将神经元分为不同的层，每一层的神经元之间没有信息交流，各个神经元接收前一级的输入，并输出到下一级，网络中没有反馈，可以用一个有向无环图表示。这种网络只在训练过程中会有反馈信号，而在分类过程中数据只能向前传送，直到到达输出层，层间没有向后的反馈信号。前馈型网络结构实现信号从输入到输出空间的变换，对信息的处理来自简单非线性函数的多次复合。典型的前馈型神经网络包括感知器与 BP 网络。反馈型神经网络：是一种从输出到输入具有反馈连接的神经网络。网络内神经元之间有反馈，可以用一个无向的完备图表示。反馈型神经网络将整个网络看成一个整体，计算是整体性的，可以用动力学系统理论来处理。其结构比前馈网络要复杂得多。典型的反馈型神经网络有：Elman 网络、Hopfield 网络及玻尔兹曼机等。学习是神经网络研究的一个重要内容。根据神经网络中学习规则和算法的不同，神经网络可以分为有监督学习和无监督学习两类。有监督学习：也称为有指导学习。在网络输入端输入样本训练数据，在输出端将输出结果与期望结果进行比较，以此不断调整控制权值（w_1，w_2，…，w_n）^{T}，经过对此迭代训练后最终收敛于最佳的权值。利用此结构对新的样本数据进行预测等。无监督学习：也称为无导师学习网络。事先不给定标准样本，在只有输入数据而不知输出结果的前提下，其通过自动寻找样本中的内在规律和本质属性，自组织、自适应地改变网络参数与结构。在无监督网络中，学习阶段和工作阶段成为一体。

3. 感知器算法

感知器算法解决的是当真实被预测变量 y 的取值为 0 或者 1 的分类问题，即对任意样本 x，其对应的因变量为 y=0 或者 1。假设仅用一个神经元对样本进行划分，那么，该算法可以分成两类情形，一类是完全可分问题，即利用该神经元，通过选择合适的权重 W=（w_1，w_2，…，w_p），能够将 n 个样本点完全区分开，使得对于任意的样本 k，有 s（z_k）=y_k，即寻找一组解 W 满足所有的训练样本点；另一类为不完全可分问题，即利用该神经元，没有一组合适的权重 W=（w_1，w_2，…，w_p）能够将 n 个样本点完全区分开，目标则是求解一组权重使得在所划分的样本中取得尽可能最高的正确率。下面分别介绍完全可分问题和不完全可分问题的感知器算法。

（a）完全可分问题感知器算法是利用误差修正原理，得到求解算法

数据：对于现行可分的两类样本集 E_1，E_0，训练集 $E=E_1 \cup E_0$。

过程：

初始化：权重 W_1=0 或者任意的较小向量。

迭代：

按样本集循环执行如下过程：

{

按任意顺序选择 $X^k \in E$；

计算 $X^{k^T}W_k$；

如果 $X^{k^T}W_k \leqslant 0$；

更新 $W_{k+1}=W_k+\eta X^k$

}。

直到所有的 $W_{k+1}=W_k+\eta X^k$。

算法中的按样本集重复是指样本从第一个样本开始按照任意顺序逐个进入，该过程称为迭代；而当所有样本都进入之后就成完成了一个循环。该算法中，E_1 表示样本中因变量 y_k=1 时的所有样本组成的集合。同理，E_0 表示样本中因变量 y_k=0 时所有样本组成的集合，对 E_0 取反是指对 E_0 中的样本 $X^i \in E_0$，取 $-X^i$ 得到集合E'_0。通过该算法，最终可以得到一组参数 W，使得所有样本的预测结果$\hat{y}_k=S\left(z_k\right)$都等于其真实值为 y_k。另外，当样本进入的顺序不同或者初始化的权重向量取值变化的时候，通过感知器收敛定理，可以得到同样的结果。

（b）不完全可分问题感知器算法

从上面算法看可以发现，当样本可分时，经过有限次循环总会使得权重向量趋于稳定，然而当样本集不可分时，即不存在一组系列使得所有样本的分类结果都正确，那么循环会一直进行下去，但不表示权重系数会不断地增大。

定理 1：对于给定的现行不可分样本集 E，存在一个常数 M，当利用完全可分问题感知器算法，对于任意给的初始向量 W_k，循环 k 步之后，得到 W_k，满足$\|W_k\|\quad\|W_1\|+M$。这个定理说明权重向量的长度有限，可以证明如下结论：对于给定的线性不可分样本集 E，根据不完全可分问题感知器算法循环计算，得到的权重将是有限集形。

这说明，利用完全可分问题感知器算法，计算的权重实际上是可以有限步收敛的。因此，对于不可分问题算法设计的关键在于如何在足够大的迭代次数中从有限的权重空间里选出最优的权重使得误分样本个数最少。常用的方法是：记录当前权重 W_1 对样本分类的连续正确数 nr_1，当出现错误时对 W_1 进行更新

得到 W_2 当且仅当 W_2 对样本的分类的连续正确数 nr_2 大于 nr_1 时，才记录权重 W_2，否则不记录，算法如下所示。

数据：对于线性可分的两类样本集 E_1、E_0，对 E_0 中的样本取反得到 $E=E_1\cup E_0'$；

过程：

初始化：权重 W_1=0 或者任意的较小向量；

记录变量：$W_{\text{writer}}=W_1$；

连续正确数：*runlength*=0，最大正确数：*maxrunlergth*=0；

自增变量：*iter*=0，最大迭代数目：*maxiter*=0；

迭代：

按样本集重复如下过程：

{

按随机选择 $x_k\in E$；

计算 $X^{k^T}W_k$

如果 $X^{k^T}W_k>0$

{

nunlength = *runlength*+1

如果 *nunlength* > *maxnunlength*

{

$W_{\text{writer}}=W_k$

maxrunlength = *runlength*

runlength=0

}

}

否则 $X^{\kappa^T}W_k$　0

更新 $W_{k+1}=W_k+\eta X^{k^T}$

iter=*iter*+1　　　}

直到所有的 *iter*>*maxIter*

4. 反向传播算法

人工神经网络模型并不像人们想象的那样，一旦给其输入就一定能产生预期的输出。事实上，在给一网络提供一输入时，网络经常会产生错误的输出。但究竟网络中的哪个权重应对这种错误负责却不得而知，这实际上是一个“信任分派”问题。为了解决这一问题并以一种恰当的方式改变这些联结的权重，就需要运用发展性程序。发展性程序反复考虑每一神经单元层，反过来从输出层向后到输入层并且沿着这条道路补偿性地对权重进行调节。这一思想就是要得到输出单元之上的误差测量，然后向后传播这种误差测量，通过网络使权重在每一单元层发生必要的改变，即通过调整网络各单元之间的联结权重以使系统能在给定特定输入时产生期望输出。这就需要对网络进行训练。一般来说，训练网络最常用的算法是反向传播算法（Back-Propagation Algorithm）。我们还以三层前馈式网络为例，因为在这种网络模型中，所有的输入单元都只与所有的隐含单元相联结，而所有的隐含单元又只与所有的输出单元相联结，即每一层次的神经网络单元只与其高层次的单元相联结，这是具有隐含层的三层神经网络的典型特点。

（1）反向传播算法的操作。1974 年维波斯（P.J.Werbos）在其博士论文中就曾提出过反向传播算法的基本思想，1982 年帕克（D.B.Parker）也提出过同样的观点，但当时并未引起人们的注意。尽管明斯基和佩帕特指出了简单感知机的局限性，降低了人们对联结主义网络模型的研究热情，但鲁梅尔哈特和麦克莱兰德却洞察到联结主义网络模型在信息处理方面的重要性，坚持不懈地研究联结主义网络的信息处理方法，探索人类认知的微观结构，于 1986 年在《平行分布加工：人类认知的微观探索》一书中，系统阐述了联结主义网络的反向传播算法。反向传播算法的基本思想是首先对权重设置一小的初始值，然后选择一个训练样本并计算相对于该样本的误差梯度，通过调整权重使得误差值能够达到全域最小值，直至为 0。反向传播算法利用了均方误差和梯度下降法来实现对联结权重的修正。对网络权重值修正的目标是使网络的实际输出与期望输出之间的均方误差（Mean Squared Error）最小。对于一个单元，如果网络有 K 个训练样本 $\{E^k\}$，对应的正确输出为 $\{C^K\}$，网络的权重为 W，则用表示 ε 的均方误差（MSE）为：$\varepsilon=\frac{1}{k}\sum_{k=1}^{k}\left(W\times E^k-C^k\right)^2$。把它看作权重的函数，那么它在权重空间任意一点的梯度 V_e（W）表示了在权重中有一微小变化时均方差增长最大的方向；其负值 $-V\varepsilon$（W）则表示均方差减少最大的方向。因此，可以按照下式来修改权重：$W^*=W-p\nabla\varepsilon(W)$。其中 p 是个大于 0 的小数。

运用反向传播算法对网络进行训练时可分为两个步骤进行。一是前向过程，给网络一个输入，并且这一输入通过网络经由隐含层向上传播，当网络产生输出时，即把这种实际输出与期望输出进行比较，如果实际输出与期望输出不相符合，就会产生一个误差信号（ Error Signal ）。例如，当我们给网络提供一个输入并期望它能产生 [0 1 0] 的输出，但网络实际产生的输出却是 [0 0 1]。这就说明网络的实际输出与期望输出之间有一定的误差，误差为 [0 1 –1]。二是反向过程，即把输出单元作为输入单元，通过网络把误差信号向后传播，随着传播的不断进行，输出单元与隐含单元之间的权重就会发生改变，然后再进一步地改变隐含单元与正常输入单元之间的权重。这也正是为什么网络的每一单元层只与其上层和下层单元联结的原因。随着输入通过网络不断地向上传播以及误差信号不断地反向传播，误差信号逐渐收敛直至收敛为 0，此时网络不再需要进一步的反向传播就可从输入直接产生期望的输出。这种算法实际上是求误差函数的极小值，通过对多个样本的反复训练并采用最快下降法，使得权重值沿误差函数的负梯度方向改变，并收敛于最小点。

由此可见，这种网络不仅有输入层结点、输出层结点，而且有一层或多层隐含结点。对于输入信息，要先向前传播到隐含层的结点上，经过各单元的激活函数的运算后，把隐含结点的输出信息传播到输出结点，最后给出输出结果。网络的学习过程由正向和反向传播两部分组成。在正向传播过程中，每一层神经元的状态只影响下一层神经网络。如果输出层不能得到期望输出，就是实际输出值与期望输出值之间有误差，那么就会转入反向传播过程，将误差信号沿原来的联结通路返回，通过对各层神经元权重值的不断修改，逐渐向输入层传播去进行计算；然后再经过正向传播过程，这两个过程的反复运行，就可以使误差信号逐渐缩小。实际上，当误差达到人们希望的要求时，网络的学习过程就结束了。在反向传播算法中，改变权重的方式有两种：一是对每个模式要计算出权重误差，直到这个阶段结束后，才进行权重误差的累加，并将其加到实际的权重数组上，每个周期只做次。由于权重的改变是在所有样本输入后计算其总的误差后进行的，因此这被称为批处理，它可以保证权重的总误差向减小方向变化，在样本数很多的情况下，它比分别处理的收敛速度要快；二是每处理一个模式就计算出该模式的权重误差，在处理下一个模式之前就把权重误差加到原来的权重上。如果学习速度小，那么这两种做法之间就没有多少差别；但如果模式的集合非常大，那么每处理一个模式就改变权重的做法是比较合适的。反向传播算法是在导师指导下进行的，是适合多层联结主义网络的一种学习算法，它是建立在梯度下降法基础上的。

（2）反向传播算法的局限。反向传播算法思路清晰，计算步骤简单，易于理解，解决了很多网络的训练问题。但是，这种算法在实际运行中也暴露了很多问题。主要在于：①不经济，由于这种算法收敛速度比较慢，往返次数甚至多达数万次，因而费时较多，很多研究者发现其收敛速度在很多实践情境中慢得令人感到害怕。②训练结果只可能达到局部最小的情况，不能保证收敛到全局最优的情况，泰勒（S.Taylor）和科恩（D.Cohen）等人认为，标准反向传播算法及其所有变式的主要问题在于它们未能避免坚持局部最小的问题，即它不能保证系统不收敛到对应于局部最小的解决方案。③其动力学特征还很难理解。虽然对反向传播有大量的研究，但真实情况是这种方法的动力学特征还很难理解。很难预测改变训练集或隐含单元的数量会出现什么样的结果。金德曼（J.Kindermann）和林登（A.Linden）认为，如果给训练集增加额外的事例，权重空间的本质将会发生根本的改变。因为，以前最小的东西可能不再存在，而且，我们无法知道最近的最小的东西离以前那个最小的东西有多远。④运用反向传播算法时网络的概括能力很差。至今还不清楚的是，为什么网络不能对一已知事例进行概括。对于复杂的网络，要试图通过反向传播算法来理解网络如何解决一个给定问题是相当困难的。换句话说，这是由于隐含单元对输入－输出对中的难以解释的极其精致和复杂的规则敏感的缘故。⑤虽然在增加学习程序的速度方面有一些合理的成功的尝试，但真实情况是标准的反向传播算法不得不花费过量的时间对一合理的解决方案进行收敛。部分原因在于对于每一阶段，来自上层那一单元的误差都得与联结低层中的每一单元交往；部分原因在于它与系统一起在权重空间中趋向于振荡。结果，产生了网络自身难以解决的权重空间的本质性问题，使网络的记忆具有某种不稳定性，有可能丢失已经学过的知识，为了恢复这些知识不得不再行训练网络。⑥不能保证恰当、客观地科学选择并设置某些参量，因为在反向传播算法中，各种参量及其值均是根据经验来选择的。

（3）反向传播算法的扩展。正因为反向传播算法存在很多局限，近年来研究者对其进行了多方面的修改，例如通过增加附加动量项以增加算法的稳定性，使其在梯度方向的剧烈变化趋于平缓；通过改变激活函数来加快神经元学习收敛速度；通过优选联结权重的初始值来加快收敛速度等。除了通过不断修改和调整反向传播算法来加快收敛速度之外，研究者还提出了一些新的梯度方法来代替简单的梯度下降法，这样就可将收敛率提高一个等级。鲁梅尔哈特等人认为考虑梯度下降最容易的方法是考虑其反面，即梯度上升。他们以上山和下山为例来说明梯度上升和梯度下降。他们认为梯度上升程序不能避免坚持局部最大的问题，也就是说梯度上升只在可靠的情境中起作用，而梯度下降刚好与此相反，在此要坚持局部最小。如果梯度落到最小，程序就会停止，但这种最小不能对应于山谷的底部。他们通过类比及根据神经网络的特点认为，到达山底对应于对特殊学习问题的最好解决。虽然通过梯度下降进行学习的反向传播算法易于理解，也加快了收敛速度，但其面临的最大问题仍是不能保证收敛到全局最优。在实际应用过程中遇到的最大问题是如何恰当地选择某些参量以及如何使算法具有较快的收敛速度，而在理论上碰到的难题则是如何判断收敛的最小值是局部最小还是全局最小。金德曼和林登讨论了几种改变权重的程序。一是对于每一输入－输出对在何处改变权重，这就是周期性学习，即依次把每一模式呈现于网络并且把其相应的误差反向传播给一固定数量的试验。此方法面临的问题是，计算上花费的时间巨大，而且其并不严格地与算法的证明一致。二是成批地运行反向传播，即把所有输入－输出对的误差信号总和起来，然后在每一训练阶段之后，反向传播这种误差分数。此方法的优点是，梯度下降更有效（系统在权重空间中不摇摆），而且它更容易监控权重的总的误差项；其缺点是存在正误差和负误差相互抵消的情况。对标准反向传播算法的其他调整涉及学习率 η，也就是步长（Step Size）问题，因为常数在某种意义上决定了梯度应下降多大的等级。通过利用第二次获得的权重误差就可以了解梯度在权重空间中每一给定的位置改变得有多快。但如果当梯度自身改变时采用了较大步长，就会出现不可预测的结果。尽管这一系统可能有很多优点，但欣顿等人认为这种改进的算法是很复杂且很难操作的；泰勒也认为，这种方法尤其令人怀疑并且当系统处于最小化的附近时，它只是缓慢地增加收敛速度。由于在实际应用中，很难确定一个自始至终都恰当的最佳学习率，从而导致对网络的训练出现振荡，收敛速度减慢。为了加速收敛过程，就应该使网络自适应地改变学习率，使其该大时增大，该小时减小。可以说，对反向传播算法更为重要的改进是系统地改变学习率 η 和动量项 α。此处 η 和 α 被跨阶段的改变，因为引进动量项是为了部分抵消学习率 η 的效果。学习率 η 的较大值迫使系统在权重空间的沟谷底层振荡。动量项反映了以前积累的调整经验，当出现误差的骤然起伏时，可减小振荡趋势，提高训练速度。由此看来，动量项的作用在于抑制这些振荡。在考察学习率 η 和动量项 α 的交互本质时，查恩（Chan）和福尔赛德（Fallside）获得了改变 α 的方法。在这种条件下，系统在对标准的算法进行操作时显示了重要的改进。与标准的反向传播算法相比，改进后的反向传播算法在学习性能和学习速度方面都有了很大的提高。

（4）反向传播算法的应用。鲁梅尔哈特等人最初运用反向传播算法强调的一个问题是 XOR 问题。他们认为虽然传统的反向传播算法可以解决已知特定网络结构的 XOR 问题，但与改进后的反向传播算法相比无论是在迭代次数上还是在运行时间上都要多得多。这说明，网络要想解决更复杂的问题，对网络进行训练的反向传播算法就应当进行必要的修正。图 3–1 显示了运用反向传播算法解决 XOR 问题的两种网络。尽管这两种网络都由输入单元，输出单元和隐含单元构成，但是只要存在恰当的联结，一个简单的感知机（没有隐含单元）也可以解决 XOR 问题，如图 3–1 所示。

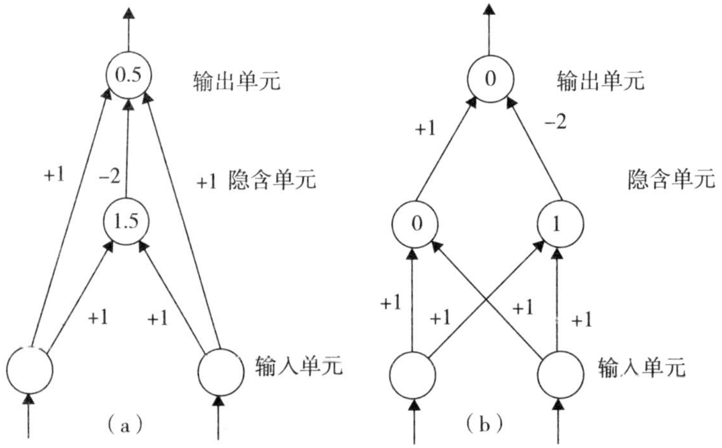

图 3–1　能够解决 XOR 问题的包含一个隐含单元层的网络

图 3–1 中的网络（a）是一个精心设计的联结主义网络模型系统；而网络（b）则运用了所有邻近层之间的所有联结。作为联结主义诸多主张中的一种隐含单元，发现了不可预测的内在表征。我们有必要考虑隐含单元在解决 XOR 问题中发现的那种表征，因为至少在两种情况下在联结主义文献中已谈到网络（b）中隐含单元的特征。汉森和巴尔甚至认为这种解决方案是由麦克洛奇和匹茨提出的。网络所找到（Hit Upon）的解决方案是有一个隐含单元，计算 Inclusive OR 问题的；它在（0，1）、（1，0）或（1，1）上兴奋并且其他的是计算逻辑“与”问题的，它只有在（1，1）上才兴奋。但由于第一个单元与输出单元共享了一积极联结，第二个单元与输出单元共享了消极联结。因此，只有隐含单元 1 激活了（1，0）和（0，1）。当呈现（0，0）时，没有激活任何单元；当呈现（1，1）时，两个单元都被激活了，但是单元 2 的消极效果却阻止了输出单元的激

活。显然，这种网络可以学着解决 XOR 问题。除了 XOR 问题，鲁梅尔哈特等人还用反向传播算法解决了明斯基和佩帕特在《感知机》一书中提出的一些其他问题。他们并非去考虑简单感知机的局限性，因为具有反向传播学习算法的多层感知机并没有这样的缺点。鲁梅尔哈特等人证明了这种感知机网络如何能学着解决奇偶性和对称性的问题以及 T–C 问题。T–C 问题纯粹是一个几何问题。这个问题主要是为了说明一个网络如何能学着把大写字母 T 从大写字母 C 中区分出来。为了解决这个问题，鲁梅尔哈特等人引入了一个合理的复杂的网络，它是由一套输入单元，形成了二维平面视网膜；一个隐含单元层，它由编码视网膜信息及一个输出单元组成。隐含单元与其邻近的隐含单元分享交叉的接受领域。另外，鲁梅尔哈特等人限制了系统以至于每一单元可学习同样的权重模式。这就保证了单元都能学习同一种接受领域并因此达到了转换的恒定性。一个相当世故的看法是，网络对单元和联结有如此多的内在约束以致它只能得到转换的恒定性，而不能做任何事情。即使不考虑网络系统本身的优缺点，仅就网络解决此问题的能力而言，鲁梅尔哈特等人认为网络中确实应有隐含单元。

5. 人工神经网络算法的优缺点

优点：分类的准确度高；并行分布处理能力强；分布存储及学习能力强；对噪声神经有较强的鲁棒性和容错能力；能充分逼近复杂的非线性关系；具备联想记忆的功能等。

缺点：神经网络需要大量的参数，如网络拓扑结构，权值和阈值的初始值等；不能观察之间的学习过程，输出结果难以解释，会影响到结果的可信度和可接受程度；学习时间过长，甚至可能达不到学习的目的。

三、隐马尔科夫模型

隐马尔科夫模型（Hidden Markov Model，HMM）是自然语言处理中的一个基本模型，用途广泛，大量适用于文本的分类应用中，在自然语言处理领域占有重要的地位。对于一个隐马尔科夫模型，它的状态序列不能直接观察得到，但能通过观测向量序列隐式推导得出。各种状态序列按照概率密度分布进行转换，同时每一个观测向量是由一个具有相应概率密度分布的状态序列产生。EM 算法（Expecta–tion–Maximization algorithm，最大期望算法）在统计中被用于寻找依赖于不可观察的隐性变量的概率模型中，做参数的最大似然估计。

（一）隐马尔可夫模型概述

一个隐马尔科夫模型可以由如下几个要素构成。

（1）模型的状态：设状态集合为$S=\{s_1,s_2,\cdots,s_N\}$，时刻 t 时所处的状态为 $q_t \in S$。状态之间可以互相转移。

（2）状态转移矩阵：描述状态之间如何进行转移的状态转移矩阵 $\boldsymbol{A}=\left(a_{ij}\right)_{N\times N}$，$a_{ij}$ 表示状态转移概率。

（3）模型的观察值：设观察值集合 $V=\{v_1,v_2,\cdots,v_M\}$，当 t 时刻的状态转移完成的同时，模型都产生一个可观察输出 $o_t \in V$。

（4）输出的概率分布矩阵：描述产生输出的概率分布矩阵 $\boldsymbol{B}=\left(b_{ij}\right)N\times M$。其中，$b_{ij}=b_i(j)=b_i\left(v_j\right)=P\left(o_t=v_j|\ q_t=s_i\right)1\ \ i\ \ N,1\ \ j\ \ M$，表示 t 时刻状态为 s_i 时输出为 v_j 的概率。

初始状态分布：模型的初始状态分布设为 $\pi=\{\pi_1,\pi_2,\cdots,\pi_N\}$，其中，$\pi_i=P\left(q_1=s_i\right),1\leqslant j\leqslant N$，这样，一个隐马尔科夫模型可以由五元组（$S$，$A$，$V$，$B$，$\pi$）完整描述。但实际上，$A$，$B$ 中包含对 S，V 的说明。因此，通常用 $\lambda=\{A,B,\pi\}$ 来表示一组完备的隐马尔科夫模型参数。为使隐马尔科夫模型解决实际问题，首先需要解决三个基本问题。

问题一：给定观察向量序列 $O=\left(o_1,o_2,\cdots,o_T\right)$ 和隐马尔科夫模型 λ=（A，B，π），如何计算由该模型产生该观察序列的概率 P（O_λ）。

问题二：给定观察向量序列 $O=\left(o_1,o_2,\cdots,o_T\right)$ 和隐马尔科夫模型 λ=（A，B，π），如何获取在某种意义下最优的内部状态序列 $Q=\left(q_1,q_2,\cdots,q_T\right)$。

问题三：如何选择（或调整）模型的参数 λ，使得在该模型下产生观察序列 O 的概率 P（O_λ）最大。

问题一实际上是一个评估问题，即计算给定的模型和观察序列的匹配程度。当用几个模型去竞争匹配给定的观察序列时，问题一的求解使我们从中选出一个最合适的模型。问题二也被称为解码问题，即根据给定的模型和观察序列，寻找最有可能生成这个观察序列的内部状态。问题二的求解也会在问题三中接触到。问题三是训练问题，即在给定一些观察序列作为样本的条件下优化模型参数，使得模型能够最佳地描述这些观察序列。可见，问题三是所有隐马尔科夫模型应用的基础。如果不能解决训练问题，就根本无法得到隐马尔科夫模型。

在马尔可夫链中，每个状态都对应一个观测事件，或者说状态是可以直接观测的。但在实际应用中，常常遇到这样的情况：马尔可夫链中的状态是不能直接观测的，它只能根据一系列的观测值进行推测，而且这些观测值与状态之间不是一一对应的关系，而是概率依赖的关系。此时，使用马尔可夫链描述该随机过程是不合适的，而应使用隐马尔可夫模型。根据处理的数据类型不同，隐马尔可夫模型可以分为离散隐马尔可夫模型和连续隐马尔可夫模型。离散隐马尔可夫模型是连续隐马尔可夫模型的基础，并且更容易理解。离散隐马尔可夫模型，顾名思义，观察值都被认为是离散的。为了能够更好地理解隐马尔可夫模型，考虑一个例子。假设有 N 个人在一间封闭的房间里，每一个人手里都拿着一定数量的带颜色的小棒子，一共有 M 种颜色。现在每个人都要扔出自己带颜色的小棒子，一个接一个地将小棒子扔出房间。在这个阶段，在房间外面唯一可见的结果是落在地上的小棒子的排列顺序，也可以看作是不同颜色小棒子的序列。但是并不知道哪一根颜色的小棒子是房间里 N 个人中哪个人扔出来的。在这个例子中，无论是人还是小棒子颜色的选择都是完全随机的。从房间外面观察，扔小棒子的人在视觉上是看不见的，也就是说，这个扔小棒子的过程是一个隐藏的过程。整个过程产生了一个关于带颜色小棒子的序列，该序列的输出结果是可见的。在这个过程当中，不知道的是哪一个人扔出的是哪一个颜色的小棒子，和这些人扔小棒子的顺序。输出序列非常依赖于不同扔小棒子的人，或者说是不同状态和在最初的时候对于首先扔小棒子人的选择，或者说是最初状态的选择之间的转移概率。这个例子中的一些状态是隐藏的，比如扔小棒子的人，并且输出的是可以观察到的序列，所以可以把这个过程看作是一个符合隐马尔可夫模型的例子。隐马尔可夫模型（HMM）可以用五个元素来描述，其中包括 2 个状态集合和 3 个概率矩阵。

（1）隐含状态数目 N（观察不到的状态数目）。隐含状态之间满足马尔可夫性质，是马尔可夫模型中实际所隐含的状态。隐含状态通常无法通过直接观察而得到（如上例中的 N 个人）。

（2）可观察状态数目 M（可以明显观察到的状态数目）。可观察状态在模型中与隐含状态相关联，可通过直接观察而得到，可观察状态的数目不一定要和隐含状态的数目一致（如上例中扔出来的不同颜色的小棒子的数目）。

（3）隐含状态转移概率矩阵 $\boldsymbol{A}$，描述了 HMM 中各个状态之间的转移概率（如上例中转换扔小棒子的人的概率）。可以表达为：$\boldsymbol{A}=\{a_{ij}\}$，表示在 t 时

刻从状态 i 转变到状态 j 的概率，式中 $l \leqslant i \leqslant N$，$l \leqslant j \leqslant N$。

（4）观察状态辐射概率矩阵 $\boldsymbol{B}$（如上例中指定人扔出指定颜色小棒子的概率），可以表达为：$b_j(k) \in B, b_j(k)$ 表示在 t 时刻从状态 j 中选择观察特征为 x_k 的概率，式中 $1 \leqslant j \leqslant N$，$l \leqslant k \leqslant M$。

（5）初始状态概率矩阵 $\boldsymbol{\pi}$，表示隐含状态在初始时刻 t=1 时的概率矩阵。可以表达为 π_i=P（q_1=S_i），表示在 t=1 时刻选择状态主的概率，式中 $l \leqslant i \leqslant N$。

一般来说，可以用 λ=（A，B，T）三元组来简洁地表示一个隐马尔可夫模型。隐马尔可夫模型实际上是标准马尔可夫模型的扩展，添加了可观察状态集合和这些状态与隐含状态之间的概率关系。为了解决某个问题而建立的隐马尔可夫模型的结构取决于隐含状态和可观察状态数目的选择。例如，在扔小棒子的例子中，如果有 3 个人，就可以构建一个隐含状态数目 N=3 的隐马尔可夫模型。假设一共有 7 种不同颜色的小棒子，因此这里的可观察状态数目 M=7。每个带颜色小棒子的观察状态辐射概率，可以用观察特征 xg 来表示，那么函数 b_j（k）表示指定人扔出指定颜色小棒子的概率，其中，参数 k 表示的是颜色，如果小棒子的颜色包括红、黄、蓝、绿、黑、白、橙 7 种颜色，分别用 1、2、3、4、5、6、7 表示，参数 i 表示的是隐含状态的人，隐含状态包括 3 个人，分别用 1、2、3 表示。最初，选定某个人是服从初始状态概率分布的，并且假设第一根小棒子总是 2 号人（Person2）扔出的。因此，就可以得到初始状态概率矩阵，如图 3-2 所示。假设隐含状态转移概率矩阵和观察状态辐射概率矩阵分别如图 3-2 和图 3-3 所示。因此，对于给定的可观察序列建立隐马尔可夫模型的关键参数就是：初始状态概率、隐含状态转移概率和观察状态辐射概率。

$$\boldsymbol{\pi} = \begin{bmatrix} \text{Pr（Person 1）} \\ \text{Pr（Person 2）} \\ \text{Pr（Person 3）} \end{bmatrix} = \begin{bmatrix} 0 \\ 1 \\ 0 \end{bmatrix}$$

图 3-2　初始状态概率矩阵

	Person 1	Person 2	Person 3
Person 1	0.2	0.4	0.3
Person 2	0.1	0.5	0.4
Person 3	0.4	1.5	0.1

图 3-3　观察状态辐射概率矩阵

（二）马尔科夫过程

当可维修系统的各单元寿命分布和故障后的维修时间分布以及其他有关的分布都是指数分布时，可用连续时间、离散状态的马尔可夫过程来描述。

设 $\{X(t), t \geqslant 0\}$ 是取值在 $E=\{0, 1, 2\cdots\}$ 或 $E=\{0, 1, 2, \cdots, N\}$ 上的一个随机过程，对任意自然数 n 及任意 n 个时刻点 $t_1, t_2, \cdots, t_{ij}$，$(0 \leqslant t_1<t_2<\cdots \leqslant t_{ij})$ 均有 $P\{X(t_{ij})=i_{ij}|X(t_1)=i_1, x(t_2)=i_2, \cdots, X(t_{ij}-1)=i_{ij}-1\}=P\{X(t_{ij})-i_{ij}|X(t_{ij}-1)=i_{ij}-1\}$，$i_1, i_2\cdots, i_{ij} \in E$。则称 $\{X(t), t \geqslant 0\}$ 为离散状态空间 E 上的连续时间马尔可夫过程。上式解释：若给定系统在给定时刻 $t_{ij}-1$ 的过程 $\{X(t), t \geqslant 0\}$ 处于某个状态 $i_{ij}-1$，则过程在 $t_{ij}-1$ 以后发展的概率规律与过程在 $t_{ij}-1$ 以前的历史无关，在时刻 t_{ij} 系统处于状态 i_{ij} 的概率，仅仅取决于 t_{ij} 以前最近时刻 $t_{ij}-1$ 的状态 $i_{ij}-1$ 的条件概率。或者说，若给定过程现在所处的状态，则过程将来发腿的概率规律与过程的历史无关。设系统如图 3-4 所示只有两种状态，即正常状态 S 与故障状态 F。因故障，系统由正常状态 S 转移到故障状态 F；故障状态经修理恢复到正常状态。这种状态的转移完全是随机的。即对于每个固定的时刻 $t_1 \in T$，系统所处的状态 $x(t_1)$ 是随机变量，则 $X(t)$ 是随机过程。对这种状态转移起作用的只是现在所处的状态，与以前的状态转移无关，即系统状态间的转移仅由前一时刻状态决定，与将来时刻、过去时刻的状态均无关，故此系统的状态转移过程是马尔可夫过程。

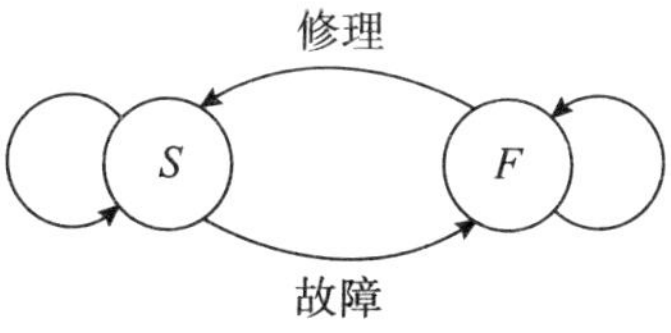

图 3-4 两状态图

若对于任意时刻的 $t, \Delta t \geqslant 0$，及对于任意的 $i, j \in E$，均有 $P\{X(t+\Delta t)-j|X(t)=i\}=P\{X(\Delta t)=j|X(0)=i\}=P_{ij}(t)$。该式表示马尔可夫过程的转移概率仅与时间差 Δt 有关，与起始位置的时刻 t 无关，则称这种过程为齐次马尔可夫过程。对于固定的 $i, j \in E$，函数 $P_{ij}(t)$ 表示从状态 i 转移到状态 j 的转移概率函数。对齐次马尔可夫过程，若令 $P_i\{t\}\text{it}\{X(t)=j\}, j \in E$。则系统在时刻 t 处于状态 j 的概率，与系统在时刻 0 处于状态 k 的关系式为 $P_j\{t\}=\sum\limits_{k \in E} P_k\{0\} P_{bj}\{t\}$。

（三）基于隐马尔可夫模型的流数据分类算法

与传统静态数据相比，流数据具有快速到达，潜在无界和海量等特点，其间隐藏的数据概念模式将随时间以及应用环境变化而产生“概念漂移”。尽管已有不少研究人员针对概念漂移问题提出很多解决方法，但周期性概念漂移问题仍未得到足够重视，隐马尔可夫模型提供了一种基于样本的概率自动识别系统技术，能够利用变量的概率状态转移矩阵预报随机波动，适合描述和分析具有随机性及关联性的事件序列。本研究提出了一种基于隐马尔可夫模型的周期性流数据分类算法 HMM_SDC（Hidden Markov Model based Stream Data Classification），结合半监督学习算法提高混合样本集的分类精度，实验结果表明该算法具有较好的分类准确性及实时性。

1. 训练样本优化

假定数据流按到达顺序被划分为形如 D_1，D_2，…，D_n 的定长数据段，其中 D 为数据元素 X_i 的集合，$D=\{X_1, X_2, \cdots, X_n\}$，$Y$ 为数据元素 X 的类标号集合，$Y=\{y_1, y_2, \cdots, y_m\}$。

定义 1　令 t 时刻数据块 D_t 可以分成 k 个微波 D_t^k，$k=1, 2, \cdots, K$，h_k 为 D_t^k 的同质度量基尼系数，P_c^k 为 D_t^k 中类标签均为 y_c 的数据元素的先验概率，L_k^c 为簇 D_t^k 中类标签均为 y_c 的样本实例个数，可得：$P_c^k=|L_k^c|/|D_t^k|$；$h_k=1-\sum_{c=1}^{i}\left(P_c^k\right)^2$。令 θ 为用户提前定义的同质阈值（$0<\theta\leqslant 1$），可得：当 $h_k=1$ 时，$\sum_{c=1}^{i}\left(P_c^k\right)^2=0$，$D_t^k$ 为未标记簇；当 $h_k=0$ 时，上式等于 1；当 $0<h_k<1$ 时，D_t^k 为部分标记簇。

定义 2 令部分标记的微波质心为 $C=(c_1, c_2, \cdots, c_k)$，$c_k$ 是一个 M 维向量，$C=(C_{k1}, C_{k2}, \cdots, C_{km})$，dis（$x_i$，$c_k$）定义为实例 x_i 和 c_k 之间欧氏距离平方，可得：$\mathrm{dis}\left(x_i, c_k\right)=\sum_{j=1}^{M}\left(x_{ij}-c_{kj}\right)^2$。

定义 3　令 $U(D_t)$ 为定义在数据块 D_t 上的学习目标函数，可得：$U\left(D_t\right)=\sum_{k=1}^{K}\sum_{x\in D_i^k}\mathrm{dis}\left(x, c_k\right)+\sum_{k=1}^{K}\sum_{x\in L_i^k}h_i$。

使用基于半监督 K-Means 算法对混合样本进行优化分成以下两个步骤。步骤 1：算法首先将当前到达数据块 D_t 分成 k 个微波，划分时将类标签相同的已标记样例划分成同一个簇，未标记样例则被划分到距其最近的簇中，并求

得 k 个微簇的同质度量基尼系数 h_k。步骤 2：对于每个微波 D_t^k，如果 D_t^k 是已标记的，找出其中数量最多的类标签，将其作为簇标签直接定义 D_t^k 的类标签，并用该标签标记簇内未标记的数据元素；如果 D_t^k 是半标记，则根据学习目标函数，将未标记数据实例分配到离它最近的微波中，迭代使得目标函数最优；如果 D_t^k 是未标记簇，则直接放弃。

2. HMM_SDC 算法

定义 4 HMM 可定义为一个五元组 $\lambda=\{S, O, A, B, \pi\}$，其中：$S$ 为 HMM 中隐含的状态集，$S=\{S_1, S_2, \cdots, S_i, \cdots, S_m\}$，时刻 t 数据概念的状态为 q_t，$q_t \in \{S_1, S_2, \cdots, S_m\}$；$O$ 为任意时刻模型输出的观测值集合，$O=\{O_1, O_2, \cdots, O_k, \cdots, O_n\}$，$t$ 时刻系统可观测输出为 o_t，$o_t \in \{O_1, O_2, \cdots, O_n\}$；$\boldsymbol{A}$ 为状态转移概率矩阵，$\boldsymbol{A}=(a_{ij})M \times M$，$a_{ij}=P(q_t+1=S_k|q_t=S_i)$，表示状态 i 转移到状态 j 的概率；$\boldsymbol{B}$ 为观测值概率矩阵，$\boldsymbol{B}=(b_{jk})M \times N$，$b_{jk}=P(o_t=v_k|q_t=S_j)$，表示数据概念为状态 j 时外部可观测到的模型输出值为 v_k 的概率；π 为初始状态概率分布，$\pi=\{\pi_1, \pi_2, \cdots, \pi_m\}$，$\pi_i=P(q_i=S_i)$。

HMM_SDC 算法将一个窗口中所预测的类标号的最大频繁项的集合代表当前时间段数据流概念，通过集成分类器中每个分类器及其权重变化推断，并将集成分类器中基础分类器及其权重作为观测输出结果。算法采用了类无限状态隐马尔可夫模型 [呵学习的思想，在建立概念漂移的 HMM 模型时，同时完成观测值序列学习及 CD_HMM 模型优化。HMM_SDC 算法将 CD_HMM 模型学习分成两个阶段：第一阶段是建立一个基础的 CD_HMM（λ_b）；第二阶段是根据新到达数据分布的变化更新基础的 CD_HMM（λ_b），直到所得到的 CD_HMM（λ）相对稳定。HMM_SDC 算法如下。输入被划分成一定长度的数据块 D_1, D_2, $\cdots$, D_b, $\cdots$, D_T，分类错误率阈值 ε，集成分类器初始阈值 k_b、集成分类器阈值 K、集成分类器 E、可观测序列 O。输出训练好的集成分类器 E_T。

阶段 1 训练基础 CD_HMM（λ_b）

步骤 1：若当前到达数据块 D_b 非空且 CD_HMM（λ_b）为空，则计算出分类器 E_t 对当前数据块的分类错误率 Err（D_t），如果 Err（D_t）$<$给定阈值 ε，无须更新分类器，即 $E_b=E_b-1$；否则调用半监督 K-means 算法优化 D_b，得到优化后的样本集合 D_b^k，并重新在样本集 D_b^k 上训练基础分类器 C_b，并将新的分类器与原有的集成分类器合并，即 $E_b=E_b-1 \cup C_b$。步骤 2：合并观测序列，即 $O=O_b-1 \cup O_b$，如果当前集成分类器中分类器个数等于初始阈值 k_b，则进入步骤 3，否则返回步骤 1。步骤 3：令 init（i）为所有训练概念漂移序列中初始

状态为 i 的漂移序列个数，利用下式计算 CD_HMMb 的初始状态概率 π_i，进入步骤 4。$\pi_i=\sum_{j=1}^{N}\text{Init}(j)$，$1\leqslant i\leqslant N$。步骤 4：令 C_{ij} 为漂移序列中从状态 S_i 转移到 S_j 的次数，利用下式计算 CD_HMM（λ_b）状态转移概率 a_{ij}，进入步骤 5。$\pi_i=\sum_{j=1}^{N}\text{Init}(j)$，$1\leqslant i\leqslant N$。步骤 5：令 E_j（O_k）为状态 S_j 释放观测值 O_k 的次数，利用下式计算 CD_HMM（λ_b）的观测值释放概率 B_j（O_k），得到 CD_HMM（λ_b）的各项参数，即$B_j\left(O_k\right)=\dfrac{E_jO_i}{\sum_{i=1}^{M}E_jO_i}$。

阶段 2　更新 CD_HMM

输入 CD_HMM（λ_t-1）、当前到达的数据块 D_t、集成分类器 E_t-1、分类错误率阈值 ε。输出 CD_HMM（λ_t）、调整后的集成分类器 Et。步骤 1：令观测时刻 t 数据概念 q_t 为 s_j，可得到沿状态路径 q_1，q_2，…，q_t（q_t-1=S_i，q_t=S_j），产生观测序列 o_1，o_2，…，o_t 的最大概率 δ_t（i，j）为

$$\delta_t(i,j)=\max_{1\leqslant i\leqslant N}\left[\delta_{t-1}(i)a_{ij}\right]b_j\left(O_1\right),2\leqslant t\leqslant T,1\leqslant j\leqslant N$$
$$\dot{\varphi}_i(j)=\underset{1\leqslant i\leqslant N}{\text{argmax}}\left[\delta_{t-1}(i)a_{ij}\right],2\leqslant t\leqslant T,1\leqslant j\leqslant N$$

。其中，argmax 符号代表寻求参数值，使得表达式结果最优。步骤 2：根据 δ_t（i，j）和 ψ_i（j）可以递推得到：

$$P^*=\max_{1\leqslant i\leqslant N}\left[\delta_T(i)\right]$$
$$q_T^*=\underset{1\leqslant i\leqslant N}{\text{argmax}}\left[\delta_T(i)\right]$$

。步骤 3：状态序列路径回溯，可得到：$q_i^*=\varphi_{i+1}(j)\left(q_{i+1}^*\right)$。步骤 4：根据 q_T 对应的输出序列，依据观测值概率矩阵 $\boldsymbol{B}$，计算该状态下的最大概率输出，并依此调整该状态下 E_t-1 中各基础分类器的权重得到 E_t。步骤 5：计算分类器 E_t 对当前数据块分类错误 Err（D_t），若 Err（D_t）≥给定阈值 ε，则转入步骤 6，否则转入步骤 7。步骤 6：使用基于半监督 K-means 算法对当前混合样本 D_t 进行优化，得到 D_t^k，再利用 D_t^k 训练得到一个基础分类器 C_t，更新基础分类器使 E_t=E_t-1UC_t，更新观测序列 O_t 使 O_t-1 ∪ O_t。根据当前状态序列及观测值序列，重新训练 CD_HMM（λ_t）。步骤 7：保持基础分类器不变，即 E_t=E_t-1，合并观测值序列，使 O_t=O_t-1 ∪ O_t。

3. 实验

参照算法选用了经典的集成分类算法 DWM，基础分类器为 NaiveBayes 算

法，DWM 的数据窗口大小为 500，窗口个数为 10。仿真实验在人工合成数据集 SEA 与超平面 Hyperplane 上进行，实验数据均从开源数据流仿真分析平台 MOA 上获得。

（1）运行时间比较。令实验中 SEA 数据集总样本个数为 $k\times10^6$，样本数据与测试数据的比例为 3 ∶ 2。由表 3-1 可知，HMM_SDC 算法整体分类效率并没有因增加的状态模型训练工作而受到较大影响。

表 3-1　算法在 SEA 数据集分类时间对比

数据集实例个数	DWM	HMM_SDC
1×10^6	16. 16s	26. 74s
2×10^6	35. 63s	47. 28s
3×10^6	54. 32s	70. 93s
4×10^6	76. 1s	85. 28s
5×10^6	97. 03s	102. 5s

（2）分类精确度分析。DWM 算法的 SEA 数据集包含了 90% 的已标记样例，HMM_SDC 算法所用样本仅包含 40% 的已标记样例。由表 3-2 可知，在噪声数据比例较低时，两种算法都能保持较高的分类准确率，随着噪声数据比例的提高，算法的分类准确度都有所下降，但 HMM_SDC 算法通过半监督学习方法，能够充分优化参与训练的样本集来提高算法的分类准确度，比 DWM 算法更适合大多数现实应用的需求。

表 3-2　算法在 SEA 数据集上的平均分类准确度对比

数据集	平均分类精确度	
	DWM	HMM_SDC
SEA（含噪声 5%）	94. 56%	94. 87%
SEA（含噪声 10%）	89. 64%	90. 01%
SEA（含噪声 15%）	84. 53%	86. 97%

（3）概念漂移变化速度对分类准确率的影响。随机产生了不同漂移变化

速度的 Hyperplane 数据流，样本实例总数为 1×10。由图 3-5 所示的实验结果可知，随着概念漂移变化速度的增加，DWM 算法的分类精确度迅速下滑，这是因为算法在集成分类器中仅保留一定数量的适合最近到达数据流的基础分类器，当数据概念发生漂移时，算法必须重新训练并更新集成分类器中的基础分类器，因此算法会对当前到达的数据先做出错误的判断，然后在分类错误率超过阈值时才调整集成分类器以提高分类准确性。而 HMM_SDC 算法能够根据状态转移概率矩阵结合观测值输出序列，预先计算出在下一时刻最有可能产生的状态序列，并依此调整各基础分类器权重，当概念漂移变化速度增加时仍可保持较好的稳定性。

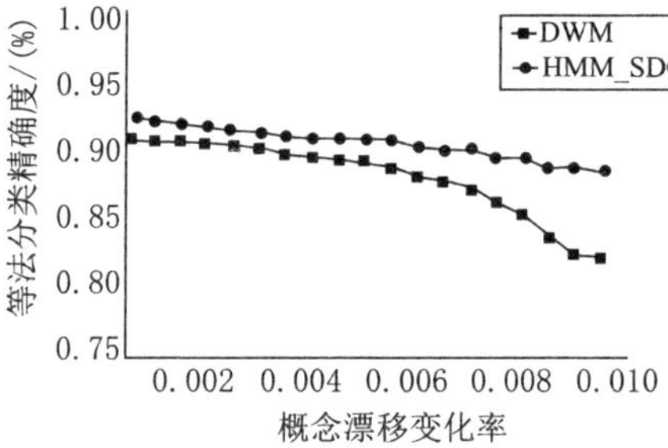

图 3-5　概念漂移变化对算法分类精确度影响比较

数据流分类算法中对历史概念的重复学习不但浪费计算资源，同时也很难保证算法对概念漂移的探测速度能与漂移实际发生速度同步。新提出的 HMM_SDC 算法将集成分类器中基础分类器及其权重作为隐马尔可夫模型的可观测输出序列，建立 CD_HMM 模型，将观测值序列学习及概念模型更新同时进行。当发生周期性概念漂移时，算法根据当前可观测到的输出序列，结合状态转移概率矩阵，预测出概念漂移的状态序列，并由此更新集成分类器；同时，为了降低未标记样本有可能导致的隐马尔可夫模型欠学习问题，算法使用半监督学习方法完成部分样本的标记。实验结果表明，相对重复学习的集成分类器方法，HMM_SDC 算法能够取得较好的分类精度及分类时效性。尽管数据流分类问题已成为学术界研究的热点，但现存的方法仍没有一个比较完善的解决方案，对数据流三个特点（海量性、实时性、动态变化性）进行解决。因此，可以说对数据流分类问题的研究仍然处于起步阶段，很多现存的方法和技术需要在后续研究中不断提高和完善，且提升空间很大。基于此，本章将研究的重点集中于数据流分类方法的创新方面，在基于树算法的、基于权重的集成学习模型，数据流集成分类方法，增量式学习方式以及概念漂移检测等问题进行了深入研究。

随着大数据时代的到来，数据流的特点也在发生着变化，在实际应用中，数据流中往往包含多种类型的数据，而不仅仅是数值型数据，因此对这种混合数据类型如何进行实时分类是一个需要进一步研究的问题。海量数据是数据流最主要特点，而且随着大数据时代的到来，任意时刻所产生的数据都是海量级的，因此如何使用并行计算的思想对数据进行处理是一项重要的研究内容。由于没有“完美”的算法，也就是对不同数据流可能需要不同的分类方法进行分类，并且不同分类模型也有其应用和解决问题的局限性，因此如何从这些模型中自动选择合适的方法对数据流进行分类也是一个有意义的研究方向。尽管数据流分类领域目前仍然存在诸多问题，但是随着科研人员的投入和不断努力，并且结合实际应用的需求，在未来数据流分类技术必定会有重大突破和发展。

第三节 大数据分析实例

大数据具有巨量、增长速度快、变化大、价值大的特点。对于一个具体行业或者具体应用来说，数据的完整和细致或者它的稠密性和局部性就非常有用。例如，社区里非常详细的数据，如果你用心地去分析，就可能会发现很多有价值的东西。当然，关键是要有大数据的思维，你要意识到数据本身所存在的价值，只有认识到了才能挖掘它。另外，现在移动互联网的实时性也是非常重要的，有很多这样的例子，下面进行举例说明。

一、大数据与获得信贷

（1）问题：由于信贷档案太少或者没有信贷档案而无法获得可负担得起的贷款。

对于美国人，尤其是努力跨入中产阶级的美国人而言，能申请到定价公平且负担得起的贷款是他们获得经济水平提升的重要因素。几十年来，放贷者很大程度上根据信用评分，如 FICO 的评分，来决定是否以及以什么样的形式来放贷。信用评分能在特定的时间段内，对个人的负面金融行为，比如拖欠贷款的可能性，做出预判。传统的情况是，这种预判是基于个人信用记录的实际数据，再根据以前的借款经验总结开发出的算法得出评分。消费者金融保护局（CFPB，Consumer Financial Protection Bureau）的研究表明，尽管传统的信用评分能服务于很多美国人，但有高达 11% 的人群是“信贷盲点”——仅仅由于他们具有时效性的信贷还款记录太少，算法无法利用这些数据算出信用评分。另外，

CFPB 发现了收入与信贷评分具有强关联关系——在低收入社区中，30% 的消费者是“信贷盲点”人群，另外 15% 的消费者的信贷评分无法计算。

（2）机遇：在贷款中应用大数据能够为经济上不足的人增加获得信贷的机会。

解决这个问题的一个可行性途径是，使用多种渠道的数据来做数据分析，创造更多的机会，使消费者能获取更好的信贷。随着很多公司收集信息并对个人评分，尤其是针对那些信用信息不足或不够新的群体，这些数据兴许对于信用风险评估而言很有用。一些公司关注于个体之前未被收录的信息，如手机账单、公共记录、以前的住址、教育背景和纳税记录，另一些公司可能关注于非常规的信息源，比如手机的定位信息、社交网络平台收集的信息、在线购物清单反映出的购物倾向信息，甚至于浏览个人财务网站时鼠标滚动的信息等。采用大数据在创造新的打分机制方面具有潜力，同时它也潜在地为数千万因缺乏信贷文件而无法通过传统方式贷款，或受到不公正信用评分的人群获取信贷创造了机会。例如，许多美国人定期支付他们的电话费和杂费，支付记录可用于预测其个人信誉。但是如果用户长期欠费，电话费和杂费缴纳信息一般只是作为信贷历史的一部分，因此它们只能用来惩罚消费者可感知的信誉。政策和经济研究委员会的一项研究调研了 40 万份信用文件，并发现如果正反方面的电话费及杂费缴纳信息也参与信用评定，那么超过 70% 的不可打分的文件变得可以打分，64% 的“缺少信息的文件”（文件只有很少的信用历史记录）将会提升分数，这项调研也发现这种变化尤其有利于低收入人群。

（3）挑战：扩大获得信贷机会的同时，保证消费者在信贷资格认证中不被歧视。

尽管大数据能够增加美国人获得负担得起的信贷的机会，但是如果使用不慎，它亦会导致延续、加剧或掩盖歧视的潜在问题。举例而言，试想，如果一个技术手段可以从个人的社交网络上收集信息，并通过社交分析系统建立一套代替性的信用评分，这套工具可能会为被传统市场低估的人群增加获得信贷的机会，但它同时也可能加剧差距，因为这些人群的社交网络与每天的借贷行为基本没有联系。这些工具还可能引发另一些问题，比如消费者抗议不利裁决或更改不准确信息的能力是否受到影响。当这些决策在计算驱动的“黑盒”系统中完成，消费者的决策基础信息，以及各类数据在完成信用资格认证过程中扮演的角色就难以被呈现，这将不再是传统观念上的透明操作。信用部门面临重要的数据准确性的问题，这些问题可能随着采用新的、快速变化的数据源而凸显，所以在为用户计算信用评分时，保留用户知情权以及争执基础数据准确性的权益就显得尤其重要。来自联邦交易委员会的报告显示，消费者样本中21%的人在每三份信用部门的报表中就能找到至少一处错误。信用评分系统为扩大数据源，实现了从收集通知和信用卡消费等长期性信息，到收集社交媒体使用状况和GPS定位等快速变化的、大容量的信息的转变，这很可能增加与事实不符合的数据，导致产生了并不是真正基于消费者犯罪可能性的分数。另外，由于数据源的增加，它们和信用的关系也变得复杂并具有动态性，因此消费者在理解FRCA和ECOA的公告以及定位问题方面会出现困难。经验不足的消费者在面对大型机构或复杂的数据产品时，数据准确性和透明性的挑战更加凸显。这些担忧不仅仅针对新兴采用数据分析方式的信用评级领域。以2017年美国联合贸易委员会发布的基于信用的保险评分研究为例，尽管不同民族之间分数差异很大，但是这些分数在汽车保险政策风险防范方面起到非常有效的预测作用，这些分数并不是简单的种族、民族、性别或其他违禁行为指标。用于评定信用的算法将采用新方式加以开发，开发过程中非常重要的是，设计和测试过程中要始终致力于解决上述担忧，防止无意中使用种族性别或其他受保护的属性作为代理分数。有限的公开研究关注于分数是否可以有效地预测犯罪行为，但是它并没有检验信贷评级的新方法是否可以避免考虑代理人的特征，像是种族或者民族。由于新产品的复杂性和专有性，当缺少对这些新的产品的相关研究时，会导致潜在忧虑的产生。如果算法系统实现得糟糕，使用新的评分系统匹配针对性的信贷营销机会和个体信贷意愿，将会造成歧视性危害。这是特别值得担忧的问题，因为信贷领域经历着快速变革，尤其与数据科学的不断进步结合后，研究者和消费者想要定位歧视性并采取措施防范它们将变得很困难。

二、大数据和雇佣

(1)问题：传统的雇佣政策可能会遗漏与技能与职务空缺相匹配的申请者。

从19世纪90年代开始，越来越多的公司意识到有一种新的方式去接近并分析一大群申请者。简历数据库网站提供了一个地方，在这里个人和公司都可以获取机会和人才，为了应对候选者的突然涌入，希望聘用人员的公司也会采用评估申请者的新方法，使用分析性工具来自动地分类并确定更受偏爱的候选者，使其在面试的过程中脱颖而出。有了这个变化，基于计算程序和大数据集的使用确定并给申请者评分的任务，就开始从工业心理学家和招募专家转向计算机科学家。但是即使负责招募和聘用的管理者希望最大限度地利用算法系统和自动化，每个人还是更倾向于去雇佣那些像他们自己的人。这种无意识的现象常常被称作“像我”偏见，可能会阻碍多样化。算法系统可以帮助在聘用的过程中避免这种偏见，并且增强多样性。但是，因为他们都是由人建立起来的而且依赖于有缺陷的数据，这些算法系统也可能基于有瑕疵的判断和假想，这些也保持了偏见。因为这些技术是新的而且会迅速地发生变化，它们的测定可能会很难去挑战。

（2）机遇：大数据可以被用来揭示或者减少就业歧视。

就像信用评估一样，数据分析学有益于帮助将人们和合适的岗位相匹配。正如上文讨论的，研究已经证明“像我偏见”和“密切关系偏见”在聘用时的存在，负责聘用的经理也常常选择那些有共同特点的申请者，作为比较，算法驱使的过程可能会避免个人偏见，确定拥有与特定职位相匹配能力的申请者。公司可以使用数据驱使的方法去发现那些潜在的员工，他们可能在某些方面因为传统教育和工作经验的要求而被忽视。数据系统允许公司客观地考虑员工的经历和技能，这些与成功有一种被证明的必然联系。通过查看那些使先前员工成功的技能，人力资源数据系统可以进行模式匹配来识别出下一代员工应当拥有的特点。

（3）挑战：在就业机会方面促进公平、伦理道德和机制来缓和歧视。

数据分析的公司正在通过使用工作申请者多样和新颖的信息资源，来创造新型的申请者评估。这些资源和算法，在预测一个人工作是否成功方面可能是不可靠的。例如，经济不景气期间长时间失业的工人们要想重新成为劳动力可能会经历一段困难期，因为申请者评分系统会考虑“失业时期长度”，这样就会形成向潜在的与工作表现无关的雇主发送消极信号的得分。类似的，一家就业研究公司发现上下班路程是预测员工在工作岗位上将会持续多久的一个重要因素，如果算法系统被设计成不经过进一步考虑而深深依赖于这个因素，他们将歧视那些在某些方面有资格，却只是碰巧比其他人住的离工作地点远了一点的申请者。虽然这个研究出于对它到底与竞争有多大关联的考虑，最后忽视了边勤距离这个因子，但是其他的雇主会轻视这些重要的因素。在运用其他的一些雇佣标准时，如果他们无法准确、充分地反映出一个人品格，就要考虑这个测量工具的有效性。所以说，在运用这些系统时，留意他们在公正和公平机会上产生的影响是很重要的。最后，像之前所说的一样；机器学习型算法通过回顾现有雇员以前的表现或者分析人事部门经理的偏好，可以帮助判断哪一种雇员会成功。但是，如果这个信息来源本身就带有历史偏见，那么通过算法得到的分数将会充分复制出这些偏见。比如说，如果机器学习算法强调与同龄人相比，应聘者开始对电脑感兴趣的年龄，那么公司会偏向招收更多的男性员工，虽然公司的招聘目标要达到性别平等。这是因为文化传达出的信息和假设认为男孩和电脑联系更加紧密，因此男孩比女孩更早接触电脑。同样，关于年龄歧视的担忧会出现，因为年老的员工更难去适应家庭电脑的发展。除此之外，使用某些算法去评估候选人，有时会强调大学毕业证或者是某个特定领域的大学毕业证，但是这样往往会使雇主与一些高度有能力、具有天赋但不具有特定文凭的候选人失之交臂，但是这些候选人往往可以通过在职培训，新兴的轮岗培训成功胜任这项工作。一些具有大学文凭但不是该领域的人才同样会被这个算法系统忽略。在设计数据分析型的应聘者评估系统时，工程师和经理们需要考虑到多种因素，并且把这些因素运用到系统设计工作中去。“设计机会均等”是一个体现这种思想的方法。在过滤对某个空缺岗位的简历时，一些公司已经开始使用多种多样的人力资源分析平台。所有公司应该继续推进招聘工作的公平，符合科学、符合伦理道德地使用数据工具，同时确保消除对特定群体某些不利的、根深蒂固的歧视，这些对美国人才市场的公平而言十分重要。商业公司也要坚持这些有利的招聘方式，因为那些没有跳出传统招聘方式的公司会失去那些可以很好胜任重要岗位的人才。

三、大数据与高等教育

（1）问题：学生群体面临获取高等教育、寻找择校信息、保持就读等方面的挑战。

未来的学生及其家庭需要评估哪些高等教育行政机构可以实现他们的目标。决定在什么样的学位水平，在什么样的行政机构中攻读学位将会对学生及其未来有持续的影响。例如，获得一个学术学位可以在一生中提高总收入的84%，这是那些高中毕业的人所盼望的。同样地，一些教育机构价格的不同也会影响学生的经济回报，可能导致学生们借钱的总数不同，这将会影响他们的事业决定和生活方式。尽管这个决定很重要，但它的清晰度、使用便利性以及用来指导学生们做出这些选择的信息还是十分匮乏。与此同时，高等教育的行政机构收集并分析关于学生和申请人的大量数据。在学生们进入校园之前，在招生的时候以及做财政援助决定时使用学生信息，在学生登记注册之后，一些学校使用应用程序以及在教室收集到的数据来制定适合学生的教学计划。在高等教育中使用大数据，要么会产生分歧，要么会消除分歧，该技术可以帮助识别和服务那些有可能需要额外帮助的学生，同时将会被用来拒绝录取其他基于同等条件的机会。

（2）机遇：利用大数据可以为最急需接受教育的学生增加教育机会。

为了解决大学质量及教育开销相关信息的匮乏，行政机构创建了一种大学积分卡来提供关于大学绩效的可靠信息。大学计分卡是帮助学生及其家庭评价大学的一大进步，从前从来没有关于大学成果的国家数据库，包括那些毕业生收入的较可信数据和关于学生贷款的实时数据。助学贷款的偿还提供给了学生们及其家庭和老师一个关于大学付出和回报的更准确的描述，这个数据同样可以鼓励高校帮助大学生坚持完成学业，并为弱势学生群体接受大学教育提供很大的机会。有了这些信息，学生和他们的家庭可以做出更明智的选择。除了教育部已经做的关于大学记分卡的数据外，高等教育为学生提供了一个利用创新大数据的独特环境，学校可以使用他们已经收集到的数据来帮助跟踪学生的进步，创新的机会取决于学校如何使用现有的数据来创建一个定制的学习计划，大数据技术正在帮助学生们通过定制计划而更有效的学习，它可以帮助学生克服学习结果的持续差异，并为那些倾向于退学的学生提供额外帮助。佐治亚州立大学是其中一个使用大数据使学生们获得成功的例子，它的 GPS 项目始于 2013 年，旨在使全校 32000 多名学生可以毕业。它追踪了每个学生在日常生活中 800 个不同的风险行为。当一个问题出现时，大学会采取积极的建议和干预措施给予学生们需要的支持。有时这种干预很简单但却是重要的，它可以保证学生们注册正确的课程；有些时候，系统使用预测分析来确保学生在必修课的表现。自从 2013 年开始启用 GPS，来自以分析为基础的警报已经在佐治亚州立大学生中开展了 100000 次主动干预。截至 2019 年，该大学的毕业率从 48% 增加到 54%，提高了 6 个百分点。在过去的两年间，佐治亚州立大学以平均每个学生减少半个学期的方式减少了学位获得的时间，为学生们节约了超过 1000 万美元的学费。

（3）挑战：有关部门必须谨慎地避免在高等教育招生决策中可能产生的歧视。

尽管使用大数据可以帮助高中学生选择正确的大学，但是预测学校会在多大程度上帮助学生获得成功还是一个挑战。联邦数据源的一个重要限制是缺乏关于学生个人学术水平的数据，如他们的高考和大学招生考试成绩。因为学术能力是衡量大学质量的重要元素，而忽略这个可能会使大学质量评估产生偏差。随着大学计分卡的继续发展和完善，教育部会面临更多的挑战。在做招生决定的时候，高等教育制度可能会使用大数据技术，在申请人进入校园之前就试着预测他们毕业的可能性。通过这种方式，一些学生可能不会被录用，因为从统计角度而言他们不太可能毕业。行政机构同样会拒绝那些低收入家庭的学生和那些因为无法负担大学学费而存在毕业风险的学生。反过来，这会造成一种可能，即大学因为要削减成本，就可能不录用那些他们认为不值得付出额外资源的申请人。预测一个学生是否能从大学毕业的一个重要因素是其家庭收入，在这种情况下，特别是在一些不太顶尖的大学中，大数据可能会歧视那些来自低收入家庭的同学，那些被用于帮助学生们成功的数据同样可以阻止低收入学生被录取。当然，也有可以减轻这种情形的办法，例如经济援助。另一方面，一些学校和地方正在积极使用数据来促进成功、阻止歧视。例如，田纳西州基于回报的拨款方案就为四年制大学提供了一个关于数据如何促进学生成功的范例，对于那些有资格申请佩尔助学金的学生以及成年学生（24 岁以上），田纳西州模型将在“信用积累”和“学位获得率”评分方面赋予更多的值，特别地，这些学生的评分结果将比那些没有资格获得佩尔助学金的学生以及其他年龄的学生高 40%。通过这样做，学校将促进那些低收入的学生以及成年学生更容易被录取以及获得成功，这些学生在高等教育中的比例偏低。在高等教育中运用大数据是个非常有价值的机会，但必须谨慎使用。学习本身就是一个反复实验和纠错的过程，以合理的方式使用数据从而获取创新带来的好处是非常重要的，但是也要为学生探索，犯错以及无顾虑地学习提供合理的空间，犯一些带来长期后果的错误本身就是学习的一部分。

四、大数据与刑事司法

（1）问题：这个世界变化迅速，而执法人员在寻求巧妙的方式来利用新技术提高社区的安全和信任。

地方、州和联邦执法机构日益重视数据分析和算法系统，希望可以借此进一步完成使命，保护美国。执法官员利用现场采集到的信息以及对于新技术的使用，可以对情况做出分析，以确定适当的应对方式。与此同时，人们希望执法机构可以从始至终对其所服务的社区尽职尽责，在数字时代也是一样。同样地，对于协助执法机构进行决策和开展行动的技术，人们也需要保证其使用周到，要考虑到其对社区的影响，并且可以提升基于信任的社区伙伴关系。

（2）机遇：数据和算法有可能让执法变得更加及时、透明、有效。

执法机构长期以来一直试图发现犯罪活动的规律，以更有效地分配稀缺的资源。新技术在逐渐取代人工，现在许多警察局都采用复杂的电脑模拟系统来帮助他们更好地了解犯罪热点地区，将犯罪数据与气温、时间、与附近建筑和设备的距离，以及其他的变量的相匹配。美国总统特别小组的警务报告中推荐执法机关在以基于技术的调查行动中采用模型模拟和实践，而基于技术的调查行动可以增加社区信任和联系，在技术对于人们隐私的影响这一问题上，推荐其向国家标准靠近，并发掘国家立法机构可以采用的最佳实践，用于其管理执法机关获取、使用、保存和传播的听觉、视觉、和生物数据。自从特别小组发布了以上建议，白宫和美国司法部已采取了几项措施，确保该报告的建议在美国能够得以实施。作为举措的一部分，白宫发起了倡议，使警务数据更加透明并增进社区的信任，全国50多个警察局纷纷加入这个计划，努力将技术进步的红利变成现实。参与此活动的司法部门做出的承诺有：增加对于公开警务数据的应用，从而建立社区信任，增加部门透明度，利用这些数据来更有效地发现可以改进的政策，或是可能加剧社会不良反应的警员，使他们能够接受有效的培训和干预。为了实现这些目标，美国的多个警察局已开发并部署了“早期预警系统”，以确定那些可以从额外的培训、资源或辅导中获得帮助的警员，来防止过度使用武力，减少市民的投诉和其他问题。通过使用被确认过的警方数据，以及包含当地犯罪和人口数据的背景信息，这些系统可以检测那些关于未来问题最具指示性的因素，从而试图确定哪些行为更能引发未来的不良事件。发现这些行为就可以制定有针对性的警员干预措施，保护他们的安全，改善警民互动。另外，一些最新的建模分析技术（常被称为“预测警务”），也许可以提高预测犯罪行为可能发生的地点和时间的精确度。研究表明，若一个居民区最近已发生一起或多起入室盗窃，那么在之后几天内，就可能发生其他财产犯罪案，被称为“近墨者黑”的分析模型就是在此观点的基础上尝试预测犯罪行为的。同样，被称为“风险地形建模”的技术也可分析出犯罪活动集群的具体地点，如酒吧、汽车旅馆或便利店等，该模型还可以预测出哪些特定的社会和物理因素会吸引潜在的罪犯，并为其实施犯罪创造机会。现任洛杉矶警察厅（LAPD）的主任查理·贝克，将预测警务描述为具有前瞻性，可以定向，使基于信息的巡逻，以情报为基础的战术、战略和政策成为可能的技术。在一些情况下，这些系统展现出了它们的良好前景。在LAPD分局做出的实验中，大量的治安数据被用于分析，以预测犯罪事件的发生，此分局与其他分局相比，犯罪举报比率大幅度下降。

（3）挑战：执法部门可利用新技术提高社区信任及公众安全，特别是可以通过技术方式提高透明度和责任感，并缓解待遇差别和个人差异所带来的不良后果。

若设计和布局谨慎，基于数据的方法可帮助执法部门避开人类直觉和偏见，可以依据与风险关联的因素和变量做出决策。然而对数据和算法系统来说，要避免因其使用不当而加剧犯罪系统中的不合理，这一点十分重要。举例来说，这些未纠偏的数据将会进一步放大记录在案的种族差异情况，而无法在已知问题的发生地点对其进行改善。这些利用数据分析法建立并使用的预测工具必须能全力确保该算法不依赖于具有不适当排外性的因素，如收入水平、受教育程度，或者其他一些具有替代性的数据，可替代那些与个人和犯罪活动的关联微乎其微的特性。例如，人们可以将历史信息与预测算法用于指导警察巡逻，将历史逮捕数据用于提醒执法者提升某些地区的巡逻次数和强度。如果反馈机制并不完善，那么在此基础上建立的预测算法系统就不能充分满足社区警务的实践需要，也可能阻碍警方为提升社区信任和安全所做出的努力。例如，已掌握逮捕数据的机器学习系统可能表明特定的社区需要更多的警方监管，而实际上这些社区的情况已经逐渐改善。未来，执法机构可以在数据输入和处理的透明度方面做出更多努力，其重点在于消除可以替代种族或贫困信息的数据，并确保在使用这些工具时不会产生偏见，这是重中之重。同样重要的一点是，司法数据严重匮乏，部分原因是这种数据的主要存储库之一，也就是联邦调查局的犯罪报告（UCR），此数据库急需进行现代化的转换，它依赖于志愿工作的投入，但是这类工作无法捕捉到足够丰富且完整的数据。美国联邦调查局局长 James Comey 重视改进数据收集，并反复呼吁美国各个社区积极参与 UCR 的国家事件报告系统（NIBRS）。他解释说，收集数据的方法增强了我们对犯罪行为的认识，因为它不只包括数据统计，还提供了完整的事件背景和情景复原。此方法涉及很多问题：发生了什么事？事情在哪里发生的？发生在什么时间？事情发生的过程中谁在那里？这些都是什么人？犯罪者与被害人之间是什么关系？即使犯罪举报率有所提高，但我们仍需小心谨慎地对待任何犯罪数据。许多司法数据的输入或多或少都是主观的，警察在做出执法决策时非常谨慎（例如以下方面，决定谁去完成制止、搜查、问询和逮捕等行动），就像警察和检察官在起诉时也同样谨慎（例如，普通袭击与重罪袭击），输入的数据中包含有这种决策信息。决策制定者还应该继续寻求新的方式，以更好地利用执法部门中不断增加的数据，这样才能提高公众的安全感和责任感。例如，目前使用便携相机的机构的数量正在成倍增长，与此同时，我们也得到了几千小时的视频和音频记录。作为警方的数据倡议的一部分，白宫请到一些学者和技术专家，共同确认是否可通过机器识别的方式来审查这些视频和音频，以发现执法者与平民正面与反面的互动。白宫科技政策办公室曾参加由斯坦福大学和奥克兰市警察局共同主办的研讨会，会议重点在于加快研究和开发，让便携相机的数据更易于搜索和与其他系统分享，并着眼于对其进行自动处理，以减轻负担。从更广泛的角度来看，对于执法部门如何更有效地使用预测分析法的讨论应当继续开展，之前利益相关者已经做出一些努力，这些利益相关者包括执法机构、学者、社区领袖及社会团体等。

第四章　云计算背景下大数据的应用

第一节　大数据应用模式及价值

一、大数据的应用模式

大数据的魅力不在于它大，而在于这么大的数据里可以产生越来越多以前没有，甚至是想不到的价值。基于大数据运算的结果，巧妙地利用大数据资源，是整个大数据应用流程的最后一环，同时也是最靠近管理决策和终端用户的一环。也就是说，庞大的数据需要我们进行剥离、整理、归类、建模、分析等操作，通过这些操作后，我们开始建立数据分析的维度，通过对不同维度的数据进行分析，最终得到我们想得到的信息。数据的积累是一个从量变到质变的过程。当数据积累不够多时，没有人能读懂这些“碎片”背后的故事。但随着数据的积累，特别是超过某个临界值后，这些“碎片”整体所呈现的规律就会在一定程度上被显现出来。谷歌在帮助用户翻译时，并不设定各种语法和翻译规则。而是利用谷歌数据库中收集的所有用户的用词习惯进行比较推荐。谷歌检查所有用户的写作习惯，将最常用、出现频率最高的翻译方式推荐给用户。在这一过程中，计算机可以不了解问题的逻辑，但是当用户行为的记录数据越来越多时，计算机就可以在不了解问题逻辑的情况下，提供最为可靠的结果。可见，海量数据和处理这些数据的分析工具，为理解世界提供了一条完整的新途径。[①]

项目立项前的市场数据分析可以为决策提供支撑，通过目标用户群体趋势

---

① 闫智，詹静．大数据应用模式及安全风险分析 [J]. 计算机与现代化，2014（08）：58-61.

分析为产品提供商务支撑。同时，对运营数据的挖掘和分析也可以为企业提供运营数据支撑，不一而足。综合而言，大数据的运用有以下五种模式：

其一，数据存储空间出租。企业和个人都对海量信息存储有需求，只有将数据妥善存储，如文件的普通存储、专业的数据聚合平台等，才有可能进一步挖掘其潜在价值。数据存储空间的出租主要是通过易于使用的API，用户可以方便地将各种数据对象放在云端，然后再像使用水、电一样按用量收费。目前，众多云盘公司均已宣布为客户提供付费无限量的存储空间。

其二，企业经营决策指导。相关组织可以利用用户数据，并运用成熟的模型和数据分析技术，有效提升企业的数据资源利用能力，让企业的决策更为准确，从而提高整体运营效率。简而言之，就是将内部大数据分析技术商用化，进而为企业提供决策依据。如超市可根据消费者的购买记录，发现用户经常同时购买的两种商品，进而更换货位并推出捆绑营销的方式吸引顾客。

其三，个性化精准推荐。在运营商内部，根据用户喜好推荐各类业务或应用是常见的，比如应用商店软件推荐等，而相关部门通过关联算法、情感分析、文本摘要抽取等智能分析算法后，可以将之延伸到商用化服务，利用数据挖掘技术帮助客户进行精准营销推荐。如Uber、滴滴等公司曾运用用户的打车数据记录，计算出不同用户画像的个体对餐饮业的需求，进而帮助餐饮企业开展精准化营销。

其四，企业自身管理。企业、组织可以通过对用户生成内容及其他二手数据资料的文本分析，解析出客户的评论和理由。文本分析可以识别相应信息，并标记出信息的优先级别，进而方便企业自身管理，使得企业有针对性地开展工作。

其五，创新性社会管理。社会管理包含社会治安管理、社会舆情管理、社会行为管理等多个方面。在大数据的帮助下，什么时间段、哪条路拥堵等问题，都可以通过分析得知。此外，通过同一条路上多个用户手机位移的速度便可以判断当时的路况，为拥堵做出准确预警。美国已经使用大数据技术对历史性逮捕模式、发薪日、体育项目、降雨天气和假日等变量进行分析，从而优化警力配置。

尽管大数据并不缺少成功案例，但并不是所有的案例都会成功。如组织懒惰和错误的应用场景所造成的组织战略失败，缺乏大数据分析技能导致的技术层面的失败，还有一些数据本身的问题，如过度相信数据，运用了错误的模型等均会造成大数据的失败运用。2008年，谷歌第一次预测流感就取得了很好的效果，比美国疾病预防控制中心（Centers for Disease Control and Prevention）

提前两礼拜预测到了流感的暴发。但是，几年之后，谷歌的预测比实际情况（由防控中心根据全美就诊数据推算得出）高出了50%。这很可能由于媒体过分渲染了谷歌的成功，出于好奇目的而搜索相关关键词的人越来越多，从而导致了数据的扭曲。因而，各组织部门在运用大数据时应理性考虑，排除干扰，确定正确的战略和数据模型，合理地利用大数据资源。综上，大数据的产业链正在不断完善。与大数据的产生、聚集、分析、利用相对应，大数据的产业链也可以分为上游、中游和下游三个部分。大数据产业的上游是一批能够掌握大数据标准、入口、汇集和整合过程的公司，它们在大数据储存、使用和分析的基础上推出个性化、精准化和智能化的机制，跨网站、跨产品、跨终端、跨平台，让人与人、人与物、物与物之间实现高效撮合与匹配，从而建立起崭新的商业模式。这些公司的理想目标是掌握全部网络用户和全部网络服务提供商的全部网络行为。这种驾驭大数据的能力反过来会深刻影响网络业未来的走向和人们使用互联网的方式。大数据产业的中游是一批在某些垂直领域或者某些特定区域能够掌握大数据人口、汇集和整合的公司，掌握全部网络用户的部分网络行为，或者是部分网络用户的全部网络行为。这些公司有机会在这些垂直领域或特定区域成为规则制定者和商业模式创新者。大数据产业的下游由网络公司组成，它们基本上扮演的角色是大数据生态圈里的数据提供者、特色服务运营者和产品分销商，基本通过开放平台和搜索引擎获取用户，处于产业的边缘地带。

二、大数据应用的价值

数据是有价值的，不仅仅是完成数据基本用途而实现的原始价值，更多的是隐藏在数据内部的隐形价值。就如海上的冰山，肉眼所能够看到的仅仅是漂浮在海面之上的冰山一角，大部分冰山都隐藏在海面之下。我们所看到的大数据价值亦是如此，大部分价值都隐藏在数据内部，需要在数据的利用过程中，被挖掘和实现。正是在大数据背后隐藏价值的驱动下，政府、工业界、学术界都对大数据研究与应用投入了大量资源。大数据价值的驱动带动了各行各业大数据的大发展、大应用。大数据的应用能够使企业提高对数据的管理能力，揭示数据背后的商业价值，使企业从宏观层面上更好地洞察企业竞争力。并且，大数据应用还能切切实实为人们生活带来舒适与便利，生活智能化、工作便捷化，让大数据应用的发展真正服务于人们。在大数据时代，合理而有效的利用大数据，才能给人们带来更多的价值，滥用大数据只能产生更多的数字垃圾。

大数据应用的价值主要体现在商业价值、分析价值、潜在价值。

（一）大数据的商业价值

随着传统的商业智能系统向纵深应用的拓展，商业决策已经越来越依赖于数据。然而，传统的商业智能系统中用于分析的数据，大都是企业自身信息系统中产生的运营数据，这些数据大都是标准化、结构化的。事实上，这些数据只占企业所能获取的数据中很小的一部分，估计不到15%。企业用于分析的数据越全面，分析的结果就越接近于真实。大数据分析意味着企业能够从这些新的数据中获取新的洞察力，并将其与已知业务的各个细节相融合。一方面，商业智能的普及，让企业对数据的重要性已经有了充分认识；另一方面，社交媒体、电子商务、物联网等新应用的兴起，打破了企业原有价值链的围墙，仅对原有价值链各个环节的数据进行分析，已经不能满足需求。企业需要借助于大数据战略打破数据边界，了解更为全面的运营及运营环境的全景图。许多公司面临着从持续呈几何级数增长的数据中管理和汲取数据价值的挑战，而网络互动、社交媒体、移动计算和传感器等来源产生的新数据元素，为企业提供了利用分析推动创新和赢得竞争的新机遇。这对数据仓库的扩展性和管理复杂性提出了前所未见的极高要求。大数据将成为未来提高企业竞争力和创造消费者盈余的关键要素。例如，在零售行业，利用大数据技术，可以帮助消费者在更合理的价格范围内找到更合适的产品来满足自身的需求。根据麦肯锡公司的初步总结，大数据可以通过以下 5 种方式为企业创造价值。

（1）减少“信息不对称”。仅仅让利益相关方能够更加容易地及时获取信息，就可以创造巨大价值。例如，对于制造业企业，整合来自研发、工程和制造部门的数据以实现并行工程，可以显著缩短产品上市时间，提高产品质量。

（2）发现客户需求规律。随着企业创造并存储更多数字化的交易数据，并以实时或接近实时的方式收集更多准确而详细的绩效数据，企业能够通过安排对比实验，运用数据分析获取更好的决策。例如，网商可以通过点击率和销售价格相结合的试验论证来决定如何调整价格，制订促销活动计划。

（3）对客户进行细分。利用大数据技术，企业能够对客户群进行非常具体的细分，以便精确地定制产品和服务，以最大限度地满足客户的需求。在市场营销领域，许多企业已经能够将客户实时微观细分，以便确定促销和广告方式。

（4）提高科学决策水平。成熟的分析方法能够显著改善决策过程，使决策造成的风险最小化，并在一定程度上预见未来。大数据技术可以提供算法研究或算法执行所需的原始材料，利用算法来优化决策过程。零售商可以根据实时店内及在线销售来自动微调库存和定价。有些企业已经在通过分析来自客户、雇员甚至嵌入产品中的传感器的整个数据集而做出更科学的决策。

（5）创新商业模式。大数据让企业能够创造新产品和服务，改善现有产品和服务，甚至创造全新的商业模式。例如，硅谷有个气候公司，从美国气象局等数据库中获得几十年的天气数据，将各地的降雨、气温和土壤状况以及历年农作物产量做成精密图表，从而预测任一农场的明年产量，向农户出售个性化保险。如果出现未能预测的恶劣天气损坏庄稼，气候公司将及时赔付。①

（6）模拟实境。运用“大数据”模拟实境，发掘新的需求和提高投入的回报率。现在越来越多的产品都装有传感器，汽车和智能手机的普及使得可收集数据呈现出爆炸性增长。Blog、Twitter、Facebook 和微博等社交网络也在产生着海量的数据。云计算和“大数据”分析技术使得商家可以在成本效率较高的情况下，实时地把这些数据连同交易行为的数据进行储存和分析。交易过程、产品使用和人类行为都可以数据化。“大数据”技术可以把这些数据整合起来进行数据挖掘，从而在某些情况下通过模型模拟来判断不同变量（如不同地区不同促销方案）情况下何种方案投入回报最高。

（7）数据存储空间出租。企业和个人有着海量信息存储的需求，只有将数据妥善存储，才能进一步挖掘其潜在价值。具体而言，这块业务模式又可以细分为针对个人文件的存储和针对企业用户的存储两大类。通过易于使用的 API，用户可以方便地将各种数据对象放在云端，然后再像使用水、电一样按用量收费。目前，已有多个公司推出相应服务，如亚马逊、网易、诺基亚等。运营商也推出了相应的服务，如中国移动的彩云业务。

（8）管理客户关系。客户管理应用的目的是根据客户的属性（包括自然属性和行为属性），从不同角度深层次地分析客户、了解客户，以此增加新的客户、提高客户的忠诚度、降低客户流失率、提高客户消费等。对中小客户来说，专门的 CRM 显然大而贵。不少中小商家早期将飞信作为初级 CRM 来使用。比如，把老客户加到飞信群里，在群朋友圈里发布新产品预告、特价销售通知，完成售前售后服务等。

（9）个性化精准推荐。在运营商内部，根据用户喜好推荐各类业务或应用是常见的，比如应用商店软件推荐、IPTV 视频节目推荐等，而通过关联算

① 梁秋雁．商业模式创新与大数据的价值 [J]. 今日财富（中国知识产权），2020（10）：49-50.

法、文本摘要抽取、情感分析等智能分析算法后，可以将之延伸到商用化服务领域，利用数据挖掘技术帮助客户进行精准营销，今后盈利可以来自客户增值部分的分成。以日常的“垃圾短信”为例，信息并不都是“垃圾”，只是因为收到的人并不需要而被视为垃圾。通过用户行为数据进行分析后，可以给需要的人发送需要的信息，这样“垃圾短信”就为了有价值的信息。在日本的麦当劳，用户在手机上下载优惠券，再去餐厅用运营商 DoCoMo 的手机钱包优惠支付。运营商和麦当劳搜集相关消费信息，如经常买什么汉堡，去哪个店消费，消费频次多少，然后精准推送优惠券给用户。

（10）数据搜索。数据搜索是一个并不新鲜的应用，随着“大数据”时代的到来，实时性、全范围搜索的需求也就变得越来越强烈。我们需要搜索各种社交网络、用户行为等数据。其商业应用价值是将实时的数据处理与分析和广告联系起来，即实时广告业务和应用内移动广告的社交服务。运营商掌握的用户网上行为信息，使所获取的数据“具备更全面的维度”，更具商业价值。典型的应用如中国移动的“盘古搜索”。

（二）大数据的分析价值

大数据的价值要依靠挖掘和分析才能体现出来。因此，人们常常说的大数据价值其实是指大数据分析的价值。我们从时间维度，从宏观、中观（行业）和微观（企业）层面对大数据分析的价值进行探讨。

1. 从时间维度看大数据分析的价值

从时间维度看，大数据分析的价值主要体现在以下 3 个方面：一是总结过去。历史的记载总是不够全面和完整，它们或有选择性、或有所美化。但在信息时代，人类利用大数据可将在移动终端、社交媒体、传感器等媒介上的碎片化的资料、数据和信息融合在一起，通过分析海量数据来总结具有普遍性的规律，从而发现新的知识。这为人类更加全面、完整、客观地记录历史、总结历史经验知识提供了可能。二是优化现在。“互联网 +”环境下，“互联网 + 大数据 + 传统产业”不仅仅意味着简单相加，而是进行跨界融合，充分实现互联网与传统产业的优势互补，借助行业大数据实现创新和自身发展。近年来，零售业、旅游业、新闻出版产业及金融服务业等传统产业，借助大数据分析实现了巨大变革。例如，引入基于位置的服务（LBS）、数据挖掘和个性化推荐技术等提取用户行为偏好，进行精准营销。因此，大数据分析可以让我们把事物的全貌及隐含的特征看得更清楚，更明白，为当下的发展提供最优的决策支持。三是预测未来。信息时代存在巨大的不确定性，而减少不确定性的依据应是数据和基于数据分析得出的结论。在未来，利用发达的科学技术可对大数据进行分析，从而预测人类的行为。例如，通过研究分析大数据来预测客户的购买行为、信用行为以及规避金融危险等。科学家可通过严谨、科学的方法来整理已知的海量数据信息，挖掘其内在规律、分析其发展趋势。因此，大数据有可能让我们更好地预测未来。

2. 从宏观应用看大数据分析的价值

信息技术与经济社会的交汇融合引发了数据迅猛增长，数据已成为国家的基础性战略资源。大数据正日益对全球生产、流通、分配、消费活动以及经济运行机制、社会生活方式和国家治理能力产生重要影响。深化大数据应用已成为我国稳增长、促改革、调结构、惠民生和推动政府治理能力现代化的内在需要和必然选择。一是推动经济转型发展的新动力。以数据流引领技术流、物质流、资金流、人才流将深刻影响社会分工协作的组织模式，促进生产组织方式的集约和创新。大数据推动社会生产要素的网络化共享、集约化整合、协作化开发和高效化利用，改变了传统的生产方式和经济运行机制，可显著提升经济运行水平和效率。大数据持续激发商业模式创新，不断催生新业态，已成为互联网等新兴领域促进业务创新增值、提升企业核心价值的重要驱动力。大数据产业正在成为新的经济增长点，将对未来信息产业格局产生重要影响。二是大数据成为重塑国家竞争优势的新机遇。在全球信息化快速发展的大背景下，大数据已成为国家重要的基础性战略资源，正引领新一轮科技创新。充分利用我国的数据规模优势，实现数据规模、质量和应用水平同步提升，发掘和释放数据资源的潜在价值，有利于更好发挥数据资源的战略作用，增强网络空间数据主权保护能力，维护国家安全，有效提升国家竞争力。三是大数据成为提升政府治理能力的新途径。大数据应用能够揭示传统技术方式难以展现的关联关系，推动政府数据开放共享，促进社会事业数据融合和资源整合，将极大提升政府整体数据分析能力，为有效处理复杂社会问题提供新的手段。建立“用数据说话、用数据决策、用数据管理、用数据创新”的管理机制，实现基于数据的科学决策，将推动政府管理理念和社会治理模式进步，加快建设与社会主义市场经济体制和中国特色社会主义事业发展相适应的法治政府、创新政府、廉洁政府和服务型政府；逐步实现政府治理能力现代化。

3. 从行业应用看大数据分析的价值

依据行业应用的不同，大数据分析的价值也有不同体现。首先是传统行业应用大数据分析的价值。传统行业是以劳动密集型、制造加工为主的行业，而传统行业拥抱互联网已经是大势所趋。目前金融、餐饮、钢铁、农业等传统行业已经趁势而上。尤其值得指出的是，互联网金融异军突起，像具有电商平台性质的阿里金融正依据大数据收集和分析进行用户信用评级，从而防范信用风险保障交易安全。传统行业拥抱互联网，需要完成传统管理系统与互联网平台、大数据平台的对接和融合，因而势必产生海量数据。传统行业可利用大数据分析调整产品结构、实现产业结构升级；优化采购渠道、实现销售渠道的多元化；实现产业融合和跨界创新、创新商业模式。例如，地产巨擘万科利用大数据分析价值洼地，各大券商联合互联网巨头推出大数据基金。其次是新兴行业应用大数据分析的价值。新兴行业相对传统行业而言，主要涉及节能环保、新一代信息技术、生物、高端装备制造、新能源、新材料及新能源汽车 7 个产业。新兴行业与传统行业不同，其本身具有高信息化、高网络化、高科技特点。从其诞生之日起，就具备了大数据的基因，也为大数据的分析利用提供了良好的土壤。例如，可穿戴智能设备 AppleWatch，从其面世起就是为信息时代而生的，产生的大数据可实现非接触数据传输、基于位置服务等。大数据在新兴行业的应用价值更多体现在优化服务、提升用户体验、实现个性化推荐及提高竞争能力等方面。

4. 从企业应用看大数据分析的价值

企业大数据分析的价值主要体现在采购、制造、物流、销售等供应链各个环节。例如，采购方面，依靠大数据进行供应商分析评价，以此更好地与供应商谈判；制造方面，生产的各个环节可利用大数据来分析进而优化库存和运作能力；物流方面，应用大数据分析来指导交通线路规划和日常设计；销售方面，应用大数据分析消费者偏好、行为，实现精准营销。总而言之，大数据分析对于企业的最大价值在于：实现供应链可视化、优化需求计划、强化风险管理、实现营销精准化和决策科学化。

其一是实现供应链可视化。可视化（Visualization）是利用计算机图形学和图像处理技术，将数据转换成图形或图像在屏幕上显示出来，并进行交互处理的理论、方法和技术。企业利用大数据分析可提供更具直观性的数据可视化服务，为供应链的全貌提供切实可见的视觉效果。①供应链可视化的实现便于相关人员更好地理解整个供应链的运作流程，从而便于交流和控制。②可视化的实现也可简化供应链复杂的流程，使整体供应链流程一目了然，增强审视和管理。③供应链可视化的实现有利于处理异议。从心理学角度讲，讨论过程之中出现不同观点时，争论的双方若看到自己的观点得以记录并展现于众，情绪会逐渐趋于缓和。据此，供应链可视化的实现对处理异议将起到较好效果。

其二是优化需求计划。需求计划是企业对所需要的物资、能源或材料等进行制订的采购进货计划，主要包括物资需求计划、能力需求计划和物流需求计划等。大数据分析对于优化需求计划具有举足轻重的作用。企业可应用大数据分析销售状况、市场需求程度、产品满意度等，从而为企业的物资需求计划制订提供决策支持。同时，企业还可利用大数据分析客户的偏好和购买行为，从而为企业与供应商的谈判提供有利信息，优化企业的能力需求计划。大数据分析还可为企业的物流交通线路规划提供优化策略。

其三是强化风险管理。供应链中的风险管理主要包括对供应商风险、监察安全风险的管理。一是评估供应商风险。供应商稳定有序与否，关系到整个供应链的成败。企业在确定供应商之前都会对其日常业绩和风险进行评估，以确保供应商的水平和能力。可利用大数据评估供应商的突发状况处理与风险应对能力，也可以利用大数据来为企业确定供应链高风险领域，据此为企业建立决策模型并确定资源利用的优先级，从而降低风险。二是监察安全风险。安全风险是企业供应链中需要面临的最高级别的风险，供应链的安全风险主要包括产品的安全性和数据的安全性。随着信息技术的发展，供应链的管理越来越精细，甚至实现实时监测。产品、物流信息都可借助 GPS，北斗卫星导航等定位系统进行实时监测，并实时上传到数据管理平台，进行大规模的数据分析，以此确保供应链的安全和效率。

其四是营销精准化。营销精准化就是通过消费者行为的挖掘和分析，预测消费者行为，优化营销策略，实现广告精准投放和个性化营销。无论是线上还是线下，大数据营销的核心是基于对用户的了解，把希望推送的产品或服务信息在合适的时间以合适的方式和合适的载体，推送给合适的人。大数据营销依托多平台的数据采集及大数据技术的分析及预测能力，使企业实时洞察用户，提高营销的精准性，为企业带来更高的投资回报率。大数据营销方式从海量广告过渡到一对一以用户体验为中心的精准营销。通过对客户特征产品特征、消费行为特征数据的采集和处理，可进行多维度的客户消费特征分析、产品策略分析和销售策略指导分析，从而实现一对一精准广告投放和效果分析。在注重用户体验同时达到最佳的营销效果，并且可对营销进行跟踪，通过准确把握客户需求，增加客户互动的方式从而不断优化营销策略，推动营销策略的策划和执行。例如，1 号店通过大数据分析给顾客发送个性化电子营销邮件。若顾客曾经在 1 号店网站上查看过一个商品而没有购买，则有几种可能：缺货；价格不合适；不是想要的品牌或不是想要的商品；只是看看。若在顾客查看时该商品缺货，则到货时就立即通知顾客；若当时有货而顾客没有买，就很有可能是因为价格引起的，那么在该商品降价促销时通知顾客；同时，在引入和该商品相类似或相关联的商品时温馨告知顾客。另外，通过挖掘顾客的周期性购买习惯，在临近顾客的购买周期时提醒顾客。

其五是决策科学化。大数据分析有利于科学决策。管理最重要的便是决策，而正确的决策依赖充足的数据和信息以及准确的判断。彼得·杜拉克说："人们永远无法管理不能量化的东西。"在大数据时代，管理者和决策者不缺乏数据和信息，缺乏的是依靠量化做决策的态度和方法。在过去的商业决策中，管理者会凭借自身的经验和对行业的敏感来决定企业发展方向和方式，这种决策有时仅仅参考一些模糊的数据和建议。而大数据和大数据分析工具的出现，让人们找到了一条新的科学决策之路。大数据主义者认为，所有决策都应当逐渐摒弃经验与直觉，加大对数据分析的倚重。相对于全人工决策，科学的决策能给人们提供可预见的事物发展规律，这不仅让结果变得更加科学、客观，在一定程度上也减轻了决策者所承受的巨大精神压力。华尔街某公司通过分析全球3.4亿微博账户留言判断民众情绪，再以"1"到"50"进行打分。根据打分结果，决定公司股票的买入与卖出。具体的判断原则是：如果所有人的手都高兴，就买入股票；如果大家的焦虑情绪上升，就抛售股票。这样的做法使该公司获得7%的收益率。诚然，大数据将创造巨大的社会效益和经济效益，但同时也带来了挑战。

（1）公共数据资源的共享与开放问题。我国公共数据资源由政府部门掌握，存在着政府信息系统和公共数据互联开放共享不足的问题。因此，根据国务院《关于促进大数据发展的行动纲要》的要求，应加强顶层设计和统筹协调，推动政府数据资源共享，形成政府数据统一共享交换平台，在依法加强安全保障和隐私保护的前提下，稳步推动公共数据资源开放。具体措施包括：①制订政府数据资源共享管理办法，整合政府部门公共数据资源，促进互联互通，提高共享能力，提升政府数据的一致性和准确性。②加快政府信息平台整合，充分利用统一的国家电子政务网络，构建跨部门的政府数据统一共享交换平台。③推动建立政府部门和事业单位等公共机构数据资源清单，按照"增量先行"的方式，加强对政府部门数据的国家统筹管理，加快建设国家政府数据统一开放平台。④制订公共机构数据开放计划，落实数据开放和维护责任，推进公共机构数据资源统一汇聚和集中向社会开放，提升政府数据开放共享标准化程度，优先推动信用、交通、医疗、卫生、就业、社保、地理、文化、教育、科技、资源、农业、环境、安监、金融、质量、统计、气象、海洋、企业登记监管等民生保障服务相关领域的政府数据集向社会开放。⑤建立政府和社会互动的大数据采集形成机制，制订政府数据共享开放目录。⑥通过政务数据公开共享，引导企业、行业协会、科研机构、社会组织等主动采集并开放数据。

（2）大数据安全问题。大数据安全包括大数据系统安全，大数据传输和存储安全、大数据的应用安全等。大数据安全不仅需要更可靠的大数据安全技术，也需要建立全新的安全机制解决大数据安全问题，需要加强大数据环境下的网络安全问题研究和基于大数据的网络安全技术研究，落实信息安全等级保护、风险评估等网络安全制度，建立健全大数据安全保障体系；建立大数据安全评估体系；切实加强关键信息基础设施安全防护，做好大数据平台及服务商的可靠性及安全性评测、应用安全评测、监测预警和风险评估；明确数据采集、传输、存储、使用、开放等各环节保障网络安全的范围边界、责任主体和具体要求，切实加强对涉及国家利益、公共安全、商业秘密、个人隐私、军工科研生产等信息的保护；妥善处理发展创新与保障安全的关系，审慎监管，保护创新，探索完善安全保密管理规范措施，切实保障数据安全。

（3）大数据用户隐私问题。大数据环境下通过对用户数据的深度分析，很容易了解用户行为和偏好，乃至企业用户的商业机密，对个人隐私和商业秘密的保护问题必须引起充分重视。因此，应加强对数据滥用、侵犯个人隐私等行为的管理和惩戒。推动出台相关法律法规，加强对基础信息网络和关键行业领域重要信息系统的安全保护，保障网络数据安全；从管理的角度来说，需要加强对数据开放的审核工作，必要时进行加密处理，并采取策略防止关联分析；从技术的角度来说，需要研究适用于大数据环境的隐私保护机制，如改进同态加密技术，以及基于关联分析的隐私安全评价体系。

（4）数据所有权问题。数据是有价值的，是可以变现的，未来数据的使用可能都需要经过用户授权。但数据所有权如何确定（即数据确权）？如何合理合法使用数据？数据公司是否有权将它们用于内部营销、广告、信用征信？这些问题的解决需要政府、企业、社会多方合作，推动网上个人信息保护立法工作，界定个人信息采集应用的范围和方式，明确相关主体的权利、责任和义务。当然，现行的运行实践可提供给我们很好的参考。从企业的角度，首先要解决数据所有权问题，如免费或让利与用户签订契约；其次要明确告知数据收集的内容和用途，如征信等是需要用户授权才可以操作的。

（5）大数据分析的人才紧缺与培养问题。大数据分析需要复合型人才，既能够掌握对数学、统计学、商业、机器学习和自然语言处理等多方面知识，又能够了解数据和信息如何与企业的业务产生关联，同时需要很强的逻辑分析能力和商业洞察能力。这类人才缺口较大，社会需求强烈。因此，应创新人才培养模式，建立健全多层次、多类型的大数据人才培养体系。①鼓励高校设立数据科学和数据分析相关专业，重点培养专业化大数据分析人才。②鼓励采取跨校联合培养等方式开展跨学科综合型人才培养，大力培养具有统计分析、计算机技术、经济管理等多学科知识的跨界复合型人才。③鼓励高等院校，职业院校和企业合作，加强职业技能人才实践培养，积极培育大数据技术和应用创新型人才。④依托社会化教育资源，开展大数据知识普及和教育培训，提高社会整体认知和应用水平。

（三）潜在价值

拥有大数据是时代特征，解读大数据是时代任务，应用大数据是时代机遇。大数据作为一个时代、一项技术、一个挑战、一种文化，正在走进并深刻影响人们的生活。党的十八届五中全会提出，“实施国家大数据战略”。实施国家大数据战略，必须理性认识大数据，准确把握其带来的机遇，科学应对其带来的挑战，用大智慧实现大数据的大价值。大数据重在积累、强在分析、利于运用。如何对已有的数据进行挖掘、发现和利用其潜在的价值，在全世界引起了广泛的关注。下面分别对大数据的潜在价值进行阐述。

1. 大数据在宏观经济管理领域的潜在价值

传统的经济计量模型建立在抽样统计学的基础上，以假设检验为基本模式。随着信息量的极大拓展和处理信息能力的极大提高，经济分析可能从样本统计时代走向总体普查时代。这一点对宏观经济分析意义重大，因为宏观经济系统纷繁复杂，如果能将对整体宏观经济变量的分析建立在尽可能多的关于经济主体行为的信息以及其他诸多经济变量的信息基础上，甚至抛弃原有的假设检验的模式，无疑将会极大地提高宏观经济分析的准确性和可信度。IBM 日本公司通过建立经济指标预测系统，从互联网新闻中搜索出影响制造业的 480 项经济数据，再计算出 PMI 预测值，事实证明有很高的准确度。此外，运用互联网信息采集和文本挖掘技术，针对银行机构所面临经营环境变化、信贷风险上升等问题，通过计算机自动搜索加专家分析，向客户提供包括：可能导致行业和企业风险加剧的宏观经济形势变化或政策法规实施信息、行业风险预警信息、企业信用恶化预警信息、法律纠纷信息、突发及重大经济事件等信息，均可体现大数据在宏观经济管理领域的价值。

2. 大数据在农业领域的潜在价值

谷歌前雇员创办 Climate 公司，从美国气象局等数据库中获得几十年的天气数据，并将各地的降雨、气温和土壤状况以及历年的农作物产量做成精密图表，从而能够预测美国任一农场下一年的产量。任何一个农场主去他那里问明年种什么能赚钱，他都能告诉你，说错了他保证赔偿，赔偿得比保险公司还要高，而且数据表明该公司到现在为止还没有赔过。在美国，农业大数据与精准农业概念相结合，已经应用于大部分农场并产生理想收益。通过对农业生产全过程的精准化、智能化管理，可以极大程度地减少化肥、水资源、农药等投入，提高作业质量，农业经营变得有序化，从而为转向规模化经营打下良好基础。农业大数据让农民开始使用移动设备管理农场，掌握实时的土壤、温度、作物状况等信息，提高了农场管理的精确性。我国在农业领域也开始了相关的大数据尝试，然而目前中国精准农业主要靠示范推动产业，地域性精准化有待提升。对农民自身而言，由于农民在生产管理上的顽固性，推广精准农业、做大数据分析依然举步维艰。做精准化的农业大数据，高投入高产出是必经之路，中国农民根本支付不起前期的高投入。因而中国对于农业大数据的探索和挖掘还在起步阶段，在发展过程中还需理智认清中国农业发展现状，以挖掘更大的数据价值。

3. 大数据在商业领域的潜在价值

在商业领域，大数据的价值主要体现在：用户大数据应用的具体场景分析；基于客户认知、客户使用、客户评估到客户购买的漏斗型转化分析；通过大数据分析可能会流失的用户及其预计流失时间，进而制定相应的决策；分析出需要增加购买的用户，并帮助客户推送相应的商品和服务；基于地理位置信息，判断行业间的关联度，进而帮助企业增加销售量等。如客户在超市购物时，通过手机定位，可以分析他们在货柜前停留时间的长短，从而判断客户对什么感兴趣。再如消费者在电商平台购物时，相关浏览交易信息会在广告交易平台上留下记录，电商平台不仅会自己利用这部分大数据，同时也会将消费记录卖给其他商家。

4. 大数据在金融业的潜在价值

国内不少银行已经开始尝试通过大数据来驱动业务运营。总的来看银行大数据应用可以分为四大方面：刻画个人客户画像和企业客户画像；精准营销及客户生命周期管理；风险管控，中小企业贷款风险评估，实时欺诈交易识别和反洗钱分析；运营优化提升金融业的相关产品和服务。实际上，作为中国最大的电子商务公司，阿里巴巴已经在利用大数据技术提供具体服务：阿里信用贷款与淘宝数据魔方。以阿里信用贷款为例，阿里巴巴通过掌握的企业交易数据，借助大数据技术自动分析判定是否给予企业贷款，全程不会出现人工干预。据了解，截至目前，在阿里巴巴已经放贷的记录中，坏账率大大低于商业银行。淘宝数据魔方则是淘宝平台上的大数据应用方案。通过这一服务，商家可以了解淘宝平台上的行业宏观情况、自己品牌的市场状况、消费者行为情况等，并可以据此做出经营决策。

5. 大数据在医疗卫生中的潜在价值

对医疗卫生而言，中国每年的就诊患者是世界上最多的，如果对这些医疗数据进行系统的分析，对治疗疑难病症，以及开发新药都将产生积极的影响。以智能手机为代表的移动终端产生海量的个人用户与位置结合起来的数据，为各种各样的服务、产品及全新的商业模式提供了巨大的发展空间。大数据运用在医疗卫生领域有五个方面的价值，其一，汇总患者的临床记录和医疗保险数据集并进行分析，提高支付方、医院和药企的决策水平。全面分析病人的特征和疗效数据，比较各种措施的有效性。其二，将医生的处方和医学指导进行比较，防止医生出现潜在的错误。其三，建立索赔数据库和相应的算法，检测索赔准确率，查处欺诈行为，并基于治疗效果调整药品定价策略。其四，通过数据集合建立预测模型，优化研发资源的分配，提高研发效率。其五，跟踪健康行为数据，如可穿戴设备、健康记录仪等设备记录的数据，并将这些数据整合聚焦，进行深入分析。

6. 大数据在社会管理中的潜在价值

随着全球化、信息化、网络化的深入，大数据给社会建设、社会治理带来的挑战更是前所未有。大数据时代的社会治理，既要研究社会，又要研究治理，更要研究大数据。具体而言，一是要研究人们互动、交流、交往过程中不同人群在QQ、微博、微信以及网络平台上发送的各种图片、图像、视频等非结构化、半结构化数据背后，人的情感、兴趣、价值观等现实社会各方面形成的大数据情况；二是要研究政府作为社会治理的主导，在提供社会服务、社会保障，创新社会治理等方面各种结构化、非结构化的数据，并将结构化的数据做纵横比较，从中发现政府社会治理的客观水平及其未来走势，以更有针对性地推进社会治理，以社会治理能力的现代化推进社会现代化。大数据在社会管理方面，可以通过位置信息确定有多少部手机在同时移动，可大致了解突发危机事件时人流聚集的情况，是否拥堵。在文本分析和社交网络大数据方面，如果社交成员永远不会在社交网站上表露自己的全部心情，我们也不可能了解到关于他的所有细节。但是可以根据用户经常阅读文章的类型以及停留时间，推导出这名用户的兴趣点，分析用户的性格，提前关注可能引起社会不稳定的因素。

综合而言，大数据时代网络社会管理中政府行为模式的研究大体可概括为三种视角。其一，社会化企业的大数据应当服务于社会治理，并倡议推动全行业的企业发起大数据公众服务行动。其二，政府和研究机构合作，积极参与社会治理，如与政府政务相关的微信平台的推出简化了政府对社会的管理工作，提高了办事效率。其三，探索大数据在国家治理中的重要价值，并承担起实现数据治国的技术支持者的社会责任，不断推动数据治理技术及模式的创新。

第二节　大数据在电子商务中的应用

一、大数据对电子商务的影响

电子商务的发展已经进入了一个精细化、隐形化的阶段，回顾粗放式的发展历程有利于认识电子商务所处的阶段。可以从顾客、传统企业零售在线策略和服务提供商的一系列表现以及思维和产品来窥见这种变化。电子商务，作为大数据的源泉之一，恰恰站在了时代的潮头。大数据对电子商务的影响主要体现在以下几方面：

（一）强大的信息检索服务

商品的丰富性直接影响电商的竞争力，而海量的商品数目，繁杂的分类体系以及复杂的非结构化的商品属性数据等都需要 IT 基础设施具备足够的灵活性和强大的检索能力。云平台架构提供的超大规模计算能力和大数据处理能力能够提供强大的个性化信息检索功能，即根据用户的个体差异、个人兴趣和需求特征进行智能海量检索，并高效率返回高查全率和查准率的检索结果。云计算的技术优势使得信息检索和服务可以很好地解决长期存在的人机语言理解和知识推理等问题，充分发挥深度数据挖掘和知识发现的功能，以迅速准确地分析处理用户信息行为，理解用户自然语言表达并进行相应智能检索，得出符合用户需求的信息和产品，提高用户服务的速度和精准度，最大限度地提升客户满意度。

（二）快速的弹性处理能力

电商系统必须具备无与伦比的快速弹性处理能力，能够处理突发的访问量，海量订单和客户浏览请求，而且需要根据需求和业务量的上涨不断扩容服务器和增加数据存储设备。基于云计算技术的云存储平台拥有理论上无限的海量存储和超大规模计算等资源，能够存储和处理 TB 级乃至 PB 级的海量数据，企业不用安装硬件，就可以廉价、快速地部署应用系统并实现弹性伸缩，以提高资源的管控能力和促进优化利用。

（三）精准的海量数据分析

实时性的海量数据分析越来越成为电商的核心竞争力，大数据的价值关键在于信息分析和利用。云计算可在极短时间内对海量数据和大数据进行收集、存储、分析和处理，极大地提高了企业的信息分析能力，使得电商需要的实时精准的海量数据挖掘和大数据深度分析等成为可能。

（四）云化的信息安全服务

信息安全是电商企业业务可持续的最关键保障。在大数据时代，大数据成为国家和企业的核心资产，大数据蓝海成为未来竞争的制高点。但是，大数据往往更复杂、更敏感，更易成为网络攻击的显著目标，加大了隐私泄露风险，大数据深度分析技术让黑客的攻击更精准。电商系统不可能防止外部数据商挖掘个人信息，各社交网站均不同程度地开放用户所产生的实时数据，外部数据提供商能够通过收集、监测、分析这些数据得出用户的信息体系，常规的安全方案与措施无法满足大数据时代数据非线性增长的需求，用户隐私安全问题将更为显著。另一方面，大数据处理技术能够全面、及时、精确地监测并获取各类网络异常行为或网络攻击行为的结构化和非结构化数据，实时进行安全分析和预防性分析，以便度量企业安全级别和安全风险，更有针对性地设计、实施信息安全方案，应对安全风险，寻找攻击源，识别钓鱼攻击，防止诈骗和阻止黑客入侵等。云计算技术能够把专业可靠的信息安全方案封装为云服务，为用户提供优质、廉价、全面的安全和备份服务。所有信息资源都托管在云端，由云计算强大的服务器集群和虚拟化技术提供冗余、灾备、数据备份和自动故障恢复等功能，专业的 IT 管理团队负责维护电商企业数据，提供专业化的信息安全与保密方案。

（五）改变网络营销模式

目前对大数据已有各种不同的归纳，大数据的一个关键词是“在线”，是人类在线直接活动（网民行为）和间接活动（被连接的物体）的记录总和。大数据包括三个层面：在线行为和交互行为，在线行为的对象（如文本、图片、视频、符号），以及未来物联网状态下所能记录下来的设备轨迹。大数据驱动的营销，把适当的信息以适当的方式传递给最适当的人，让网络产业链上下游更有效，更好地解决了营销的效率。大数据对营销产业链的三个主体（广告主、媒体和受众）都是利好：广告主可以花更少的钱获得更大的效果，解决“不知道广告费浪费在哪里”的问题；媒体可以用大数据精准把握每个用户的特别偏好，改变传统的媒介价值批量变现的局面，用同样的资源获得更多的边际效益；受众则可以接收到更精准、更实用的推广信息，获得更加友好的用户体验。

二、大数据在电子商务中的应用

大数据应用在电子商务方面的内容主要有：

（1）页面聚分类应用研究。页面聚分类挖掘结果在电子商务各环节的应用问题；以 Web 内容挖掘为主结合 Web 结构挖掘和 Web 使用挖掘的多智能集成算法的 Web 页面聚分类模型的研究；如何改进文本聚分类挖掘算法以适合电子商务的 Web 页面聚分类。

（2）客户群聚分类应用研究。客户聚分类在电子商务各环节的应用问题，研究对营销机制的影响；以 Web 访问以挖掘为主的多智能集成算法的聚分类模型；电子商务推荐系统的研制与开发。

（3）客户频繁访问路径挖掘应用研究。以客户频繁访问路径挖掘结果为基础分析用户访问站点的规律，改进网站的组织结构及其性能，实现网站自适应；客户频繁访问路径挖掘算法。

（4）交易关联性挖掘应用研究。以交易关联性挖掘结果为基础研究对企业决策管理、协同商务管理、政府监管等方面的应用问题；研究影响识别交易关联性的关键或主要数据特征；研究基于多智能算法的交易关联性挖掘模型。

（5）异常客户与异常交易检测应用研究。异常监测在电子商务中的基本应用框架；异常交易或者电子欺诈所具备的数据特征；异常交易或电子欺诈的识别算法。

（6）互联网下供应链关系挖掘研究。互联网下供应链关系挖掘的研究范畴；电子供应链和虚拟企业形成效率等的关系；电子供应链关系挖掘的基本模型、算法和应用；如何解释和应用电子供应链挖掘结果以有效地优化电子商务供应链。

（7）电子商务数据挖掘的解释问题。电子商务数据挖掘涉及管理学、经济学、计算机科学、智能科学、数学等多领域、跨学科的理论知识，因此需研究 Web 数据挖掘结果的管理理论解释问题和经济理论解释问题中模型的建立机制、步骤和对挖掘结果和解释理论本身的互动影响；主要涉及管理学和经济学理论的选择，解释的立场问题，挖掘所获得新知识对解释理论本身的修正问题。

（8）商务数据挖掘过程改进。商务数据挖掘须启动过程改进，当前国内外无成熟的商务数据挖掘的过程研究；应研究商务数据挖掘或商务智能项目实施过程，定义企业在该领域的标准过程，研究如何通过企业过程的改进不断提高 ER P 等商业数据系统的应用价值。

（9）电子商务数据集特征识别。必须在 Web 挖掘算法的挖掘前、挖掘中、挖掘后各阶段充分考虑电子商务数据集所独有的、区别于一般数据集的特征；根据识别出的商务数据特征设计新的数据挖掘算法或对原数据挖掘算法进行改进和优化，即特征结合问题。

三、大数据下电子商务的机遇与挑战

麦肯锡公司认为，数据已经如一股“洪流”注入了世界经济，成为全球各个经济领域的重要组成部分。企业可以分析和使用的数据呈爆炸式增长，通过对大数据的收集、整合、分析，企业可以发现新的商机，创造新的价值，带来大市场、大利润和大发展。机遇如下：

（1）大数据有利于市场营销。据统计，一个销售人员为准备交易而寻找相关信息所花费的平均时间占工作时间的 24%，而这些时间和心血可以转化为 26 亿元收入，这些钱足够一个中等财富规模的 500 强企业卷土而来。要做到“低成本、高效率”的营销，企业必须基于大数据的分析和优化，把营销过程中的每一分潜在的价值都挤出来，从而节约成本，战胜对手，占领市场。

（2）大数据有利于个性化和精准的商品推荐。随着电子商务的发展和对大数据的分析与研究，在信息指数型增长的同时，消费者获取、过滤、筛选、分析信息的能力却没有得到相应的提高，这必然会导致消费者淹没在浩瀚的信息海洋中。善于利用大数据的电子商务企业将会获得新的发展方向和动力。要收集和发挥大数据的潜力，电子商务企业仍有很多障碍和挑战需要去克服。电子商务企业在大数据时代将会迎来重大的机遇和契机，同时也面临着大数据处理能力和隐私保护等方面的挑战。

①拥有大数据的挑战。在大数据时代下，电子商务的竞争已经成为基于数据的竞争。数据就是电子商务企业的财富和金矿，谁拥有大数据，谁就有制胜的砝码，谁就可能成为大赢家。然而网络上的消费者并不会直接告诉企业其需求，电子商务企业必须去收集、分析、跟踪，对比消费者在互联网上留下的种种“足迹”，以及评论、图片、视频等。很难收集到可以及时支持个性化营销的用户数据和组织内数据共享机制缺乏是应用大数据的最大障碍。而大数据价值密度低的特性更加增添了数据收集工作的繁重性，拥有大数据是利用大数据的前提条件，若不具备整合大数据收集和使用的能力，企业就很难在广告和多

个营销渠道中提供真正个性化和精确的产品和服务推荐；而拥有大数据的企业则能在竞争中脱颖而出。对于中小型电子商务企业来说，拥有大数据的挑战将显得更加突出和严峻。面对此挑战，电子商务企业首先应该从思想上认识到大数据的价值，高度重视数据的收集工作。其次，企业需要重构其 IT 架构，加大基础设施的承载能力，租用足够的空间，进一步加强信息化投资和建设，适应大数据时代的要求。

②处理大数据能力的挑战。据统计，82% 的公司正受到处理海量信息的挑战，而且它们花很多时间对其进行研究，89% 的公司因超负荷处理数据而失去销售机会。仅仅坐拥大数据并不够，对大数据的分析和挖掘能力已成为企业的核心竞争力。电子商务企业应着手部署“大数据战略”，引进和培养大数据相关人才，创建基于大数据的研发团队，从技术层面上解决大数据方面的困难和挑战，提高挖掘潜在商业价值的能力，从而有效地指导企业制定精确的行动纲领和采取高效的行动。

③对隐私保护的挑战。大数据时代，网络用户在互联网的评论、图片、视频、个人信息、兴趣爱好、交易信息、访问的网站等均被企业记录在案。企业掌握了大量消费者的行为数据，对大数据进行整合和分析，从而可以发现新的商机，创造新的价值。针对隐私保护方面的问题，电子商务企业和国家应从以下三方面着手：A. 电子商务企业应该恪守行业道德，不能对消费者的个人信息进行交易和泄露。B. 企业应该从技术层面上采用先进的隐私保护技术进一步加强用户的隐私保护，解决由于过度开发或者深度营销可能造成的用户隐私侵犯等问题。C. 随着大数据应用的发展，隐私保护的问题和概念在不断地发展，因此国家应该制定与之相应的隐私保护的法律和法规，切实保护公民的隐私权。

第三节 大数据在移动互联网行业的应用

一、大数据在移动互联网行业的作用

大数据在移动互联网行业的作用，归根到底就四个字：辅助决策。利用大数据分析，能够总结经验、发现规律、预测趋势，这些都可以为辅助决策服务。我们掌握的数据信息越多，我们的决策才能更加科学、精确、合理。从这个方面看，也可以说数据本身不产生价值，大数据必须和其他具体的领域、行业相结合，能够给企业决策提供帮助之后，才具有价值。很多企业都可以借助大数据，提升管理、决策水平，提升经济效益。大数据的价值体现在对它的分析利用上，

一直以来，大数据的瓶颈并不是数据规模巨大导致的存储、运算等问题，而是在前端数据的收集途径，以及对数据进行结构化处理，进而引导后期的商业决策中的模型和算法问题。各个行业都在产生数据，现代社会的数据量正持续地以前所未有的速度增加着。这些不同类型的数据和数据型极其复杂，包括结构化、半结构化和非结构化的数据。企业需要整合并分析来自复杂的传统和非传统信息源的数据，包括企业内部和外部的数据。随着传感器、智能设备和社会协同技术的爆炸性增长，数据的类型变得难以计数，包括文本、微博、传感器数据、音频、视频等。而现在大热的数据分析师正在做的是这样的工作：收集信息，将信息结构化数据化，最后才是我们能看到的大数据带来的神奇力量。但问题是其中对数据进行处理的工作量太大了。根据访谈和专家测算，数据分析师 50%~80% 的时间都花在了处理数据上。在智能手环公司 Jaw Bone 负责数据工作的 Monica Rogati 说："处理数据是整项工作中巨大的部分。但有时我们感到沮丧，因为好像不停地处理数据就是我们做的所有事情。"这听起来有点像冰山理论，即我们能看到的大数据只是冰山露出来的一个小角，而我们看不到的地方，如大数据的前期工作，就是海水下更巨大的部分。咨询公司麦肯锡曾在 2011 年的报告中指出："数据，已经渗透到当今每一个行业和业务职能领域，成为重要的生产因素。人们对于海量数据的挖掘和运用，预示着新一波生产率增长和消费者盈余浪潮的到来。"是的，存在问题的地方也潜藏着机会。原始数据的格式和来源不可计数，举一个例子，假如一家食品行业的企业需要进行大数据的收集和分析，它能收集的数据包括产量、出货的位置信息、天气报告、零售商每日销售量、社交媒体评论等。而根据这些信息，企业能够洞察出市场的风向和需求的变化，进而制订相应的产品计划。的确，获得的信息越多越有利于企业做出明智的决策。但这个决策是建立在不同的数据集之上的，这些来自各种传感器、文档、网页、数据库的数据，全部都是不同的格式，它们必须要被转换为统一的格式，软件才能进行分析。将各类数据进行格式统一是一个严峻的挑战，因为数据和人类语言一样都具有模糊性，有些数据人类知道是什么意思，电脑却不能识别，因此我们需要人工来一次又一次地重复这个工作。

二、大数据在"互联网 +"税务中的应用

2015 年以来，全国掀起"互联网 +"的热潮，税务机关也紧跟时代步伐，积极打造"互联网 + 税务"的创新模式，全力塑造"互联网 + 传统税务机关"

的新格局，使税务机关变为“电子税务局 + 风险管理”的模式，最大限度地方便纳税人，利用大数据开展风险管理，既减轻纳税人负担，又提高纳税人税法遵从度。税务系统围绕纳税人办税中的“痛点”和“阻碍点”，运用互联网思维和大数据方法，倾力建设集信息发布、在线服务和互动交流于一体的税务网站，实时发布税收政策与解读，保障纳税人应知尽知。推动线上线下无缝融合，打造无处不在的“创新税务”，打造贴心专业的“互联网 + 税务”，让纳税人多跑“网路”、少跑马路，赢得了纳税人的“点赞”。然而，“互联网 + 税务”并不是互联网与传统税务机关的简单相加，做好“互联网 + 税务”，需要用全新角度来考虑税务移动互联的切入角度和建设方向，培养“互联网 +”思维。目前，部门之间“信息孤岛”造成信息的不对称，难以建立全方位的监控、分析系统和决策支持辅助系统。税务机关内部没有充分利用已有信息。大量涉税数据沉睡在税务机关的系统里，税收数据标准不一，数据项目不全，数据质量不高，数据的有效集中和高效应用不到位，很多数据没有实现全面共享，形成大量数据孤岛。另一方面，第三方信息匮乏。由于部门利益的束缚，税务机关迟迟不能与其他政府部门建立信息共享机制，缺乏部门间联动，税务机关获取第三方信息的渠道有限，质量不高。因此，税务部门要重视税收协同，在政府整体规划下推行“互联网 + 税务”建设。

（1）要充分利用大数据开展区域经济税源特征、税收效应、税收政策等的分析，使税收分析更好地服务组织收入工作，服务宏观决策和经济社会发展，为领导决策提供依据。电子税务局和第三方信息共享带来的大量涉税数据，是一座尚待开发的“富矿”。深入挖掘海量数据中隐藏的信息，不能只分析税收数据，更要联系宏观经济，分析税收与其他部门、其他领域的数据关系，深挖各种数据流之间的相关性，找出规律性。充分利用税务系统的数据优势，了解宏观经济走势，掌握税收收入进度。对区域经济税源特征、税收效应、税收政策等的分析，发现企业发展过程中深层次问题及未来发展趋势，有针对性地强化征管，打造税收分析系列“拳头产品”。

（2）要以大数据分析为支撑，开发功能强大的风险监控系统，优化整合现有的不同类别、不同层次、不同功能的各种系统，覆盖税务、工商、海关、财政、银行、外汇、统计、行业管理部门乃至互联网等不同渠道取得的数据，通过对涉税大数据的分析挖掘，形成监控税收与适应经济社会的分析能力、展望税收经济发展趋势的预测能力和打击税法不遵从的执法能力，并最终促成基于合作性遵从的税务管理现代化新局面。将第三方信息与纳税申报信息进行对比，进行风险排序和预警，达到发现税收风险、堵塞漏洞和提高税收质量的目的。

（3）要加强对技术创新、人才培养等方面投入，为“互联网 + 税务”健康发展提供持续动力和人才保障。“互联网 + 税务”离不开基层的创新，只有创新，才能让税务人和纳税人，在大数据云计算时代下，一同走向快速通道，轻松漫步“云端”，便民办税。

三、大数据在“互联网 +”教育中的应用

如果说谁是新教改理论与研究的引路人，当然要首推中国的大圣人孔子了。作为中国最著名的教育思想家，早在 2500 年前，孔子就提出一系列与新教改思路相适应的理论和思想：他认为“不愤不启，不悱不发。举一隅不以三隅反，则不复也。”他提倡教育应该“有教无类”“因材施教”。中国教育创新的思想体系自远古便有之，改革开放以后中国基础教育也一直在进行教学改革和课程改革的创新。比如，随着时代的发展，国务院也在不断修正考试招生制度，不断深化教育体制改革。

（一）教改的关键是在追求公平与追求个性化之间取得平衡

（1）我国教育目前最主要的矛盾是教育资源分配不均与选拔标准的同质化。教育资源分配不均与选拔标准的同质化之间的矛盾，也导致了选拔结果的公平性很容易受到较大影响与重大质疑。作为重要的人才选拔通道，“教育改变命运”在我国是根深蒂固的传统观念。但近年来这条路越来越难走，症结就在于教育资源不均衡。教育的公平性课题，逐渐演变成为重大的社会问题。早在 2015 年的《政府工作报告》中，就曾提出“畅通农村和贫困地区学子纵向流动的渠道，让每个人都有机会通过教育改变自身命运”。所以，增强教育公平性一直是教改的主要方向。例如，为打破由身份、财富等标签垄断的教育选择权，我国已经正式提出“取消重点学校重点班，破解择校难题”；再如，新一轮国家高考改革方案明确提出要求高校制定对学生综合评价使用办法，探索依据统一高考成绩、高中学业水平考试成绩、参考学生综合素质评价的多元录取机制，即学生综合素质评价将在高招中起到重要作用。这些教改举措都是从机制上促进更公平的教育均衡发展。

（2）教育公平的最终目标是为了人人享有高质量的个性化教育。机制只能解决形式问题，而形式上的公平化与个性化教育的终极目标仍存在较大差距。难怪每年都有人重复提出相同的问题：中国能否培养出诺贝尔科学家？从某个角度来看，现代教育仍然采用工业化时代的模式：学生们使用同样的教材、做同样的习题、求教于同样的老师。正规教育的运行仍类似工厂里的装配线——

就本质而言，教育对所有学生的处理都是一成不变的，这其实是不符合个性化教育需要的。在教学改革的实践中，已经采取了对知识的传递进行更加个性化处理的措施，因材施教体现在教学内容、授课形式、教师选择等多方面。北京市多所学校已经开始转型性变革的实践，探索了分层教学、走班选课、取消行政班、设立学科教室、实施导师制、学生自主管理等一系列改革举措，以提供选择性的课程为起点，从价值选择到教学组织形式、从课程结构到管理制度、从教学方式方法到学校组织文化等进行全方位转变，创造适合每一个学生发展的教育，从而使学习优化成为可能。

（二）教学信息化是平衡教育公平和教育个性化的有效手段

教育改革今年频频出现在党和国家重要政策当中，亦常常置于公众和媒体的聚光灯下。采取公平公正的监督和评价方式，进行教改具体政策的落实与优化，就显得尤为重要。在信息化和大数据的时代背景中，监督与评价最直观最客观的方式，就是用数据说话。在学校这个相对封闭的教学环境中，数据收集与分析的重要载体，就是校园的教学信息化。我国中小学的教学信息化受到资源限制，起步较晚；但在党和国家的重视下发展迅速，短短几年间就完成了从封闭到开放、从硬件到云端的飞速转变。当前，是“十三五”攻坚的最后阶段、是迎接“十四五”的关键时刻，深化教育改革对校园信息和教学数据提出了更深层次的要求。在“互联网 +”的大趋势下，教育工作者更应以大数据和互联网思维重新审视和定位校园信息化工作。以高考综合评价体系为例，其成功的关键因素即是否能在初高中阶段获取充分且客观的关于学习的大数据，以便用于教育工作者对数以万计的学生进行对比与选拔。如果评价维度仍局限于成绩，甚至由客观评价变为主观评价，那么教改则是“换汤不换药”，甚至反而增加了人为干扰因素，创造权力寻租空间，使得本意为增加公平性的高考评价体系，变为堵塞教育资源贫困地区学生上升空间的巨石。同样，在教学个性化的实践过程中，同样需要充足的数据和信息，补充教师的经验与判断，以便制定可以细化到每个人的教学方案。只有获得了基于大数据的信息和分析，学校才能处理好关系到每个学生的最核心的问题：学生的精力被放在了答对的问题上，还是答错的问题上？学习成绩优异靠的是灵感还是勤奋？学生出错是因为没有理解知识点，还是由于其他原因？基于这些核心问题的回答，才是实现因材施教的根本。所以，数据与信息化是决定教改能否成功的关键基础。

（三）教学信息化必须适应新的教学改革形势进行调整

教学信息化必须应对教学评价体系和人才选拔制度的变革而进行相应的变

革，在变革中寻找自身的价值和突破口，变革的方向应从以下几个方面入手。

（1）首先，需要搞清教学信息化在教育体系中的定位。信息化所输出的数据和分析结果在教学中有日益重要的责任，但学校的信息化部门往往被定位于“后勤”职能。从组织上看，这是很不合理的。改进教学信息化，需要对信息化部门的职能职责进行更清晰的定位，使之从教学的附属品成为更重要的辅助力量，信息化部门才能在大数据时代扮演更重要的角色。

（2）其次，教学信息化必须引入第三方机构合作。一直以来，教育机构的数据采集方式采用的是垂直一体化的管理，生产、储存、分析均由学校一手包办。这些数据用于教学研究，也用于政策制定，还用于人才选拔。实际上，教学信息化整个过程不是由客观的第三方监督，而是由典型的内部人士操作。那么，依赖于此基础建立的教学体系，又如何保证其客观性与公平性呢？因此，除了学校内部系统，信息化的输入应该引进更多平台，从电子书本到移动互联应用，都应该看作收集和分析数据的渠道，而被学校加以利用。

（3）最后，教学信息化必须适应大数据时代的需要。一个学生中学在校六年，统计数据只有各科各学年考试成绩、排名以及出勤率等简单管理维度。数据的性质均是对结果的反映，缺乏过程的描述。这些信息是离散且静止的，无法形成真正意义上的对一线教师的反馈，也无法帮助学生了解自己对教材的掌握程度，更无法支撑高校对同级别里上百万学生间进行有效对比与选拔。因此，未来的教学信息化应该更加侧重多维度、过程性数据的采集。这就要求从操作层面上，不能仅仅依赖校内信息化系统对学生在校时间内的记录，而是扩展到校外、课外全方位信息的采集。采集对象，应从“小数据”向“大数据”转变，从“结果性数据”向“过程性数据”转变。

我们已经进入大数据时代，教育也不例外。教育工作者如果能够通过互联网形态、抓住“互联网 +”的时代契机，促进教育体系公平化，实现教育形式个性化，在教学一线形成教学改革突破口，相信我们离孔子所描绘的“因材施教”的个性化教育就真的不远了。

四、大数据在“互联网 +”金融中的应用

（一）信用评分及风险控制

一切数据皆为信用数据。很多来自 P2P 行业的创业者们在论坛上都不约而同地表达了同样的观点，即大数据可为信用评估所用。大数据在加强风险可控性、支持精细化管理方面助推了互联网金融，尤其是信贷服务的发展。借助大

数据市场已经能够在不依赖央行征信系统的情况下自发形成自己适用的征信系统。大公司可以通过数据挖掘，建立一套信用评级系统；小公司则能够通过信息分享获得第三方信用评级服务。因此，互联网金融的风控模式大致可以划分为两种类型，一种是与阿里巴巴相似的自有大数据风控，它们通过自身系统大量的电商交易以及支付数据产生的封闭信用评级系统；另一种则是众多中小互联网金融公司通过数据分享而构成的一个征信信息系统。互联网企业可以通过P2P网贷公司和一些线下公司采集动态的大数据，为相关企业提供重复借贷查询服务。随着进入这个系统的企业的增加，由大量动态数据构成的信用图谱也将会越来越清晰。阿里巴巴的信息采集模式是将产生的实名用户信息链接在一起，还原用户的信息轨迹，从而对客户的信用做出基本的评价。同时，通过交叉检验技术，借助第三方确认客户信息的真实性，利用爬虫系统以突破地理距离的限制，更加全面地评价对方的风险，从而加强互联网金融服务的可审性和管理力度。这些数据在阿里巴巴的系统中最终会生成一个芝麻信用，解决陌生人之间的交往问题。美国人提供了另外一种解决问题的方式。Lending Club在为借款人提供贷款时，除了提到信用统计的这些数据以外，还会要求借款方提供一些与借款相关的信息，例如，借款的原因、借款的期望额度、借款人的教育背景和职业信息等。第三方还会提供借款人的邮件、电话、住址、计算机IP地址等。互联网对这两种数据的要求已经不仅仅是一个静态分数那么简单。利用大数据进行信用评估主要是观察两个方面：一个是还款意愿；另一个则是还款能力。两者之间限于技术原因还不能实现完美协调。

（二）精准营销及客户体验

大数据对于互联网金融的另一个改变就是帮助互联网金融公司寻找一个合适的目标，实现精准营销。下面用一个案例对此进行说明。

【案例】

张女士是平安银行的信用卡客户。她的账单显示，最近她在采购孕妇用品。大数据推测她怀孕了。平安银行的移动App向她推送孕妇所关注的业务。张女士在收到这些信息以后接受了。因此，大数据对她怀孕的信息进一步确认。通过大数据分析，张女士所浏览的网站和购买行为很少与汽车相关，因此平安银行系统推测她是无车一族，于是向她推送一款10期的汽车消费贷款。之后，张女士有回应，对此项也表示感兴趣。后来，该行向她推送妇幼保险产品，她的反应也很积极。在孕产阶段，为其推荐多元化金融产品。宝宝出生以后，为其家庭和子女推荐一整套网上金融服务。远在地球另外一边的荷兰银行，向客户推送一个简单的广告图片。客户在看到简单的图片以后，就会在网站上做一个简单计算，但使用的是房贷计算器。银行系统在接收到客户的这一反馈以后，会将用户看到的广告转变成为房贷广告。这个房贷广告只是针对这一个客户的。这说明，通过这种技术银行能够实时向客户进行精准营销，只需要收集与客户相关的数据就可以。

这个案例看起来像是一个小故事，其实这是在大数据挖掘背景下实现的。平安银行通过多项数据分析，了解到张女士的潜在商机，进行有针对性的推送。荷兰银行的实时营销更是将大数据做到了极致，更加精准和迅速。其实这个案例还表明，银行在大数据的帮助下变得越来越聪敏，服务也越来越迅速。在大数据的支持下，银行已经能够对销售的详细问题予以确定，如谁是购买者，怎么找到他们，如何让他们感兴趣，等等。大数据通过动态定向技术查看互联网用户近期的浏览网站和搜索过的关键词。通过浏览数据建立适当模型，进行产品的实时推荐。因为精准营销的强大战斗力，不仅是平安银行，还有很多传统金融机构也在利用大数据进行精准营销。招商银行、工商银行、中国银行等都在利用大数据技术着重收集客户各个方面的信息，实现针对客户的精准服务。精准服务背后则是用户体验的有效改善。通过大数据，互联网能够对客户的需求进行分析，为客户提供产品使用和售后等方面的服务。许多互联网金融企业都已经意识到自身产品的营销策略影响到了企业的生存与发展。企业只有在激烈的市场竞争中占有一席之地，才能将信息精准推送给目标人群。因此，企业必须要通过内容的优化和用户体验的完善，才能适应竞争不断激烈的市场。这种环境的变化对于客户来说，也更加贴心完善。

（三）投资指导

大数据的功能远不止于信用评估和精准营销，在投资指导上，大数据也有一定的能力实现。下面用两个例子说明大数据在投资上所展现的魅力。Thasos Group 是一家利用大数据技术进行投资的对冲基金公司。这个概念在华尔街之中已经传开。人们对 Thasos Group 的研究表明，Thasos Group 的收益率超过非高频交易之外的对冲基金收益平均水平。他们之所以能够实现，就是源于对大数据的利用。通过大数据，Thasos Group 能够准确判断美国消费者的行为，再经过一些合理推导，则可以判断出美国宏观经济运行的趋势，从而帮助投资人做出正确的决策。也有其他一些金融公司利用大数据监测技术进行投资分析，然而却归于失败。其中的问题在于他们使用的社交网络上的客户追踪技术，通过这一技术实现对经济走势的判断。他们的数据来源是 Twitter 和 Facebook 等社交网络。但是，社交网络所提供的信息大多是非结构性的，定位之后的发展方向并不确定，因此最终的收益额很难确定。而 Thasos Group 的技术则专注于人们的微观活动、中观行业发展和宏观经济基本面，借此准确定位其要投资的公司或者行业。大数据挖掘技术在投资方面改变的重点是投资方法。一旦有不一样的投资方法，投资者就会扑面而来，利用这种投资方法实现多样化投资。IBM 日本公司曾用大数据预测股价走势。他们首先从互联网系统中抓取一些与经济指标有明显关系的单词，然后结合其他方面的历史数据确定这些单词与股价的相关关系，最终得出预测结果。IBM 日本使用了美国"ISM 制造业采购经理人指数"作为对象进行了验证。这次验证他们首先假设受访者是处于一个信息公开的环境中，然后分别计算出一些重要关键词的数量，依据这些结果判断受访者受到了哪些新闻的影响以及所受影响的程度，之后将与"ISM 制造业采购经理人指数"相关的关键词数据进行综合分析，从而预测该指数的未来动态。这个实验在效率方面可圈可点，仅仅需要几个小时就可以完成。

（四）金融产品创新

大数据技术的运用有利于开发更多金融产品。大数据运用以后，可以给金融经理更加宽广的视野。首先，大数据对于风险评估以及信用评分已经做出了较大程度改变，给金融经理的工作带来了极大的方便。从前文的描述来看，大数据已经产生了很多实际的用途。在这些用途的基础上，金融经理完全可以发挥自身的主观能动性扩展金融对普通居民的服务。其次，大数据还方便金融经理对用户进行调查。通过对用户大数据的收集与整理，金融经理能够发现用户的实际需求。经过对这些实际需求的研究，金融经理就能够做到金融产品的创新。最后，大数据作为一项技术，其本身就是金融创新的一个组成部分。将大数据作为一个模块融入现有的金融产品之中，就能够衍生出许多不同种类的新产品。在互联网金融爆发成长的时期，谁能够率先提出并完善一个适用于普通居民的金融产品，谁就抢得了金融市场发展的先机。在互联网金融大规模发展的今天，支付宝、微信支付就是支付行业的典型案例。之后出现的多种支付方式，在支付市场上均没有特别值得称赞的表现。基于大数据提供的分析与整合服务，大量新的金融产品已经开始涌现，并被市场所接受。

（五）大数据与保险

大数据与保险实际上是一个很大的话题，这里我们主要讨论大数据对保险业的影响。保险业是最早使用数据分析的一个行业。众所周知，保险的经营对象是风险，而风险把控是建立在大量的数据之上的。因此，大数据出现之后，保险业则能够建立在大数法则的基础上进一步发挥其作用。在大数据时代，人们必须重新认识世界的复杂性。保险的传统经营方式必须要在新的技术环境下实现对风险的解释，以尽可能完善对风险的相关认识。以往的保险经营，人们是希望对多种因素的合理估计进行定价。例如车险，以往的定价模型中，除了有车价、品牌、出现次数等常用因子外，其他因子很少被提及，因此也很难进入定价系统之中。然而在大数据的环境下，司机性格、城市类型以及文化、气候等状况等都可以纳入车险的定价模型之中。从司机性格来看，越是暴躁的司机越是容易产生风险。而这可以通过对司机的社交网络数据采集分析，大数据能够精准实现对司机类型的划分。城市类型也是一样，大数据能够从大量的数据中归纳出不同类型的城市所产生的风险状况。大城市交通复杂，出现风险的可能性相对较大。通过大数据对车主行驶数据的采集，大数据能够获得过去1年内车主所行驶的主要城市类型，从而对车主购买的车险进行单独定价。文化和气候因素相对不容易理解。大数据能够进行简单的文化类型和气候状况划分，以识别车主所可能产生的不同风险。不仅是车险，其他种类的保险也可以通过大数据的分析，将一些与风险相关的因素融入进来。经过大数法则的相应分析，从而为客户确定一个独特的保单。总之，通过大数据的分析，大数据能够实现个性化保单的定制。通过信息的搜集，大数据能够了解到客户的相关风险偏好信息，向客户传达保险公司的目的，方便为客户的各种活动保驾护航。不论是保险、银行还是与金融相关的领域，面对大数据的潮流，人们不能故步自封，而是要找到与大数据技术相结合的契机，利用数据的力量实现行业和自我的发展。因此，对于金融从业者来说，他们要积极关注大数据技术的发展，同专业的大数据合作伙伴展开合作，为企业的发展带来最大限度的效益。

（六）大数据金融模式

大数据不仅分析了结构化数据，还分析了大量的非结构化数据。两者的结合能够锁定消费者的消费习惯，准确预测客户的行为，使金融机构和金融服务平台在营销和风险控制方面能够做到有的放矢。业界认为，大数据金融的模式目前主要有平台金融和供应链金融两种模式。平台金融以阿里为代表，供应链金融则以京东为代表。

1. 阿里金融模式解析

平台金融模式是在电商平台的基础上形成的。平台拥有大量的网上交易信息，通过云计算和模型数据处理应用形成订单融资的模式。与传统的抵押贷款模式不同的是，阿里的平台金融主要是基于电商平台的交易数据，以及来自其他网络的用户交易信息等大数据，之后通过特定的算法实时进行计算和分析，形成网络商户在电商平台中的累积信用数据。通过电商构建的网络信用评级体系和金融风险计算模型以及风险控制体系，实时向网络商户发放订单贷款或者信用贷款。阿里现在已经能够实现几分钟内支付贷款数额。阿里小贷以“封闭流程 + 大数据”的方式展开金融服务，凭借电子化系统实现针对贷款人的信用状况检查，依据最终检查的结果决定是否发放无抵押信用贷款或者采用应收账款抵押贷款模式。这种模式的单笔金额通常控制在 5 万元以内，与现有的银行信贷形成了良好的互补。阿里小贷所使用的数据现在只是自己的，并且会对数据进行真伪识别，排除虚假信息。阿里通过自己的技术和团队，构建了多种模式的金融产品，为阿里的商户提供时时计算服务。阿里现有的平台已经能够满足这些方面的需求。阿里组建或者投资了很多家公司。这些公司在业务上覆盖了客户的衣食住行各个方面数据的采集。依托阿里云技术，阿里能够做到资金和信息的封闭运行，实现风险因素的有效降低，真正做到 1 分钟放贷。从数据来看，自 2013 年以来，阿里的信贷服务发展非常迅速，从 2013 年全年新增贷款 1000 亿元，服务于小微企业超过 70 万家，到 2019 年全年新增贷款 6000 亿元，服务小微企业 500 万家。阿里之所以能够有这样的发展，数据分析发挥了核心作用。阿里有上百个数据模型，覆盖贷前贷中与贷后，对于反欺诈、市场和信用等方面都有重要的支持作用。阿里云计算系统每天要处理约 10TB 的数据。这些数据分析的结果用于公司决策管理层日常的决策工作。在信贷风险防范方面，阿里的技术中有完整的风险控制体系。阿里建立了多层次的风险预警和管理体系。具体来说，在贷前、贷中和贷后，阿里建立了多层次的数据采集模型，并且采用了完善的分析手段。依据小微企业在阿里平台上的信用以及行为数据，阿里可以实现对企业的还款能力和还款意愿进行完善的评估。同时结合一些其他手段，提高企业违约的成本，达到有效控制企业贷款的目的。

2. 京东供应链金融

京东涉足金融服务始于 2012 年后来逐渐发展成为京东不可或缺的一个组成部分。京东在金融领域的几个产品证明了京东在金融领域的野心。供应链金融的核心是围绕京东现有的产品体系为上下游的原料供应商、制造商、分销商和零售商提供金融服务。京东通过充分整合供应链资源，将供应链中的企业和其他金融机构链接起来，并且通过自身所掌握的大数据库，为其他金融机构提供相应的信息和技术服务，实现京东的资源和其他金融机构的无缝链接，共同致力于京东商城的电商平台客户服务。在这个模式中，京东只是作为中介向金融机构提供相关信息，并不承担传统的融资风险和防范风险等。一般性企业在同核心企业进行合作时，要承受来自两个方面的风险，一个是供货，另一个则是应收账款风险。资金是他们要承受的最大压力。这些企业往往会因为规模较小，资金也较为薄弱，难以获得银行贷款。而借助京东这种模式，小企业则可以快速和金融机构实现对接，满足自己在金融方面的需求。首先，和京东合作的供应商往往在信誉上能够得到保障，而且因为有流量基础，应收账款风险能够在一定程度上得到保障。结合现有的大数据技术，京东构建供应链金融模式就相对容易。其次，因为有大量的数据信息，金融机构能够快速审核申贷企业的账单信息和信用状况，对他们来说也能够保障他们获得信息的质量和效率，免除他们在应收账款风险方面的忧虑。最后，借助一定的大数据模型技术，以及企业提供的其他方面信息，金融机构能够对企业的未来发展状况进行合理预测，以决定是否向他们提供一定的贷款。从现有的资料来看，未来京东金融会覆盖得更加全面，消费数据、物流数据和财务信息等都能够通过大数据进行全面分析。相应地，企业的风险状况也能够得到更为及时和全面的监控。

第四节　大数据在社交网络中的应用

随着 Facebook、Twitter、新浪微博、LinkedIn 等社交媒体的流行，对社交网络的数据挖掘成为近几年的技术热点。在社交网络中，用户与用户、用户与主题、用户与活动的关系网就是一种图结构的海量数据，所以对社交网络分析的一个主要方向就是针对关系图的图数据挖掘。

一、社交网络中大数据挖掘的应用场景

（1）意见传播、动态网络影响力传播模型分析。这是社交网络分析的典型应用之一，主要分析相关主题图结构数据中的“意见领袖”“结构洞”（跨越不同社群子网络的桥接节点）、“动态网络影响力传播模型”等问题。

（2）某领域专家发现和排名。基于某个学术主题或学术会议，在相关论文的合作者构成的图数据中找到最有影响力的专家，分析专家影响力的排名，并图形化呈现专家与专家之间、专家与研究课题之间以及研究课题与相关学术会议之间的关系，便于人们直观地发现某领域内专家的排名顺序和相互之间的关系。

（3）社交关系分析。按照社交网络的六度空间理论，每两个人的关系一般只需要通过 6 个中间人就可以建立，所以在社交媒体中，人们之间的关系基

本都可以组成网络结构。社交关系分析最典型的应用案例是通过用户的电话记录或者邮件记录分析其中哪些人是家人、哪些人是同事等。

（4）相关主题的历史和趋势分析。针对某个主题，其表达方式在不同的时间会有所不同，还会有一些相关的子主题。这些不同的表达方式或子主题就组成了针对某个主题的演进关系图。

（5）基于地理位置的某领域专家分布分析。基于全球地图，查看某个领域全球顶尖专家的分布，进一步看出全球各个地区在该领域研究力量的分布，如一流的专家有哪些，分别聚集在哪个地区。

（6）知识图谱的构建。知识图谱是谷歌、百度、雅虎搜索等知名搜索引擎近几年新发展的技术，其核心是为用户提供查询信息与相关知识的关系。对用户而言，直接通过图示的方法展现密切关联的信息，比仅仅提供网页链接价值要大很多。

二、社交网络大数据挖掘核心算法模型

（1）社群发现。在社交网络中，有相似特征的成员会自动形成一些社群。通过计算自动地发现这些社群，可以帮助人们识别一个个有相似特征的群体，也就可以针对这些人群的特征分门别类地做各种应用。这里使用的是相关主题的图节点聚类方法，主要使用 FCM 算法，即基于模糊集的均值聚类算法。

（2）专家排名。学术论文中，每篇文章的合作者可以构成一个网络，而且这个网络是基于该论文主题的专家网络。所以，根据专家基本信息给出初始分数，针对某个主题的很多论文的专家网络关系，通过 ACT （Author Conference' Topic）模型就可以迭代计算出每个节点（专家）的排名，这也被称为基于传播的算法。

（3）社交网络节点影响力的算法。通过 Topical Affinity Propagation（TAP）模型可以基于某个主题在社交网络构建影响力模型。这个模型基于因子图（Factor Graph ），因此又被称为 'Topical Factor Graph（TFG）模型。

（4）对网络中节点关系的自动标注。在很多情况下，各种不同网络中的数据关系是未知的，或者只有小部分数据有关系标注（Label），大部分数据是没有关系标注的。这就需要一些半自动的算法进行关系标注，半监督（Semi-supervised）算法应运而生。

（5）图模型算法的并行化分布式计算。图数据的挖掘往往涉及海量数据，而且算法比较复杂，有效地进行并行化分布式算法处理是一个重点。

三、图计算框架

（1）Google Pregel。Pregel 是 Google 继 MapReduce 之后提出的又一个计算模型，与 MapReduce 的离线批处理模式不同，它主要用于图的计算。该模型的核心思想源于 Leslie Valmnt20 世纪 80 年代提出的 BSP 计算模型。图计算涉及在相同数据上的不断更新以及大量的消息传递，如果采用 MapReduce 去实现，会产生大量不必要的序列化和反序列化开销。在传统的高性能计算领域通常会借助 MPI 来完成，但是 MPI 本身只是提供了一系列的通信接口，开发难度较高，同时对于 Google 由普通 PC 构建的集群来说，MPI 的容错性不够，而现有的一些图计算系统也并不适应 Google 的场景。Pregel 计算由一系列的超级步组成，在每个超级步内，框架会调用每个顶点的用户自定义函数，该函数定义了在该超级步内需要进行的计算，该函数可以读入前一个超级步发送给它的消息，并产生下一轮迭代的消息给其他顶点，同时会修改顶点及其边的状态。

（2）Apache Hama。Apache Hama 支持本地、伪分布式、分布式模式。Hama 本身与 Hadoop 十分类似，只是具有自己的通信和同步机制，利用 Hadoop RPC 进行节点间通信，借助 ZooKeeper 进行同步，通过对消息进行收集和捆绑发送来降低网络开销和竞争。

（3）Golden Orb。Golden Orb 的关键构建块由 Vertex、Vertex Builder、Vertex Writer 和 OrbRunner 构成。其中，Vertex 由 id、value 及边组成，代表图中的一个节点。Vertex Builder 负责 Vertex 的构建，通过 build Vertex 函数创建 Vertex 对象。Vertex Writer 用来为 Vertex 对象创建相关的 OrbContext 对象。OrbRunner 用于启动 job，主要负责解析命令行参数、初始化、连接 ZooKeeper 以及设置好 OrbConfigurationo

（4）微软 Trinity。Trinity 是微软开发的一套图计算平台，包含一个建立在分布式内存云平台上的图数据库及一个计算框架。通过一个纯内存的 key/value 存储数据库实现快速访问。Trinity 的一个基本存储单元称为一个 cell，每个 cell 通过一个全局唯一的 id 标识，该 id 是一个 64bit 整数，支持用户通过这个 id 进行随机访问。从底层 key/value 的存储角度来看，key 就是 cell-id，value 是一个任意长度的字符串。

（5）Spark Graphx。Spark 主要用来解决 MapReduce 不擅长的两类计算：迭代计算和交互式分析。核心在于将数据存在内存中，避免重复的 load。采用 Scala 语言实现，提供了类似 DryadLINQ 的函数式编程接口。Spark 为并行编程主要提供了两个抽象：RDD 和并行操作。此外，它还提供了两种类型的共享变量支持：广播变量和累加器。

（6）豆瓣 DPark。DPark 豆瓣刚开源的集群计算框架，是 Spark 的 Python Clone 版本，类似 MapReduce，但是比其更灵活，可以用 Python 非常方便地进行分布式计算，并且提供了更多的功能，以便更好地进行迭代式计算。DPark 的计算模型基于两个中心思想：对分布式数据集的并行计算，一些有限的可以在计算过程中从不同机器访问的共享变量类型。DPark 具有一个很重要的特性：分布式的数据集可以在多个不同的并行循环中被重复利用。这个特性将其与其他数据流形式的框架（如 Hadoop 和 Dryad）区分开来。DPark 与 Spark 的区别：Spark 中使用一个线程运行一个任务，但是 DPark 受 Python 中 GIL 的影响，选择使用一个进程来运行一个任务；Spark 支持 Hadoop 的文件系统接口，DPark 只支持 POSIX 文件接口。

（7）CMU 的 GraphLab。GraphLab 是 CMU（卡耐基·梅隆大学）开发的一个以 Vertex 为计算单元的大规模图处理系统，是继 Google 的 Pregd 之后第一个开源的大规模图处理系统。它解决了传统 MapReduce 框架对机器学习应用的处理中最突出的两个问题（频繁迭代计算和大量节点通信）引起的计算效率问题。与 Haloop、Twister 等基于 MapReduce 批量处理不同的是，它以 Vertex 为计算单元，并将机器学习抽象成 GAS （Gather、Apply、Scatter）三个步骤，然后按该抽象模型设计实现算法。事实已经证明，该框架对机器学习这一类跟图处理关系紧密的应用有很好的效果。

（8）开源 Giraph。ApacheGiraph 是一个高扩展性的交互图形处理系统。它被用于 Facebook 的社交图谱分析，用来形成网络连接。Giraph 是 Pregel 的开源版本，Giraph 除了基本的 Pregel 模型外，还添加了十多种特性，包括 master compultation、shared aggregators、edge-oriented input、out-of-core computation 等。

（9）Neo4j。Neo4j 是一个面向网络的数据库，也就是说，它是一个嵌入式的、基于磁盘的、具备完全的事务特性的 Java 持久化引擎，但是它将结构化数据存储在网络上而不是表中。网络（从数学角度叫作图）是一个灵活的数据结构，可以应用更加敏捷和快速的开发模式。

四、大数据在社交网络中的应用案例

社交网络中有很多应用场景，主要集中在广告营销、产品服务和用户管理三个层面。其实，社交网站上的各个用户以及用户之间的相互关注可以抽象为一个图，如图 4-1 所示。

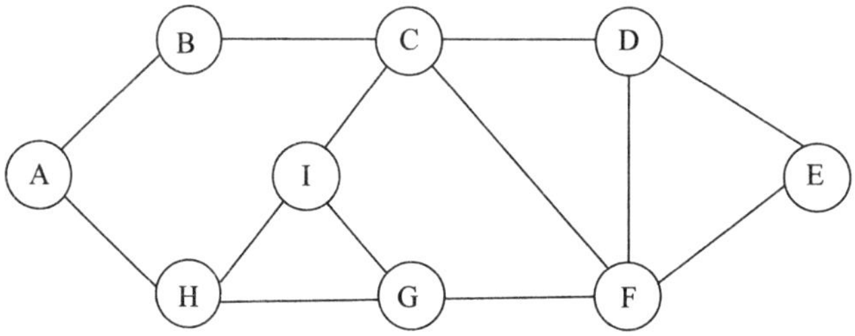

图 4-1　用户之间关系抽象图

顶点 A-I 分别表示社交网站的用户，两顶点之间的边表示两顶点代表的用户之间相互关注。那么，如何根据用户之间相互关注所构成的图向每个用户推荐好友呢？可能大家都听说过六度人脉的说法，据说六度人脉，是指地球上所有的人都可以通过六层以内的熟人链和任何其他人联系起来，这个理论在社交网络中同样成立。假设两用户之间相互关注，那么即可认为他们认识，或者说是现实中的好友。假设现在需要向用户 I 推荐好友，我们发现用户 I 的好友有 H、G、C。其中，H 的好友还有 A，G 的好友还有 F，C 的好友还有 B、F。那么，用户 I、H、G、C、A、B、F 极有可能是同一个圈子里的人，应该把用户 A、B、F 推荐给用户 I 认识。进一步分析，用户 F 跟 I 的两位好友 C、G 是好友，而用户 A、B 都分别只跟 I 的一位好友是好友，那么相对于 A、B 来说，F 当然更应该推荐给用户 I 认识。在上面的分析中，使用了用户 I 的二度人脉作为其推荐好友，而且对用户 I 的每个二度人脉进行了投票处理，选举出最优推荐。所谓的 *N* 度人脉，其实就是图算法里的宽度优先搜索。宽度优先搜索的主要思想是 From Center To Outer。以用户 I 为起点，在相互关注所构成的图上往外不退回地走 *N* 步所能到的顶点，就是用户 I 的 *N* 度好友。

第五节　大数据在物流行业中的应用

一、大数据打开物流快递业的未来之窗

如何化解城市“最后一公里”配送难题？农产品如何实现移动价值倍增？电子大数据对物流产生了什么影响？在寒博会的“哈尔滨物流创新、融合、发展”论坛上，来自国内物流产业的知名专家学者就物流快递产业存在的问题、问题

如何解决以及未来发展趋势进行了精彩的智慧碰撞。

（一）配送优先“最后一公里”不难

在大部分人口密集的城市里，果蔬、日用品从城郊批发市场到城区零售卖场的“最后一公里”进城路不好走。虽然这段路最多只有十几公里，但配送过程中产生的仓储、人工、特许通行等综合成本十分昂贵。交通运输部科学研究院副研究员华光指出：“城市配送目前存在的主要问题是成本高、效率低和没有专门停靠区域。”他说，一些城市对配送货车实行通行限制，禁止在城市主干路通行，因此配送货车不得不在小路中绕行，新鲜果蔬无法在短时间内送到零售点。有的配送公司为了规避“通行限制”，还采用客车拉货方式。“但问题是，一辆载重 5 吨货车的货物，至少需要 10 辆客车才能运进城。这不仅给城市交通造成拥堵，还增加了碳排放量。”华光说。而且，许多市中心的大型商超在建设之初就没有规划供配送车辆停靠的专门区域，导致货车无法接近配送区，装卸成了难事。针对这些问题，华光提出，可以借鉴日本、德国等国家给予物流配送车辆优先待遇的成功经验。他说，在德国，普遍是城郊物流园区、区域分拨中心和定点网点组成的三级配送体系，可减少三成配送车辆，缓解了城市交通压力。日本的所有大厦、写字楼都配有货车专用停车道，停车首小时免费，鼓励货车快速装卸、出城。

（二）全程冷链果蔬价格实现翻番

国内企业对海外农产品销售“蓝海”眼热心动：一颗价格 5 元的蒙阴蜜桃到迪拜，就变成了 20 元；3 元一个的富士苹果到莫斯科，至少可卖到 10 元。但到达上述两地，物流时间至少半个月，这会使新鲜果蔬打蔫、烂掉。于是，许多物流企业采取各种技术保障措施，以实现农产品长途移动的价值最大化。国家农产品现代物流工程技术研究中心副主任王国利说，除了果菜采摘过程的品控和运输过程的温控，构建全程监控的供应链信息平台是最重要的。这个信息平台可将农产品从采摘到零售市场的每一个环节都跟踪记录，保证果蔬始终保持在规定的冷链环境中，而不是断链、不完整的冷链。“去年，山东蒙阴的蜜桃运到迪拜时，由于冷链断裂，到当地时烂了一半。但就是卖掉剩下没烂的桃子也还是比国内赚得多。今年，这家物流企业重点解决全程冷链问题，还要把水果卖到东欧去。”王国利说。

（三）分析大数据催生“闪电”配送

目前我国电商以惊人速度发展，2018 年总交易量为 31.63 万亿元，占经济总量的比例已经超过 30%，明年有望超过 35 万亿元，电商绝对数量早已远超美国，位列全球第一。中国电子贸易已经开始对实体社会产生影响，并开始重构供应链体系。阿里巴巴研究院代表粟日说，最直接的体现就是人们生活、购物习惯的改变。电子贸易可实现消费者的消费信息与生产者的生产信息对称——厂家可以根据客户需求私人定制出独一无二的商品。通过收集、整理、分析大数据，物流企业可得到每一个客户的购物记录，并预测出该客户下次可能的购物目标。由此，货物不必经过电商，物流企业可直接从生产厂家发送到物流仓库，在几分钟内实现“买家下单→卖家发送配货指令→物流企业发货”的“闪电”物流配送。

二、物流行业如何拥抱大数据

随着信息技术的飞速发展，特别是云计算、物联网技术的成熟，推动了以大数据应用为标志的智慧物流产业的兴起。智慧物流极大地促进物流产业优化和管理的透明度，实现了物流产业各个环节信息共享和协同运作，以及社会资源的高效配置。而如何抓住大数据时代带给我们的机遇，成为物流企业在竞争中赢得主动和实现跨越发展的关键所在。大数据究竟能给物流行业带来什么？如何抓住机遇？又会面临哪些挑战？这些问题都值得深入研究和探讨。

（一）推动智慧物流发展

“数据作为一种新的资源，数据的拥有者将来会获得越来越大的话语权，整个社会的治理结构与规则将会发生非常深刻的变化，这是每个人都会面临的社会变迁。”中国物流学会常务副会长、中国物流与采购联合会专家委员会副主任戴定一认为，智慧物流是物流的发展目标，而大数据能够支撑智慧物流的发展，物流行业和企业要利用好大数据，才能真正从变革中受益。戴定一表示，首先要做好整合，这是大数据的关键。“整合一定要建立在有价值的服务之上。很多数据整合或者叫第三方云平台能否建成的主要障碍是利益关系能否协调好；否则，来自各个利益主体的信息很难被整合在一起。”他告诉记者，目前比较成功的案例都有一个规律，那就是采用利益交换的模式——用服务去换取管理。也就是说，各个利益主体通过交换的方式，你将信息的管理权交给我，我将信息整合起来后形成服务给你，你再将更多信息给我，我给你更多的服务。这样循环起来，就产生更多的价值。除利益难以整合，来自各个利益主体的信息，由于数据结构、标准等都不一样，很难整合在一起。戴定一指出，这就需要对信息进行科学拆分，拆分是整合的基础。“现在很多时候过多强调整合，却不知整合得成功与否，在很大程度上取决于基础模块分得是否科学、是否标准。只要拆得好、拆得标准，将来整合起来会非常方便。”他说。其次，如何让获得的数据得到充分的利用，是大数据的另一大关键问题。对此，戴定一提出要关注两个方面：一是数据的数量优于质量。“在大数据时代，数据的质量不再是第一位的，因为现在数据量非常大，能够解决所有质量上的缺陷。所以在大数据时代，数据量越大，价值越大。”二是数据相关性优于数据逻辑性或因果性。戴定一表示，在大数据时代，数据的很多因果性事先无法获知，但是通过数据处理获得的相关性结果，能够告诉你里面可能有什么样的因果关系。因此，在大数据时代，因果关系不是主要的。因为数据处理的及时性，只需要知道这件事与那件事之间有什么关系，可以把结果做成一个黑匣子，知道输入什么会输出什么就够用。与此同时，在大数据时代，服务的方向也开始朝着动态化、个性化发展。物流数据的特征是一个动态的电子地图，每个人的电子地图都不一样，我的地图上标注的东西是我关心的，他标注的是他关心的，并且这些信息可能每分每秒都在发生变化。因此，动态化和个性化服务将具有非常大的价值。再次，要抓住物流的基本问题。“大数据时代的智慧物流有许多新的发展，但始终还是会围绕网络和流程这两个物流的基本问题发展的。”戴定一强调。智慧网络将提升资源管控和利用率水平，而智慧流程将提升管理精细化与协同水平，一个是对资源的管控，一个是对作业流程（服务流程）的优化，这两件事是物流的基本问题与核心。此外，公共平台将在解决网络（资源）与流程（服务）结合的基础上，创造新的公共服务。戴定一说：“公共平台正在成为数据集聚的漏斗，这个漏斗产生的数据可能会产生一种新的公共服务创新，这是我们非常期待的大数据价值。”

（二）驱动电商物流变革

作为当今物流业的发展热点，电商物流得到很多关注。中国综合开发研究院副院长曲建认为，与大数据的结合是电商物流发展的必然趋势。曲建表示，大数据时代的来临，不是技术的变革，首当其冲的是思维的变革，随之而来的将是商业模式的改变。在众多技术领域中，大数据是最容易收割成果的技术，它处在技术萌芽期和期望膨胀期这样一个转型过程中，经济价值的增长量非常大；并且，它通过数据化、价值化和角色的再定位，重新给每个企业寻找到一套挖掘价值的潜力。“在大数据时代，因为物流业的应用特点与大数据技术有较高的契合度，在主客观条件上也有较高的应用可能性，是未来大数据时代赢家的选择。因此，物流企业特别是电商物流企业要高度关注大数据时代的机遇。”通过互联网技术和商业模式的改变，可以实现从生产者直接到顾客的供应渠道的改变。这样的改变，从时间和空间两个维度都为物流业创造新价值奠定很好的基础。“可以看到，通过互联网技术的变化，可以让全国物流业的布局相应地发生一系列调整。从过去生产者全国配送中心，逐步演化成个性化订单，从顾客的需求向上推移，促使整个配送模式的改变。过去是供给决定需求，今后越来越多地从需求开始倒推，按照需求的模式重新设计相应的供给点的安排。”曲建指出，这些都是因为大数据时代到来所产生的变革。未来，电商物流企业在大数据时代如何更好地发展？曲建强调，要特别值得关注两方面的建设：一是物流仓储平台建设，它对物流成本的影响至关重要，在今后全国产业布局调整完以后，物流仓储平台在全国如何布局是很关键的问题；二是物流信息平台建设，今后的物流信息平台，将是基于大数据的中转中心或调度中心、结算中心。物流信息平台会根据以往的快递公司的表现、各个分段的报价、即时运力资源情况、该流向的即时件量等信息，进行相关的“大数据”分析。得到优化线路选项，并对第三方物流公司进行优化组合配置，系统会将订单数据发送到各个环节，由相应的物流公司来完成。通过运用大数据，电商物流中心将得到大幅优化。仓储运输的空间将被系统化布置，将在物流节点公司上进行整合，对过去单一物流企业，搭建起桥梁。物流车辆行车路径也将被最短化、最畅化定制。此外，企业信息系统将全面整合与优化。曲建最后建议，要发展大数据时代的电商物流，首先，可以借鉴新加坡贸易网经验，高效率的信息管理，搭建网络平台，简化所有单证手续，节省时间和成本，提高效率。其次，引进电子数据交换系统，实现无纸化。建立交易商、货运代理商、政府机构之间贸易文件、航空运单、托运单等的电子化链接。再次，发布物流系统电子数据交换标准，规范辅助各方面的电子联系，如有必要，给予企业资助，以实现电子交换系统可获得性。最后，为仓库和配送中心配套自动存储和回复系统、仓储管理系统，来提升运营。

（三）加速公路运输整合

作为物流业的重要组成部分，对于公路运输市场来说，大数据又意味着什么？对此，香港物流运输过程透明管理研究院院长南兴军表示，大数据时代要求传统物流产业发生变革，在运力整合方面未来也将会发生诸多变化。物流运输企业的运力基本上都由三部分组成：自有车辆、签约承运商、业务量大时临时租车。南兴军认为，过去我们是以合约的模式，内部管理或考核在线下组织车辆和运力来完成我们的业务；未来在大数据时代，将走向平台，走向社会，面向社会整合运力，而整合的内容主要包括时间、空间、管理和服务。“大数据时代的运力生态圈将是一个平台，但又不只是一个平台，而是由很多平台组成的一个系统、一个生态体系，而处于生态圈中心的是社会运力池。”南兴军说，比如现在车辆都要装 GPS，GPS 运营商自然会有几万甚至几十万的运力客户，这么多的车辆在一起就会形成一个社会运力池。这个运力池存在大量的、功能型号用途各异的车辆，车辆的数据也在这里，通过大数据进行拆分整合、分析，就可以知道这些车的优缺点、线路时效等。他进一步解释，在运力池周围有很多类似中外运这样的大中型物流企业私有平台，企业利用自己所掌握的货源控制大量的运力，并利用私有平台对这些运力进行整合。如果把这些私有平台与运力池进行对接，就会产生一种新的平台——运力整合平台。“我们知道，公共信息平台的特点是提供标准产品和信息服务，而私有平台更多的是个性化、专业化的流程、服务和产品。通过运力池的大数据分析，公共运力的标准化和专业运力的个性化需求之间就会产生良好的匹配。这解决了公共信息平台上没有货源或货源信息虚假的问题。”南兴军强调。与此同时，私有平台与公共平台对接之后，还实现了运力的充分利用。当企业私有平台运力资源饱和时，就会有一部分的运力要流向社会的运力池中。这样既解决了车源的真实性问题，又解决了货源的可靠性问题。此外，有很多企业是无车承运人，也不想成立运输公司，就可以到公共平台上用业务去控制车辆来为其服务。

第六节　大数据在智能建筑中的应用

自我国进入 21 世纪以来，随着互联网技术的不断创新与发展，物联网技术、云计算以及大规模集成电路等新兴技术已成为各大企业竞争发展的技术支持。由于智能建筑的发展需要通过大量的信息以及综合性强、规模大的专业来支持，因此大数据在智能建筑中的应用能有效地推动智能建筑的发展，且随着时间的推移，智能建筑的发展模式已成为社会的主流模式。因此，为了响应时代发展的需求，应就智能化设备进行不断的优化与升级，并对大数据的开发应用做深入性的研究，从而使得智能建筑更具人性化、智能化，从而提升智能建筑的产业的经济效益与社会效益。智能建筑相比于传统建筑，其应用了更为先进的自动化信息技术等先进的科学技术来实现对各个建筑部分的智能化、人性化以及高校化的控制，在保证高效率的同时有效地控制了建筑成本，并拓展了更多节能环保的功能。而这些都仰仗于先进的信息信技术、控制技术以及通信技术等，且国家也不断大力推进智能建筑的发展与应用，并在某些大型公共建筑区域得以实现，如火车站、博物馆、体育馆等等。但在良好的发展态势下仍然要面对许多发展难题，如形式化主义严重、整体规划不严谨、现实到不到预期目标等等。智能建筑之所以存在配套服务不匹配、不完善等问题，主要可以归结于产品的制作环节、工程实际应用环节以及运行维护这三个环节衔接沟通存在着问题。而造成智能建筑配套服务缺失、各环节衔接不流畅的主要原因则是因为智能建筑管理制度的不完善，且我国法律法规在智能建筑领域缺乏一个完整的法律体系，从而导致整个智能建筑工程都处于无法可依的状态。而传统的物业管理模式远不能达到现代化管理模式的要求，因此物联网技术在智能建筑领域的应用与发展便成为产业发展中必然的结果。由于智能建筑的规模较大，且涉及的专业领域也非常多，因此要对智能建筑系统进行整体的调节配合便需要针对电力、煤气、安防等多方面自动控制进行综合性的整合控制，只有如此才能有效地促进智能建筑的合理化、智能化以及人性化发展。为此，首先便需要对智能建筑的系统、设备以及自动控制等方面进行综合的调节，确保每一环节都能合理分工运行，从而维持整体系统的稳定。而大数据信息时代下的物联网技术便能有效的处理并解决这一问题，并逐渐在这一领域承担着重要的角色。大数据在智能建筑领域中的应用与发展，帮助智能建筑实现了管理、控制、经营一体化的功能，同时也对物联网技术的应用起到了良好的推广促进作用。随着城市化进程的不断深入，我国提出了“智慧城市”的发展理念，而这便需要通过对智能建筑的发展能与建设来实现，从而实现感知、协同利用以及智能处理这三大内涵。物联网技术在城市发展建设中的应用充分发挥了技能提升的效果，这不经有效延长了建筑的使用寿命，控制了建筑的管理维护成本，同时还有效地推动了社会和谐稳定的发展。

智能建筑能实现系统、结构、管理、经营等一体化的控制，以及自动安全防护等功能，这些都得益于大数据在智能建筑中的应用。不仅如此，智能建筑还能通过大数据的应用构建高效的建筑管理平台，实现对楼宇、安防、通信、办公等全方面一体的管理与控制，从而提升信息资源的整合效率，加强对共享控制的管理应用。第一，数据种类多、处理量大。在现代智能建筑工程中，我们能通过工程项目进行分析，可以得出视屏、音频等信息数据占智能建筑的主要部分，且占有比例也在逐年增长。由此得出，在现代化智能建筑的发展中，数据种类非常多，信息数据的处理量也非常庞大，并且数据总量还随着时间的推移在不断增长，而这便需要通过自动化、安防控制系统等来实现处理目的。

另外，较为复杂的信息系统会自行根据数据结构类型以及通信协议来进行合理的控制，以此在提升互访数据的难度指数。第二，整体数据利用效率过低。智能建筑中，数据量大，相应的处理效率较低。国内智能建筑的数据处理过于粗放型控制，如数据采集、数据传输等层次，整体新数据的利用较多、对应老数据的应用较少，导致整体精细加工的数据处理能力较低，数据增值空间有限。根据国内工程项目的经验进行充分分析，对应智能建筑的数量利用率过低原因分析如下。由于智能建筑普遍存在信息数据量庞大，处理效率低下等状况，而我国目前针对智能建筑的信息处理仍然停留在粗放型的控制阶段，例如数据采集以及数据传输等，这便会造成新数据利用较多、老数据利用较少的局面，而这也正是我国对精加工数据处理能力低下的症结所在。在我国智能工程项目中，数据利用率低下的原因主要可以归结于以下几点：数据庞大，冗余性加高，这是造成数据利用率低下的主要原因；信息数据处理技术与方式有待提高，针对半结构化的数据处理以及大数据的存储控制等技术能力有待加强；智能化控制水平有待加强，我国在信息数据处理方面处于粗放型的控制阶段。第三，数据间横向联系欠缺。我国智能建筑的信息化系统建设仍处于纵向联系发展，即仅能实现对相应系统以及各子系统间的存储空间以及网络环境进行功能控制，而在整体子系统间的沟通性的发展仍停留在初级阶段，即各个部分独立开发研究。如若能发现个子系统间的横向联系，并找出其中的规律进行相应的管理和控制，便能有效地实现对智能建筑的优化配置以及节能减排的预期目标。随着时代的发展与进步，“智慧城市”的建设成为人们日益关注的课题，智能建筑相比于传统建筑，其应用了更为先进的信息技术、物联网等先进的科学技术来实现对各个建筑部分的智能化、人性化以及高校化的控制，在保证高效率的同时有效控制了建筑成本，并拓展了更多节能环保的功能，而这也成为大数据信息时代下社会和谐稳定发展的必然趋势。

第七节　大数据在药品监管领域的应用

大数据在药品监管领域的应用起源于美国。2008 年，美国食品药品监督管理局（Food and Drug Administration，FDA）启动“哨点计划”（The Entinel Initiative），建立与医疗数据系统并存且相互连接的主动监测系统，建立分布式数据库，开发分布式查询工具，对药品安全进行综合全面持续实时的主动监测，至 2012 年已获得 1 亿多人口健康医疗数据的访问权，实现了药品信息数据库与美国国家电子病历的电子处方对接，提升对不良事件的监测分析能力。

2009 年，美国政府启动“政府大数据计划”，FDA 逐步加大数据开发力度，2014 年 6 月建成公共数据开放项目“开放的 FDA”（open FDA），2015 年成立健康数据办公室（Office of Health Informatics），建立数据标准管理团队，完善数据标准体系，统一数据标准，汇总相关技术指南。2015 年，FDA 发布手机软件 FDA 药品短缺（FDA Drug Shortages），使用数据挖掘技术，探索通过社交媒体数据识别不良文件。2017 年，FDA 要求必须采用电子通用技术文档（electronic Common Technical Document， eCTD）提交大部分新药临床研究和上市申请以及原料药主控文件，以方便数据的收集和处理。此外，欧洲多个国家共同参与“探索和理解药品不良反应（Exploringand Understanding Adverse Drug Reaction，EU-ADR）项目”建设，形成药品安全性研究协作框架，汇集研究机构、医疗保健、制药企业等相关数据，建立电子化监测系统，通过提取的电子医疗数据来监测药品不良事件，对药品不良事件组合进行统计、分析和验证，并开展药物警戒综合性研究。我国关于大数据在药品监管中的研究起步相对较晚。以“大数据”和“药品监管”为检索项在中国知网进行主题检索，共检索到自 2014—2020 年 10 月间相关文献 97 篇，总被引用 390 次，篇均参考文献数 13.13。研究机构以国家和省级政府监管机构为主，内容主要包括监督抽检数据分析、不良反应监测、监管数据平台建设及国外相关经验介绍等。总体看，大数据在药品监管领域的应用逐渐得到重视，相关研究和实践已经起步。2013 年，食品药品监管总局印发《国家食品药品监督管理总局关于进一步加强食品药品监管信息化建设的指导意见》，提出加快建设食品药品监管数据中心，按照统一的信息化标准规范体系，建设国家、省两级数据中心，实现资源整合和数据共享，为科学决策和监管提供数据支撑。目前，依托总局官网，已建成药品查询、药品广告查询、网上药店查询等多个开放数据库。

在监督抽检方面，中国食品药品检定研究院 2015 年建成国家药品抽检数据共享平台，汇总历年国家药品抽检数据，提供抽检信息查询、数据分析等功能。建成国家药品快检数据库网络平台项目，加强对基层执法的技术指导。研究利用大数据，提升国家药品抽检数据共享平台功能，探索通过数据关联分析，发现药品质量安全问题。2017 年 2 月，总局发布“食安查”手机软件 App，面向公众提供国家和省级监督抽检数据查询服务。北京市、药品检验所建成药品检验数据管理平台，使用 NuGenesis 软件，为抽检数据深入分析提供技术支撑，广东省食品药品检验所采用分布式网络，建立了 pipeline pilot 为平台构建质量分析报告系统。在不良反应监测方面，国家药品不良反应监测中心组织开展了国家药品不良反应监测系统和现有的医院信息系统（ Hospital Information

System，HIS）的对接研究，探索利用相关数据开展药品安全性监测与评价加强主动监测。也有研究提出，基于Hadoop集群，运用MapReduce并行处理技术，分析药品安全指数。运用ICTCLAS和AntConc等工具开展网上药店热点评论分析。“十三五”国家药品安全规划提出，要依托国家统一电子政务网络和现有资源，建设国家、省两级药品安全监管大数据中心，以及药品安全监管信息平台，完善药品监管信息化标准体系、药品监管信息资源管理体系、政务服务信息化体系、网络安全体系、信息化绩效评价体系，建设互联协同、满足监管需求的行政审批、监管检查、稽查执法、应急管理、检验监测、风险分析、信用管理、公共服务等应用系统。“健康中国2030”规划纲要提出，消除数据壁垒，建立跨部门跨领域密切配合、统一归口的健康医疗数据共享机制，实现数据采集、集成共享和业务协同。《国务院关于印发促进大数据发展行动纲要的通知》提出，建立“用数据说话、用数据决策、用数据管理、用数据创新”的管理机制，实现基于数据的科学决策，将推动政府管理理念和社会治理模式进步。

综合国家层面大数据战略部署，我国药品监管大数据应用目标就是通过大数据技术的应用，提高对医药卫生相关的数据收集、处理和分析能力，实现药品监管的数字化、网络化、智能化，全面提升药品监管的效能，提高保障药品安全的能力水平。收集药品监管相关大数据，需要突破传统思维，跳出监管数据的范围，将药品全生命周期产生的相关数据都纳入考虑范围，这样才能最大限度地获取分析所需的数据源。从环节来看，药品监管大数据分为研究机构的研发数据，企业的生产数据、储运数据、销售数据，医疗机构、患者的使用数据，以及各环节伴随产生的质量管理数据和其他相关数据。从数据拥有者看，药品监管大数据分为药品监管机构数据、其他政府部门数据、研究机构数据、药品生产经营企业数据、医疗机构数据、保险机构数据、患者评价数据、媒体网络数据等。不同来源的数据可以成为从不同的角度分析药品安全性、有效性、可及性、经济性等的数据集，发挥不可替代的作用，尤其是医疗机构处分病历数据和公共卫生相关数据，对药品监管尤为重要。从大数据的特征看，药品监管大数据分为结构化数据、半结构化数据、非结构化数据。从其产生来源看，药品监管大数据分为传统数据、机器和传感器数据、社交网络数据。如监管机构的评价性抽检和监督抽检数据、现有的药品安全风险监测数据，大多属于结构化数据，也是传统数据；药品安全舆情监测、投诉举报数据属于非结构化数据，大部分来自网络。药品研究机构的仪器设备数据和企业的生产经营过程数据，与前两者又有很大差异。数据采集的方法有：日志采集、网络数据采集、物联网数据采集等；数据处理方法有：实时数据处理、流式数据处理、开源集群计算、快速交互式数据分析、图形数据处理等。一般大数据分析所用的源数据都存在分布式的数据平台中，如 MPP Appliance 或 Hadoop。从数据性质来看，药品监管大数据分为关系型数据库（SQL）、非关系型数据库（NoSQL）、兼具关系型易查询和非关系型高扩展的新型云数据库（NewSQL）。大数据分析主要应用于预测、解释、预报、发现、文本和文件识别处理、分类、关联、违规监测、图形和网络分析、模拟、优化等功能。主要分析方法有 SAS SEMMA 和 CRISPDM 等。预测分析的架构有独立分析、部分集成分析、基于数据库的分析、基于 Hadoop 的分析。食品药品监管本质是风险管理，通过已有的数据分析，实现对未来风险事件的识别意义重大。以预测分析为例，一般预测分析步骤为定义业务需求，建立分析数据集，建立预测模型，部署预测模型。

关于大数据在药品监管领域的未来发展，主要作用于四个方面。第一是确立智慧监管理念，创新监管方式。政府监管部门应加强政策引导，增强大数据意识，使用大数据技术，实现监管方式创新，更加注重全程监管相关数据的收集，加强实时风险预测和及时处置，实现数据驱动决策，将大数据分析结果与药品安全风险预测预警有效衔接。完善政策措施，引导市场力量推进大数据发展，充分发挥信息研究机构、互联网企业在技术实现方面的优势，推动大数据在药品研发、生产、流通、使用全链条的覆盖，促进相关政府机构、企业、社会组织、患者融入数据治理体系。第二是确立共建共享的目标，加强系统建设的顶层设计。加强对药品监管大数据研究和应用的统一领导，加强顶层设计，制定大数据总体发展战略，统筹规划监管数据资源和社会数据资源，完善智慧监管的信息基础，开发信息资源。制定数据标准，设置网络协议、信息产权、操作系统等规范，统一数据采集、编码、处理、共享、交换等标准，跨越政府部门间、机构间的信息峡谷，协调卫生、工信等部门，实现数据共享。协调解决部门间、区域间信息化建设不平衡、不充分的问题，实现跨层级、跨地域、跨系统、跨部门、跨业务的数据协同管理。第三是加强立法保障，规范数据开发使用。加强法规制度研究，充分研判大数据技术应用的需要和可能产生的影响，结合药品监管工作的特殊性，研究制定一些发展急需的、针对性强的规范要求，明确数据持有者、使用者、发布者、相关者等各方权利义务，规范大数据平台、数据库数据安全保护，在保守国家机密、保护商业秘密和个人隐私与加强数据使用方面确定平衡点，有效规范信息产生、传输、使用行为。第四是注重人才培养，提高数据分析能力。构建多层次的人才培养体系，大力培养软件开发、数据分析和信息管理等专业人才。结合食品药品监管工作需要，培养具有一定药品监管专业背景的信息化人才，能够准确描述业务需求，对接相关技术，提高获取数据、分析数据、运用数据的能力。在入职培训和能力培训、执法资质考试内容中增加监管信息化方面的内容，提升智慧监管的意识和能力。此外，需要提出的是，在充分应用大数据技术的同时，要客观评价大数据技术的能力，不应有盲目崇拜心态。大数据本质是信息技术，是对数据的分析和使用能力，在一定程度上能促进监管方式的创新和效率提升，但其不能完全替代传统数据。要充分认识大数据易变性、价值密度低等特征，积极审慎地加强研究，合理使用。

第五章　总　结

著名未来学家阿尔文·托夫勒早于1980年著书，把“大数据”激动地颂赞为“第三次浪潮的华彩乐章”。不过，大约从2009年开始，“大数据”才成为互联网信息技术行业的流行词汇。美国Internet数据研究中心指出，世界互联网上的数据以每年50%增加，并且以两年翻番增加。目前，世界上91%以上的大数据是最近几年才产生的。若是把“大数据”看作产业，那这份产业的价值是提高对这些大数据的“加工能力”，通过“加工”完成数据的“增值”。从技术角度来看，我们必须学会从大量的不规则、复杂、模糊、随机的数据中获得人们事先没有觉察的、潜值的知识的过程。数据增长有四个方向的挑战和机遇：量（Volume）即数据多少，速（Velocity）即数据输入输出的速度，类（Variety）即多样性，真实性（Veracity）即高质量的数据。对大数据的定义各有不同，但都广泛提及这4V特征。大量化（Volume）表征的是数据的量和数据的完整性。多样性（Variety）指数据格式和来源都变得越来越多样，而且非结构化的数据类型占3/4以上。快速度（Velocity）指数据产生得快、处理得快，它满足人们对信息的实时性需求。真实性（Veracity）则指数据的重要性在于对决策的支持，数据规模并不能决定其能否为决策提供帮助，真实和质量才是获得真知和思路最重要的因素，是制定成功决策最坚实的基础。为此，我们需要筛选、挖掘并发现、理解海量数据信息的真实性及它们间的关系，让数据“说话”。

人工智能技术就是数据挖掘技术的体现，而人工智能技术的开发与运用与数据挖掘技术的应用相对应。数据挖掘其实是依赖机器学习算法技术的提升来实现数据的整体创新的技术。其主要目的就是将一些规律之外的数据或者相对于比较复杂的数据信息进行深入挖掘，从而获取一些隐秘的信息，并且还能够根据信息的具体形式判断其是否具有大量的潜在价值，通过对数据的深入调查和分析，并将其转换成对自身有意义的数据信息，用于制定公司企业的发展计划，从而使企业获得巨大的经济利润，保证公司的稳定发展。数据挖掘技术的核心就是数理分析，通过分析方法的不同来解决不同类别的问题，以实现数据挖掘的潜值。该技术主要就是对人工智能的利用，通过对人工智能技术大力的研究并逐渐利用从而实现技术的总体创新。而其分析手段也有很多种，第一是聚类分析法，这种方法主要就是对收集到的数据按照其共性进行相关的分组，逐渐以板块的形式呈现出来，把一些毫无相关的数据进行深入的研究和分析从而将其分成不同的组别，然后在这些组别中寻找到有一定价值的信息并充分地进行利用。但是这种分析方法也存在着明显的缺陷，由于数据信息的属性以及其类别很难保持联系就导致此方法只适用于一些统计学计算、数据的识别过程以及相关的心理学研究上。第二是人工神经网络，这种方法通过复杂的大批量数据进行分析，实现对于计算机或人脑而言非常复杂的模式抽取及趋势分析，它是建立在自学习的数学模型基础之上的，神经网络一般是有指导的学习，也能够无指导聚类，但输入神经网络中的值都是数值型的。所以就应该在收集到数据的同时就按照自身的实际需求来对数据进行有目的的分析。第三是关联性分析法，因为有时候收集到的数据并不能直接进行应用，所以需要去对具有隐蔽性的数据以关联性进行识别，完成数据显性，这种分析方法是带有一定精准目的性，因此这种分析方法主要就是应用在一些需要精准的数据分析上，例如一些非常精确的档案信息管理工作。第四是特征性数据分析法，网络上的数据信息随着互联网逐渐广泛的应用其数量呈现出疯涨的态势，导致数据的整理过程更加具有难度，对此，为了能够更好地解决这种情况，当前的数据整理工程师就应该对特征数据分析法进行应用。在具体实施应用中，根据不同需求选择适合的分析法是数据挖掘技术的核心要素。目前，在诸多数据挖掘中典型的是决策树学习法。数据挖掘领域的编程算法很多，而且是实现数据挖掘的核心技术。结合“聚类分析法”以 C4.5 算法为例，此算法可以解决：用数据增益率来选择属性，它克服了用数据增益选择属性时偏向选择取值多的属性的不足，在树构造过程中进行剪枝；能够完成对连续属性的离散化处理；能够对不完整数据进行处理。其优点是：产生的分类规则易于理解，准确率较高。其缺点是：在构造树的过程中，需要对数据集进行多次的顺序扫描和排序，因而导致算法的低效。除了这些还有很多种数据分析方法是对计算机的应用来把大量的虚拟信息进行更好的分类分析，找到数据之间的共性以及不同的特征状态去进行更加深入的分析，从而为企业决策者提供更加准确的参考依据。

一、以大数据为创新方向的行业竞争力不断提升

数据挖掘技术的具体流程是先对海量数据进行保存、分析、整理、选择、转换等，然后才是对数据进行挖掘、评估、运用。首先是在市场营销领域，该领域是最先应用的数据挖掘技术，并且也是运用最广的一个领域。依据政府2017年6月提供的数据，我国超过9.4亿网络用户。他们当中有96%都是智能手机一类移动设备的使用者，也就是说，他们每天都上网。有调查报告称，除网民的姓名、年龄、性别个人数据外，对于网民去何地、购买何物或在网上搜索什么、与谁联系等数据也都能够由人工智能采集并分析，帮助企业向消费者提供后期最适宜的产品和服务。其次是科学研究和实验往往产生巨大的数据。科学研究中一般是根据研究内容选择数据挖掘技术分析法去计算而找到数据中存在的规律，达成数据挖掘的价值，获得科学知识的新成果。据说，天文学和基因学是最早产生大数据变革的领域，现在的基因仪5分钟就可以完成过去需要10年才能完成的30亿对碱基对的排序工作量。接下来是制造业，随着人民日益增长的美好生活需要的不断提高，对于生活用品质量的要求也更高，所以就应该加大数据挖掘技术的应用。对产品的生产以及经济效益进行准确的预测，然后根据当前的实际状况对分析产品缺陷的原因，对其进行完善与修正，制造出更多高质量的产品，进而帮助企业获取更多的经济利润，还能够对我国制造业起到推动作用，所以就要求数据挖掘技术能够在制造行业中有更好的运用方式。

二、将数据挖掘技术运用到高校管理中

高校人员密集，伴随着各种随身设备、物联网和云计算、云存储等技术的发展，人和物的所有轨迹都可以被记录，数据因此被大量生产出来。随着数据挖掘技术在高校教育教学管理中的大量运用，反映招生、就业、助困、教学评价、后勤服务、科研、学生思想政治工作等工作方面的相关数据一方面困惑我们，另一方面缺乏开发利用。所以数据挖掘尤其需要在高校管理中进一步开发。怎样做好高校管理工作，我们可以通过数据挖掘技术的合理运用来探讨。可以从强化大数据意识、提高利用大数据的能力、完善利用大数据技术体系及制度保障着手，不断提高工作的针对性、精准性，挖掘高校教育的管理运行的潜在规律，夯实高校管理基础。比如，通过对课堂教学、学生的心理和其生活中的一些数据进行分析就能够帮助老师在教学的过程中有所依据，并且制定合理的教学方案，然后对学生的学习成绩以及他们平时课堂上的表现来了解到学生在

学习过程中难以接受的知识点，从而对教学方法进行调整，促进老师可以有针对性的教学，还可以将数据挖掘技术应用到教学方法中去，来优化学生的教学资源，使教学的相关资源发挥出更大的作用，从而使教学的方式和条件得到一定程度的提高。我们知道，数据挖掘技术在高校管理中的应用范围是比较广的，其内容比较复杂，但对每个小部分都能利用数据挖掘技术进行管理，比如招生就业评价，学生成绩管理，课堂教学评价系统等等。

三、帮助企业的管理者更好的做出决策

每一个企业的管理者在做出一些决策的时候都不是凭借个人的喜好和猜测进行制定，都是根据一些基础的数据进行提取和分析从而为决策者提高一些理论基础。每一个企业都有其相关的决策和管理系统，而这些个系统在运作的时候就需要对数据挖掘技术大力的应用，并最终为领导者提供一个系统化的数据仓库，这些仓库里面的信息保证了其内容的真实性、超前性和完整性。这个数据仓库的建立需要相关的工作人员将简单的数据进行查询并统计起来逐渐转变成业务洞察及管理的方式，然后由决策者对于一些项目进行完善和优化，保证其覆盖范围和一些系统的数据具有很好的质量，最终使集团能够将数据的收集工作更好地进行下去，提高企业的使用机制，并且有效地使企业决策者能够制定出更加符合公司发展的策略。每一个企业的决策系统都是经过一定时间的优化与提升最终逐步建立起来，在该系统的发展过程中，其主要的工作以及职责也变得更加重要，从而使得企业的整个管理系统有更大工作范围，帮助决策者更好制定相关规定。从当前各个行业对数据挖掘技术的应用情况来看，该技术已经发挥出了更加重要的作用，并且根据当前的大体趋势来看，在未来的航空航天以及处理一些刑侦案件时都会对数据挖掘技术有更加深入的应用，要想实现这些就应该对当前的技术进行研究与创新然后逐渐完善企业的管理和决策系统。

继实验科学、理论科学和计算科学之后，大数据已被定义为科学探索的第四范式。互联网的数据爆炸孕育了大数据学科，将理论、实验和计算仿真等范式统一起来。大数据的价值在于预测未知领域非特定因素的未来趋势，在于破解长期的、普遍的社会难题。在以云计算为代表的技术创新大幕的衬托下，这些原本很难收集和使用的数据开始容易被利用起来。简言之，从各种各样类型的数据中，快速挖掘获得有价值信息的能力，就是大数据挖掘技术，懂得这一点至关重要，也正是这一点促使该技术具备走向众多企业的潜力。通过各行各业的不断创新，大数据挖掘技术会逐步为人类创造更多的价值。

参考文献

[1] 杨晓红 . 云计算的定义和体系结构以及应用分析 [J]. 信息与电脑（理论版），2012（22）：46–47.

[2] 赵云平，冯玉龙 . 云计算内涵与外延再认识 [J]. 北方经济，2015（12）：36–39.

[3] 阳王东，王昊天，张宇峰，林圣乐，蔡沁耘 . 异构混合并行计算综述 [J]. 计算机科学，2020，47（08）：5–16，3.

[4] 张洪铭 . 分布式计算的基本概念及其在电力行业的应用分析 . 电脑迷，2018（33）：213–214.

[5] 瞿兆荣 . 分布式计算机系统特征和相关技术 . 微型电脑应用，1993（02）：22–25.

[6] 曾国荪，陈闳中 . 计算网格的抽象定义 [J]. 同济大学学报（自然科学版），2003（09）：1092–1097.

[7] 刘军 . 效用计算定义新存储 [J]. 中国计算机用户，2004（33）：65–66.

[8] 雯捷 . 存储新概念——智能存储网络 [J]. 计算机辅助设计与制造，1999（06）：3–5.

[9] 杨文清 . 浅谈网络技术中网络存储技术的应用 [J]. 数码世界，2019（12）：268–269.

[10] 杨晓斌 . 谈基于 SAN 网络存储技术的研究 [J]. 计算机光盘软件与应用，2012，15（20）：115–116.

[11] 吕达 . 浅析计算机网络存储技术与应用 [J]. 科技资讯，2020，18（16）：21，23.

[12] 郭军，周继勇 .NAS 系统的工作原理和系统的救援 [J]. 石油仪器，2009，23（06）：86–88.

[13] 张晓鹏 . 虚拟化服务器 . 网络安全和信息化，2017（12）：73–74.

[14] 陈相玫 . 负载均衡专利技术分析 . 电脑迷，2018（06）：33.
[15] 屠卫 . 基于 Google 的云计算技术 . 成组技术与生产现代化，2015（04）：44–52.
[16] 冀勇庆 .IBM 的云计算 .IT 经理世界，2008（15）：36–37.
[17] 佟文立 . 微软转型云计算 [J]. 商业观察，2016（02）：73–74.
[18] 周震，赵红梅 . 云计算技术发展历程探究 [J]. 信息通信，2013（06）：111.
[19] 冯昊，邹涛，张龙军，王伟 . 云计算基础架构综述 [J]. 电子世界，2012（18）：13–15.
[20] 黄璐辉 . 云计算在通信行业的特点和应用 [J]. 中国新通信，2020，22（12）：19.
[21] 王岑岚，尤建新 . 大数据定义及其产品特征：基于文献的研究 [J]. 上海管理科学，2016，38（03）：25–29.
[22] 赵文银 . 大数据的本质与大数据竞争中的误区 [J]. 中国工业评论，2016（07）：104–105.
[23] 杨晓波 . 基于概率统计的大数据分类方法 [J]. 内蒙古师范大学学报（自然科学汉文版），2017，46（02）：174–177.
[24] 杨雪 . 大数据技术初探 . 美丽中国，2018（28）：247.
[25] 邹韩松 . 浅谈大数据技术的现实意义 . 数码设计（上），2018（09）：177–178.
[26] 王增荣 . 大数据技术在税务行业领域的应用 . 数字化用户，2018（01）：45.
[27] 蔡一军 . 大数据驱动犯罪防控决策的风险防范与技术路径 [J]. 吉林大学社会科学学报，2017，57（03）：74–80，205.
[28] 任艳莉 . 基于大数据技术下的高校图书馆知识服务 [J]. 电子技术与软件工程，2020（14）：202–204.
[29] 任艳莉 . 基于大数据技术下的高校图书馆知识服务 [J]. 电子技术与软件工程，2020（14）：202–204.
[30] 张健 . 大数据的特征与应用 . 黑龙江教育（理论与实践），2018（06）：81–82.
[31] 王广璞 . 云计算与大数据概论 . 科学与信息化，2019（33）：54–55.
[32] 胡渊龙，罗伟康 . 基于数据挖掘的和解剂新定义研究 [J]. 中医药导报，2017，23（24）：47–48，59.
[33] 李晓寒，高冬玲 . 数据挖掘的对象和任务综述 . 商品与质量（科学理论），2011（07）.

[34] 郑瑞珍 . 数据挖掘方法分析与应用 . 消费导刊，2017（34）：228.
[35] 姚毓才，王本年 . 数据挖掘工具的分类与挖掘 . 计算机技术与发展 .2006(08)：6–9.
[36] 何俊 . 数据挖掘技术的发展趋势 . 西部皮革，2016，38（24）：21.
[37] 孙红，郝泽明 . 大数据处理流程及存储模式的改进 [J]. 电子科技，2015，28（12）：167–172.
[38] 厉蕊，陈素梅，陈豪 . 大数据挖掘方法的势科学研究 [J]. 中国管理信息化，2017，20（24）：145–146.
[39] 胡冰，胡东军，马文超 . 文本挖掘研究及发展 [J]. 电脑知识与技术，2008(31)：792–793.
[40] 邓远飞，林晓伟 .Web 文本挖掘及可视化 [J]. 价值工程，2018，37（14）：216–218.
[41] 许元洪，郭琼 . 数据挖掘技术在语音识别中的应用 [J]. 应用技术学报，2019，19（01）：84–87.
[42] 袁冰清，于淦，周霞 . 浅说语音识别技术 [J]. 数字通信世界，2020（02）：43–44，18.
[43] 朱孝山，刘伟伟 . 计算机图像识别技术及应用分析 [J]. 数码世界，2020(09)：7–8.
[44] 杜珍应，唐文学，邓科 . 空间数据的挖掘技术及其应用研究 [J]. 工程技术研究，2018（06）：67–68.
[45] 贾泽露，刘耀林 . 可视化空间数据挖掘研究综述 [J]. 地理空间信息，2009，7（06）：10–15.
[46] 魏巍巍 . 空间数据挖掘的方法进展及其问题探究 [J]. 产业与科技论坛，2020，19（08）：35–36.
[47] 李围成，张雪萍，祝玉华 . 空间数据挖掘认识及其思考 [J]. 微型机与应用，2015，34（22）：12–13，21.
[48] 金帅 . 大数据下的云计算 Web 数据挖掘分析 [J]. 电脑编程技巧与维护，2020（09）：117–119.
[49] 曾怡 . 数据挖掘技术过程与分类 [J]. 信息技术与信息化，2017（12）：18–19.
[50] 祝凌云 . 人工神经网络研究与分析 [J]. 科技传播，2019，11（12）：120–122.
[51] 徐静波，周美华 . 人工神经网络基本特征和进展 [J]. 上海工程技术大学学报，1994（02）：7–12.

[52] 闫智，詹静. 大数据应用模式及安全风险分析 [J]. 计算机与现代化，2014（08）：58-61.

[53] 梁秋雁. 商业模式创新与大数据的价值 [J]. 今日财富（中国知识产权），2020（10）：49-50.